プーチンの国家戦略
岐路に立つ「強国」ロシア

小泉 悠
Koizumi Yu

東京堂出版

はじめに

この数年、テレビや新聞でロシアのことを目にしない日はないといってもよい。２０１４年２月にウクライナ領クリミア半島を電撃的に占拠して世界を驚かせたロシアは、翌２０１５年にシリアに軍事介入し、紛争の構図を大きく書き換えてみせるなど、世界情勢で大きな存在感を示している。

だが、冷戦後を通じてみた場合、ロシアの存在感は薄い時期の方が長かった。ソ連崩壊によって政治経済が大混乱に陥った１９９０年代はもちろん、原油価格の上昇に乗って高度経済成長を果たした２０００年代においてさえ、ロシアはもっぱら資源大国や新興市場としてしか注目されなかった。それゆえに、ロシアが世界の安全保障情勢を左右するプレイヤーとして台頭してきたことは、大きなショックを与えているのだろうと思われる。

では、ロシアがこのような急台頭を遂げてきた背景は何なのか。それはロシアの「変貌」と呼びうるものなのか、それとも従来からの路線を踏襲した結果が現在なのか。原油価格の下落で経済が危機的な状況になる中で、それでも強硬な外向きの姿勢を取り続けるのはなぜなのか。

こうした疑問に答えるためには、まずロシアの行動原理を理解する必要がある。ロシアが現在の世界をどのように理解し、何を国益と位置付け、何を脅威と考えているのかを把握できれば、一見突飛に見えるロシアの行動にもそれなりの道筋のようなものは見えてくるだろう。

ただし、ここで難しいのは、「ロシア」とは何かという点である。ロシアに限らないが、大国はその内部にさまざまな（ときに反目しあう）利害関係を抱えており、ある問題についてそれらがすべて一致するということはまずない。ロシアの安全保障政策についていえば、国防当局、外交当局、情報機関、大統領府などがそれぞれの思惑と利害を有しているし、各省庁の内部にも対立関係は存在する。

したがって、「ロシアの行動原理」といってもそれを具体的に示すのはなかなか難しい。だが、実際にロシアが一国としての対外政策を打ち出してくる以上、こうした対立や相違を調整し、何らかの落としどころと呼ぶべきものが見出されているはずである。ロシアの場合、その軸となるのはプーチン大統領とその周辺スタッフの意向であると考えられよう。

そこで本書では、プーチン大統領の目に現在の世界がどう映っているのかを折に触れて言及するよう努めた。プーチン大統領は意外に多筆・多弁な人物であり、同人の発言を追っていくだけでも、いわゆる「西側」世界に住む我々とは全く違う世界像が見えてくるだろう。

もちろん、前述のような利害関係の相違を考えればプーチン大統領個人の見方をそのまま「ロシアの行動原理」とすることはできない。この点は、各当事者の立場の落としどころと考えられる国家政策文書や実際の対外行動に加えて、軍や宗教といった独特の利害関係者についても章を割くことでできるだけ補いをつけたつもりである。

本書のもう一つの特徴は、「軍事」という切り口を採用した点である。

これは筆者の専門であるためだが、軍事はロシアの対外行動を見ていく上で極めて重要なファクターでもある。対外的な影響力に乏しいロシアにとって、軍事（とそれにまつわるさまざまな関連分野）は重要なレバレッジ（影響力の梃子）なのである。また、本書でもおいおい述べていくように、参謀本部を中心とする軍の制服組はプーチン大統領も容易には手を出せない一種の「聖域」であり、この意味でも軍事を理解せずしてロシアという国の全体を理解することは難しい。

このほかにも本書では、プーチン大統領を縦軸、軍事を横軸としてさまざまなテーマを盛り込んだ。北方領土からシリアまで、ロシアにおけるイスラム問題から宇宙戦略まで幅広く扱っている。こうした多角的な視点から、本書が現代ロシアの国家像を片鱗なりとも描き出せているならば、筆者としては幸いである。

※本文中に引用されているロシア語原文の演説や書籍からの引用文について、特に明記がないものは、すべて著者の翻訳による。

はじめに　1

序章　プーチンの目から見た世界

アネクドートの国　14
「ロシア崩壊」を恐れたプーチン　17
ソ連崩壊は、20世紀最大の悲劇だった　19
「垂直的権力構造」の再確立へ　21
オリガルヒとの関係　23
広がるメディア統制　24
プーチンの「社会契約」とその綻び　27
変わらぬ財政構造のいびつさ　30
政治的自由の制限強化　32
「西側」への不満　35
プーチンの大西洋主義とその行き詰まり　39
「勢力圏」をめぐって　45
グルジアでついに「発火」　46
メドヴェージェフ「外交5原則」から見えるもの　50
「リセット」の「リセット」　52

介入政策へ　56
プーチンの「ユーラシア連合」構想とは　60
ウクライナ問題から見えるロシアの不満と不信感　62

第1章　プーチンの対NATO政策
――ロシアの「非対称」戦略とは

1．ロシア軍の「復活」　68
・ソ連崩壊後のロシア軍――凋落から部分的回復へ　68
・プーチン政権の軍改革構想　72
・セルジュコフの失脚とその後　78
2．NATOに対する「弱者の戦略」　82
・決して強くはないロシアの軍事力　82
・「地政学的リベンジ」としてのハイブリッド戦争　86
3．ロシアの軍事力を支える「介入」と「拒否」　92
・介入部隊の増強――特殊作戦軍と空挺部隊　92
・抑止力強化のための戦略　95

第2章　ウクライナ紛争とロシア
――「ハイブリッド戦争」の実際

1.「ハイブリッド戦争」の方法論　104
・奇妙な戦争　104
・クリミア半島をめぐる歴史的経緯　106
・ロシア的用語法　110

2. クリミア半島電撃戦　111
・キエフでの政変と介入の始まり　111
・本格介入へ　113
・包囲網の完成　115

3. 泥沼化するドンバス紛争――もう一つの「ハイブリッド戦争」　120
・イーゴリ・ギルキンとは　120
・劣勢に陥る親露派武装勢力　122
・ロシアによる直接介入　126

4. ロシアにとっての「ハイブリッド戦争」　128
・「21世紀の典型的な戦争様態」？　128

・外交的圧力のツールとして　132

第3章　「核大国」ロシア

1. ロシアと「核なき世界」　136

・プーチン発言の衝撃　136
・核戦力の現状　138
・非戦略核戦力をめぐって　142

2. 積極核使用ドクトリンへの傾斜？　146

・ロシアの「地域的核抑止論」　146
・「エスカレーション抑止」論の浮上　148
・「戦略的抑止手段としての核兵器の使用」のゆくえ　150
・「サーベルの脅し」？　152

第4章　旧ソ連諸国との容易ならざる関係

1. 不信の同盟CSTO　156

・ソ連崩壊後のロシアと旧ソ連諸国　156
・CSTOの概要　157
・カラバフ紛争をめぐって　159

・深まる各国間の不信感　160
2.「同盟」のレゾンデートル
・勢力圏維持のツールとして　162
・ウズベキスタンをめぐる混乱　162
・ウズベキスタンのCSTO参加「停止」の意味とは　163
・米軍の軍事拠点提供か　164
・ロシアからCSTO加盟国への武器供与　164
・忍び寄る中国の影響力　165
・ロシアとベラルーシの関係　166
3. ミンスクに「礼儀正しい人」が現れる日
・旧ソ連諸国に君臨し続ける権威主義的な指導者たち　167
・トルクメニスタンとベラルーシの場合　170
・ロシアの出方──ウクライナ型「ハイブリッド戦争」を仕掛けるか？　172

第5章 ロシアのアジア・太平洋戦略

1. 日中露の三角関係
・プーチンの極東政策　178
・中露の「蜜月」か　178

182

・中国に引き込まれるロシア？ 183
・同床異夢としての中露関係――ロシアは日本に何を求めるのか 189

2. 極東ロシアの軍事力 196
・進む北方領土の軍事力近代化 196
・要塞化されるオホーツク海 199

第6章 ロシアの安全保障と宗教

1. 宗教をめぐるポリティクス 204
・多宗教国家ロシア 204
・プーチンとロシア正教会 209
・旧ソ連諸国と正教会の関係 210
・三つの正教会が併存するウクライナ 212

2. ロシアの安全保障と「イスラム・ファクター」 216
・ロシアにおけるイスラム 216
・緊張の火種――非白色人種に対する敵意 219
・国家的・社会的安全保障に対する脅威 222
・愛国心の高揚装置 224
・不安定化する「柔らかな下腹部」――中央アジアにおけるイスラム過激派 225

・ロシアにとっての新たな脅威 229

3.「イスラム国」とロシア 230

・独立闘争からイスラム革命闘争へ 230
・「カフカス首長国」の成立 233
・復活した大規模テロ 237
・「ISカフカス州」へ 240
・ISに身を投じる人々の増加 242

第7章 軍事とクレムリン

1.「シロヴィキ」の台頭 248

・クリミア介入を決めた「4人組」 248
・エリツィンの「分割統治」 252
・プーチン政権を支えるKGBコネクション 254

2. シロヴィキをめぐる軋轢 260

・軍という「聖域」 260
・軍にメスを入れたプーチン 261
・ロシア軍の「目」と「神経」をめぐる闘い 263
・軍の逆襲――セルジュコフ国防相をめぐるスキャンダルの暴露 264

・存在感増すショイグ　266
・ショイグの変貌？　268
・ピノチェト・モデル　270
・シロヴィキvs.シロヴィキ　271
・幕切れ　275
3.「国家親衛軍」をめぐって　276
・ゾロトフのリベンジ？　276
・「第2のロシア軍」　278
・大統領選を睨んでの戦略か　282

第8章　岐路に立つ「宇宙大国」ロシア

1.宇宙作戦能力の回復　286
・「宇宙大国」の失墜　286
・偵察衛星開発の遅れ　288
・プーチンの宇宙開発プロジェクト　291
・ロシア初の「宇宙戦争」　292
・宇宙攻撃能力を目指すのか　294
・軌道上での奇妙な振る舞い　295

・対衛星ソフト・キル手段　297

2. 宇宙産業の建て直しはなるか　300

・苦境に立たされるロシアの宇宙産業　300
・ビジネスに走るロシア宇宙産業　302
・深刻な人材不足、他国の競争相手の台頭　303
・宇宙改革をめぐる対立と混乱　304
・ロスコスモスの成立　307
・コマロフ流改革のゆくえは　308

3. もう一つの重要課題――外国依存からの脱却　310

・新宇宙基地ヴォストーチュヌィ建設へ　310
・基地建設をめぐるスキャンダル　311
・ようやく新基地運用が始まる　313
・「ウクライナに1コペイカもやるな」――純国産ロケットの開発へ　314

結び　319

おわりに　324

参考文献　331

人名索引　335

事項索引　334

序章

プーチンの目から見た世界

アネクドートの国

プーチン大統領の国家観のルーツに、二つの国家の崩壊があったことはよく指摘される。プーチンは１９８９年、ＫＧＢ（国家保安委員会）の情報要員として東ドイツに駐在しているさなかに、同国の社会主義政権が東欧革命によって崩壊する様を目の当たりにした。ソ連に帰国した後の１９９１年末には、祖国であるソ連邦も崩壊。プーチンはこれに先立つ１９９１年８月の保守派によるクーデターをきっかけにＫＧＢを辞職していた。

当時、ソ連の改革派の中には、その高い科学技術力、工業力、教育水準などによって比較的短期間に西側資本主義世界に統合することができるという見通しがあったとされる。だが、現実はそのようには運ばなかった。新生ロシアを待ち受けていたのは、深刻な政治的・経済的混乱であり、国際社会における影響力の喪失であった。こうした状況下でプーチンはサンクトペテルブルク市庁から大統領府、ＫＧＢの後継機関であるＦＳＢ（連邦保安庁）長官、安全保障会議書記、首相を経て１９９９年には大統領代行へとスピード出世を遂げていった。

２０００年、正式に大統領に就任したプーチンは「強いロシア」の復活をスローガンとして掲げ、日本でも大いに注目された。だが、この時点でプーチン大統領がまず取り組まなければならなかったのは、国家体制の建て直しであった。いうなれば、あまりに弱体化したロシアをまともな国家として建て直すことが「強いロシア」の大前提であったといえる。

では、当時のロシアの何が問題であったのか。

経済面でいえば、１９９１年から１９９８年の間にロシアの実質ＧＤＰは30％も縮小する一方、最大６０００％にも達するハイパーインフレによって庶民の生活は困窮化していた。特に公務員や年金生活者など、公的予算によって生活を賄っていた人々は日々の生活にも困窮するようになり、ソ連時代には高かった公務員の社会的権威も地に堕ちることになった。これは教育や医療といった公共サービスの質が極端に低下することを意味するとともに、日々の糧を得るために副業や汚職に手を染めざるを得ない公務員も続出した。そして、このような公共領域の劣化は、それを補うマフィア経済の跋《ばっ》扈《こ》に容易に結びついた。こうした１９９０年代の体験が、ロシア国民の中に「自由」とは「無秩序」のことだという不幸な理解を生んだことはよく指摘されるところである。

筆者の個人的な体験も挙げてみたい。

筆者は２０１０年中、ロシア科学アカデミーの世界経済国際関係研究所（ＩＭＥＭＯ）に客員研究員として籍を置いていた。ＩＭＥＭＯといえば１９５６年に設立された権威ある研究機関であり、アメリカ・カナダ研究所（ＩＫＡＮ）や外務省付属国際関係大学（ＭＧＩＭＯ）などと並ぶロシアの対外政策研究の牙城である。のちに対外課報庁長官、そして首相となるエフゲニー・プリマコフが所長を務めたこともある。だが、筆者が訪れた当時のＩＭＥＭＯは資金難から建物はボロボロで、一部のフロアを民間企業のオフィスとして貸し出すことで運営資金の一部を賄っているという状況であった。ＩＭＥＭＯの周辺にあるさまざまな研究機関も状況は同様で、その一つである極東研究所などは一階を自動車ディーラーに貸している有様であった。

かつて米国と覇を競った宇宙産業も国家発注の激減で苦境に陥っており、エネルギヤ社（ソ連版スペースシャトルである「ブラン」や国際宇宙ステーションのロシア担当モジュールの開発・設計などを担当）はモスクワの本社工場の一部をカフェとして貸し出していたという。しかも、このカフェは過激派組織ウズベキスタン・イスラム運動（ＩＭＵ）の資金源であったことがわかってＦＳＢの家宅捜索を受けるという笑えない後日談までついていた（ＩＭＵについては第6章で詳しく触れる）。

また、筆者がある宇宙産業を訪問したところ、同社の幹部からこんな話を聞いた。

「ソ連時代、この工場は自転車と車椅子の工場ということになっていました。ミサイルを生産していることを隠すためです。ところがソ連崩壊後、宇宙予算が激減したせいで、本当に自転車を作って凌いでいたんですよ！」

まるでロシアの小噺、アネクドートのようだが、当時はこうした実話版アネクドートのようなことがロシアの随所で起こっていたのだろう。

もちろん、すべてがこの程度の笑い話で済んだわけではない。アネクドートのような事態の陰では日々経済が悪化し、適切な医療を受けられず死んでいく人々やホームレス化する年金生活者、絶望感からアルコールや薬物に蝕まれる人々が続出していたのである。ソ連崩壊後の１９９４年、ロシア人男性の平均寿命はＯＥＣＤ（経済協力開発機構）平均の75歳を大きく下回る57・６歳にまで低下し、さらに生活不安から少子化傾向も進んだ。

「ロシア崩壊」を恐れたプーチン

ロシアという国家が直面していたこのような衰退傾向に加え、当時のプーチン大統領はより深刻な問題にも直面していた。すなわち、ロシア連邦自体の分裂傾向である。

よくいわれることだが、ロシアの国土面積（約1700万平方㎞）は地球上で最大であるばかりか、冥王星の表面積にほぼ匹敵する。この、一つの天体にも相当する広大な大地に200以上の諸民族（2012年の連邦統計庁の統計による）が住んでいるのがロシアであり、これを一つの国家としてまとめあげることは、国家体制が健全であっても容易ではない。まして、政治と経済が混乱していた当時のロシアが分裂傾向を呈することは当然であった。

その代表例が、チェチェン共和国である。チェチェンは旧ロシア・ソビエト社会主義共和国内の自治共和国と位置付けられていたが、独立を主張してロシア政府と対立し、1994年には本格的な内戦へと発展した。しかも当時の弱体化したロシア軍ではチェチェン独立派を完全に鎮圧することさえできず、1996年には休戦を余儀なくされている。

また、イスラム教徒が多く、豊富なエネルギー資源を域内に抱えるタタールスタン共和国などは、「完全な主権」を要求し、共和国憲法にもその旨記載するなどという事態さえ生まれた。

これに限らず、1990年代には多くの連邦構成主体[1]が連邦政府に対して権限移譲を迫るようになっていた。この結果、ロシア政府は1994年から1998年にかけて46もの連邦構成主体との間で42本の「権限分割条約」を結ぶことを余儀なくされ、連邦政府全体に対するコントロールが大きく低下する結果を招いた。前述のタタールスタン共和国の場合でいえば、徴税や天然資源利用といった、本来は中央政府が決めるべき事項を独自に決定できるとされていたり、独自の「国際関係への参加」や銀行の設立、対外経済活動などを行えるなどとされていた。

もちろん、タタールスタンの例はかなり極端なものではある。しかし、エネルギー資源や希少資源を産出する連邦構成主体は、経済力を背景に連邦からの独立傾向を多かれ少なかれ強め始めていた。特に顕著であったのは法制面で、こうした連邦構成主体は、連邦憲法や連邦法に矛盾する独自の憲法や法律を制定するなど、連邦制度の根本を揺るがせていたのである。たとえば１９９７年の大統領教書演説によれば、１９９５年に連邦構成主体が採択した1万４０００本の法令を法務省が調査したところ、約半数が連邦憲法及び連邦法に違反していたという。

１９９１年のソ連崩壊は、ソ連を構成する15の社会主義共和国がほぼその国境線に沿って独立するという形式を取った。だが、「切り取り線」がソ連時代の国境沿いにしか走っていないという保証はどこにもない。

ロシアの代表的な国際政治学者であるドミトリー・トレーニンは、次のように述べている。

---

(1) 共和国や州、地方のほか、「連邦市」の地位を有するモスクワやサンクトペテルブルクなど。２０１４年にクリミア半島のクリミア自治共和国とセヴァストーポリ市を併合した結果、現在は85の連邦構成主体が存在するとロシアは主張している。

「何人かの学者と専門家は、ロシアはまだ完全には分解していない帝国であると主張している。つまり、ソ連の崩壊にはロシア連邦の分解――部分的なものかもしれないが――が続くはずだというのである。彼らは、こうした過程は21世紀初頭の今、一時的に止まっているが、北コーカサス、そしてもしかして他の地域にも及ぶだろうと言う」

（D・トレーニン著、河東哲夫ほか訳『ロシア新戦略』）

ソ連崩壊は、20世紀最大の悲劇だった

ソ連崩壊に次ぐ「二番底」への懸念は、ロシアの行動原理を理解する一つのヒントとなろう。巨大だが内部に分裂傾向を抱えた国家を、中央の統制の下に建て直すこと。これが初期プーチン政権の至上命題であったと考えられる。

２００５年の議会向け教書演説において、プーチン大統領は「ソ連崩壊は20世紀において最大の地政学的悲劇」であったと述べたことがある。ときにこの言葉はプーチン大統領がソ連の復活を狙っている傍証として引き合いに出されることもあるが、文脈を見れば、このような理解が正しくないことは明らかである。この有名なフレーズの後に実際に続いたのは、次のような言葉であった。

「ロシアの人々にとって、これはまことに劇的なことでした。数千万人の我が国民と同胞が、ロシアの領域外にいることになってしまいました。崩壊の波はロシア自体にも広がってきました。

市民の貯蓄は目減りし、古き理想は破壊されました。多くの機関が解散され、あるいは拙速な改革に晒されました。国家の一体性はテロリストの侵入とこれに続くハサヴュルトの降伏(2)によって毀損されました。情報の流通に関して無制限のコントロールを得たオリガルヒ（寡占資本家）は、自分たちの利益にだけ奉仕するようになりました。貧困の広がりは日常茶飯事として認識されるようになりました。これらのすべては、深刻な経済の低迷、不安定な財政、社会領域の麻痺を背景として起こったものです。多くの人々が、我々のまだ若い民主主義はロシアの国家体制の存続ではなく、その最終的な崩壊であるかのように考え、またそのように見えたのです。これはソビエト・システムの長引く痛みでした」（２００５年４月25日、議会向け教書演説）

プーチン大統領の演説からも明らかなように、ここでいう「20世紀最大の悲劇」とは、ソ連体制の崩壊そのものというよりその結果としてロシア国民にもたらされた生活不安や社会・経済体制の崩壊、そしてロシア連邦の分裂の危険性を示す言葉である。また、１９９９年末にプーチンが大統領代行となった際のインタビュー『プーチン、自らを語る』（扶桑社、２０００年）（原題『第一人者』）や、同時に発表された論文『新千年紀を迎えるロシア』などからも明らかなように、プーチン大統領はソ連の社会主義体制や共産主義イデオロギーそのものを肯定的に評価しているわけではない。たとえば後者の『新千年紀を迎えるロシア』では、「ロシアの共産主義は無駄なまわり道であった」とした上

(2) チェチェン紛争の休戦を定めたハサヴュルト合意をプーチン大統領はここで「降伏」と表現している。

クレムリンで演説するプーチン大統領（2015年11月、ロシア大統領府公式サイトより）

で、ロシアが共産主義体制を脱したことで、ようやく「全人類が通っているハイウェイ」に乗ることができたとしている。

その一方、プーチン大統領はソ連を全否定しているわけでもない。それはモスクワの中央政府を頂点とした厳格なヒエラルキーの存在である。いうなれば、「20世紀最大の地政学的悲劇」とは、このようなヒエラルキーの崩壊の結果として発生したものであるというのがプーチン大統領の世界観であるといえよう。

「垂直的権力構造」の再確立へ

こうした中で初期プーチン政権が掲げたスローガンが「垂直的権力構造」の再確立であった。これは文字通り、ロシアという国家にヒエラルキー構造を取り戻すことを意味している。

たとえばプーチン政権下では、２０００年に連邦管区制度が導入された。これはロシア全土を7つの連邦管区に区切り、それぞれに大統領が任命する大統領全権代表を置いて域内の連邦構成主体を監督させるというものである。

こうした一種のお目付役を置くことにより、2001年6月までに連邦構成主体が採択した法令の94%が連邦法に適合するようになったとされる。また、バシコルトスタン共和国が定めた憲法では、同共和国が「完全な国際法上の主体」と規定されていたが、この規定も削除された。

もっとも、連邦管区は完全に固定的なものではなく、チェチェンなどを含む北カフカス地域が従来の南部連邦管区から独立して「北カフカス連邦管区」となったり、2014年にウクライナから併合したクリミア半島にも独立の連邦管区の地位が与えられたりとある程度の変動がある。しかも、クリミア連邦管区はのちに南部連邦管区へと編入されたため、現在は8個連邦管区体制となっている。

また、同年、プーチン大統領は各連邦構成主体の首長（大統領、知事、市長等）が上院（連邦院）議員を兼ねる制度を廃止した。それまでは各連邦構成主体の首長と知事が上院議員の議席を割り当てられていたが、「上院議員は恒常的に立法活動に専念できる者であるべき」との理由の下にこれを禁止したのである。これ以降、地元との関係よりも中央政界との関係が深い政界・財界の有力者が上院議員に任命される事例が増え、連邦構成主体の中央政界に対する影響力は大きく削がれることとなった。

2005年には、連邦構成主体の首長に対する住民の直接投票制が廃止され、事実上、大統領による任命制が導入された。この新たな制度では、大統領が首長候補を提案し、連邦構成主体議会がこれを承認するという形を取る。連邦構成主体議会が同意しない場合、大統領は、議会との協議、首長代行の任命、連邦構成主体議会の解散、のいずれかの方法を取ることができるようになった。さらに首長の解任条件も、「大統領の信任を喪失した場合」と簡略化され、都合の悪い首長は容易に解任できるようになった。

中央政府においては政党の選挙登録要件や最低得票率条項が厳格化され、大規模な全国組織を持ち、多数の票を獲得できる政党以外は選挙に候補者を擁立することができなくなった。小政党が政党連合を結成して選挙協力を行うことも禁じられた。これは都市部を基盤とするリベラル系政党などを狙い撃ちしたものとみられ、プーチン大統領自身が党首を務める「統一ロシア」、そして「共産党」、「自由民主党」、「公正ロシア」という4大政党体制ができあがった。

オリガルヒとの関係

「垂直的権力構造」は経済面にも及んだ。2003年、大手石油会社ユコスが巨額の脱税を行っているとの容疑で検察の捜査を受け、巨額の追徴課税を命じられて破産したのはその典型例である。実際、ユコスはオフショア企業を用いて税逃れを行っていたことが判明しているものの、このような振る舞いは何もユコスに限ったことではない。むしろ、ソ連崩壊後に出現したオリガルヒの多くが多かれ少なかれユコスに類する課税逃れは行っていたし、それは現在も変わらないことを2016年の「パナマ文書」事件は示している。

にもかかわらず、ユコスが狙い撃ちにされたのは、ホドルコフスキーCEOをはじめとするユコス幹部が旧エリツィン政権の有力者たちとつながりを持ち、プーチン政権の「垂直的権力構造」に従おうとしなかったためであるというのが大方の見方である。特に大統領選への野心さえ示していたミハイル・ホドルコフスキーは脱税の容疑で逮捕・起訴され、実に2013年まで収監され続けた（12月に恩赦で釈放されたのち、家族とともにスイスへ移住）。

一方、プーチン大統領は、「アルミ王」デリパスカやパイプライン利権を独占するロッテンベルグ兄弟、武器輸出産業の総帥といわれるチェメゾフなど、「垂直的権力構造」に従う企業家達には利権を認め、優遇した。エリツィン大統領のように強力な権力基盤を持たずに急激な出世を遂げたプーチン大統領にとっては、こうしたオリガルヒ達に利権を分配することが重要な権力掌握手段であった（もう一つの権力基盤は自身の出身母体である情報機関出身者達のネットワークだが、これについては第7章で触れる）。

このうち、本書の主要テーマである軍事と関係が深いのはチェメゾフで、国営武器輸出公社「ロスオボロンエクスポルト（ロシア国防輸出）」総裁を務めたのち、武器輸出マネーを元に有力軍需産業を統合した「ロステフノロギー（ロシアン・テクノロジー）」という一大王国を築くにいたった（後に「ロステフ」と改名）。プーチン政権はこれ以外にも、2000年代半ばから航空機メーカーを統合した「統合航空機製造コーポレーション（ＯＡＫ）」や「統合造船コーポレーション（ＯＳＫ）」などを次々と設立し、ソ連崩壊でばらばらになってしまった軍需産業ネットワークを国家主導で再編していった。

広がるメディア統制

「垂直的権力構造」の確立は情報の世界でも進んだ。特にプーチンが重視したのはテレビやラジオなど、広大なロシア国土をカバーしうる電波メディアである。このため、プーチン政権下では、主要なテレビ局やラジオ局に次々と政府資本が注入され、国有化が進んでいった。たとえばロシアには2009年の時点で330のテレビ・チャンネルが存在していたが、全国に放送網を有している三つのチャンネルのうち二つ（「ロシア1」と「ロシア24」）はプーチン政権下で国有化され、残る一つ（NTV）もプーチン政権と近しい関係にある国有天然ガス企業「ガスプロム」の傘下となっている。そのほかの有力テレビ局にも政府資本が注入され、完全に独立しているのは「ドーシチ（雨）」などの反体制的な傾向をもつテレビ局のみとなった。

その「ドーシチ」も政府からの圧力を度々受けながらどうにか持ちこたえていたが、2014年2月に行ったある世論調査が世論の非難を浴びて苦しい立場に置かれた。第二次世界大戦中、900日にわたってドイツ軍から包囲され、多くの死者（その大部分は餓死者だった）を出したレニングラードについて、これらの犠牲を出さないために降伏しておけばよかったのではないか？　と匂わせる電話調査を行ったのである。だが、第二次世界大戦における栄光の記憶を真っ向から否定するようなこの調査は、政界から一般国民にいたるまで、激烈なナショナリズムの反発を引き起こした。ましてレニングラード（現サンクトペテルブルク）といえばプーチン大統領の出身地であり、プーチンの母親などは餓死寸前まで衰弱して「屍体と間違われた」というエピソードがあるほどだから、このような「ドーシチ」の問いかけはプーチン個人の神経を逆なでした部分もあるのではないか。この事件によって「ドーシチ」は大手局への番組の配信契約を打ち切られ、年末には本社ビルからも立ち退きを要請されるにいたった。

たしかに、ロシアのメディアは、北朝鮮のようなレベルで完全に統制されているというわけでもない。政治にまつわるスキャンダルが報道されることもあるし、時に政権批判が報じられることもある。その一方、プーチン政権下で政権の意向に沿った報道が増加したことは事実であるし、プーチン大統領個人やその家族に関する報道はほぼタブーとなった。

反プーチンの急先鋒であった新聞社『ノーヴァヤ・ガゼータ』の記者アンナ・ポリトコフスカヤのように、不審な死を遂げるジャーナリストもいる。ポリトコフスカヤは第一次及び第二次チェチェン紛争の取材を通じてロシア政府の非人道的行為を告発し、『チェチェン　やめられない戦争』や『プーチニズム　報道されないロシアの現実』といった著書でも高い評価を得ていたが、2004年に北オセチア共和国のベスランで発生した学校占拠事件で人質解放交渉に向かう途中、突如として意識不明の重体に陥った（機内で飲んだ紅茶に混入した毒物の影響とされる）。その後、ポリトコフスカヤは容体を回復させ、ジャーナリストとしての活動を再開したものの、2006年にモスクワ市内にある自宅アパートのエレベーター内で射殺体となって発見された。2004年に意識不明に陥った件とも合わせ、殺害にはロシアの情報機関が関与している疑いが濃厚とされる。

ちなみに、国際NGO『ジャーナリスト保護のための委員会（CPJ）』によると、1992年から2015年までにロシアで殺害されたジャーナリストは56人で、世界ワースト7位である（1位はイラクの174人）。年あたりの殺害数でみると、ジャーナリスト殺害のピークはエリツィン時代の1995年で、年間12人が殺害された。これは通常の犯罪に遭ったり、戦場取材中に戦闘に巻き込まれるなどのケースが多かったためだが、汚職の究明や政権批判などを行ったために暗殺されたのではないかとみられるケースは当時から少なくなかった。

ちなみに、CPJの統計によると、ロシアで最後にジャーナリスト殺害が発生したのは2013年のことで、北カフカスのダゲスタン共和国で発行されている独立系新聞『ノーヴォエ・ジェーラ』のアフメドナビエフ副編集長が射殺された事件だ。同人は北カフカスにおける政府機関の汚職を追及していたほか、対テロ戦争での犠牲者数を集計しているNGO「メモリアル」とも関係があり、以前から脅迫されていたことがわかっているが、いまだに犯人は不明である。

プーチンの「社会契約」とその綻び

プーチン政権による「垂直的権力構造」の再確立は、ときに社会契約になぞらえられる。「自由と豊かさの交換」というより直截な表現もあるが、要はプーチン政権に従うなら、社会的な安定と経済的繁栄が約束されるが、従わない場合はその限りではない、ということである。

ただし、このような「社会契約」は、自由と引き換えに与えられるべき豊かさがあって初めて成り立つ。この点でプーチン政権が幸運であったのは、その成立と国際的な原油価格の高騰がほぼ重なっていたことである。ロシア経済は1990年代半ばに持ち直しの兆候を見せていたが、1997年のアジア通貨危機に連動して再び危機的な状態に陥り、1998年には対外債務のデフォルトを宣言するとともにIMFの融資を受け入れざるを得ない状況になっていた。輸出の大部分を占める原油の国際価格が1バレル13ドルにまで下落したことが、その最大の要因であった。

だが、1999年ごろから原油価格は再び高騰に転じ、ロシア経済は息を吹き返し始める。こうした状況の中で登場したのがプーチン政権だったのであり、ロシア経済は2008年まで平均6％の高度成長を遂げることになった。ゴールドマン・サックス社がブラジル、ロシア、インド、中国を有望新興国グループBRICsと名付けたのは2001年のことである。

この高度成長が、プーチン政権との「社会契約」をロシア国民にとって大いに魅力的なものとしたことは間違いないだろう。実際、プーチン政権下でロシア国民の生活水準は目に見えて改善した。年金や給与が遅配されることはなくなり、インフレ率を加味して毎年きちんと増額されるようになった。街には高級スーパーや巨大ショッピングモールが次々と出現し、しかも大金持ちでない人々もそこに並ぶ高品質な輸入品に手が届くようになった。大金持ちか貧民かという極端なものではなく、中産階級と呼べる人々が生まれてきたのである。もちろん、依然として街には物乞いをするホームレスの姿も多く、ロシア社会が総じて豊かになったとまではいえないが、かなりの国民がプーチン政権下で生活水準の向上を実感したことに変わりはない。

ところでロシア語の略称でGDPのことを「VVP」と呼ぶが、プーチン大統領のフルネームである「ウラジーミル・ウラジミロヴィチ・プーチン」も、略すと「VVP」ではないか、という駄洒落がある。実際問題として、「経済のVVP」が成長することなくして政治家としてのVVPがこれほどまでに台頭することは難しかったのではないか。

国家財政も急速に改善していった。潤沢なオイルマネーによって財政赤字は解消され、ソ連崩壊後に抱え込んだ対外債務を完済。それどころか黒字分を原油価格下落に備えた「安定化基金」としてプールする余裕さえ生まれた（後にその一部を分離して年金の原資とする「国民福祉基金」も設立）。国家予算も潤沢となり、ソ連崩壊後に滞っていた軍の近代化や宇宙プログラムも再開された。これらについては本書の後段で詳しく述べていくが、ここではロケットの代わりに自転車を生産していたという話の続きを紹介しておきたい。

現在の状況はどうですか？　と尋ねた筆者に、件《くだん》の幹部は聖書の言葉を引用して次のように答えた。

「すべてに満足というわけではないですが、１９９０年代と比べたら……空から蜜がこぼれ落ちてくるようですよ」

２００９年に公表された安全保障政策の指針『２０２０年までの国家安全保障戦略』は、「ロシアは20世紀末のシステム的な危機を克服した」という自信に満ちた言葉から始まっているが、これは10年に及ぶ「垂直的権力構造」の再確立が一段落したことへのプーチン政権の自信を示すものといえよう。

だが、まさにこの頃から、「プーチンの社会契約」は綻びを見せ始めていた。

第一に、「ＶＶＰ（ウラジーミル・ウラジミロヴィチ・プーチン）」の台頭を可能とした「ＶＶＰ」――すなわちＧＤＰ――が伸び悩みの傾向を示し始めていた。２００９年、米国発の世界経済危機の影響を受けたロシアはマイナス７・９％にも及ぶ深刻な経済低迷に陥った。当時のロシアはすでに１３７０億ドルにも及ぶ安定化基金と４４００億ドルの外貨準備を保有していたし（この意味ではたしかにロシアは10年間ではるかに安定した国になっていた）、原油価格も比較的早くに回復したことから、１９

98年のような事態にまでいたることはなかったが、以降、ロシア経済の成長ははるかに低調なものになってしまった。前述の「国家安全保障戦略」では2020年までにGDPで世界のトップ5入りを目指すという目標が掲げられていたが、その前提となる年平均6%の経済成長はもはや望めない状況であった。

それでもロシア経済はプラス成長を続けており、財政も黒字であったから、さほど悲観的な状況であったというわけではない。しかし、2014年以降の原油価格の下落により、ロシア経済は再び混迷の度合いを深めつつある。GDPは2009年以来、5年ぶりのマイナス成長となり、国家予算も緊縮傾向が強化された。一部では公務員給与の遅配など、1990年代を思わせる状況も報じられている。

変わらぬ財政構造のいびつさ

このようにロシア経済は常に原油価格に振り回されてきたわけだが、プーチン政権(2008~2012年のメドヴェージェフ政権を含む)もこれをよしとしてきたわけではない。国家歳入の約半分を石油及び天然ガス関連の税収に依存するといういびつな財政構造を解消すべく、産業育成政策がとられてきた。前述のOAK(統合航空機製造コーポレーション)やOSK(統合造船コーポレーション)といったソ連時代以来の重厚長大産業の再編はその一環であるし、メドヴェージェフ政権下では「イノヴェーション」を旗印に、国営ナノテク企業「ロスナノ」、ハイテク産業団地「スコルコヴォ」、ロシア版ＤＡＲＰＡ[3]と呼ばれるＦＰＩ（将来研究財団）などが次々と設立された。メドヴェージェフ大統領の２００９年の議会向け教書演説は、ロシアの産業近代化を高らかに鼓舞し、「進め、ロシア！」という印象的な言葉で締めくくられている。

だが、ロシアは「進め」なかった。２０１６年の現在にいたっても、ロシア政府の歳入は依然として石油・天然ガスに大きく依存しており、前述したさまざまなハイテク産業部門もこうした状況を大きく変革するほどの成果は挙げられていない。原油収入を産業の育成に回すのではなく、前述した各種の基金として貯め込んだことについても、批判的な見方は多い。

さらに、２００９年の「国家安全保障戦略」を改定する形で２０１５年末に公表された新「国家安全保障戦略」では、ＧＤＰの到達目標は「上位」と具体的目標を示さない表現に後退し、産業育成についてもハイテク産業だけでなく伝統的な軍需産業への期待が強調されるようになった。もちろん、ロシアは大きな科学技術上、工業上のポテンシャルを有する国であり、長期的にこうした取り組みが成果を結ぶ可能性は否定できないが、短期間では期待されたような成果があがらなかったことも事実である。

頼みの資源輸出にも逆風が吹いている。２０１４年以降の原油価格低下は、新興国の需要減速や米

(3)　米国防総省の国防高等研究計画局。将来、先進的な軍事技術に結実しそうな研究プロジェクトを立案したり、民間におけるそのようなプロジェクトを探し出して投資を行う。インターネットの技術的基礎となったＡＲＰＡネットを開発したことで知られる。

国のシェール革命といった構造的なものであり、かなりの長期にわたって続くとの見通しをロシア内外の専門家は示している。イランの核開発問題に関して国際合意が成立し、同国が国際社会への復帰を果たしつつあることも、原油のダブつきを加速させる要因とみられている。

また、今後、ロシアが資源大国であり続けるためには、すでに生産ピークを過ぎつつある西シベリアの油田・ガス田に代わって東シベリアや北極海の油田開発を進めなければならない。しかし、これらの新規資源地帯は開発コストが高い上、探鉱や採掘には高度の技術を必要とする。エネルギー価格が低下し、しかも投資や技術を持った西側諸国との関係が悪化している現在のロシアにとっては、先行きはかなり困難なものと考えざるを得ない。

政治的自由の制限強化

第二の問題は、「垂直的権力構造」の行き過ぎに対して少なからぬロシア国民が不満を募らせていることである。前述のように、プーチン政権の「垂直的権力構造」は豊かさと引き換えに政治的自由を差し出すものであり、また寡占資本家の不正を徹底して排除するというものでもない。むしろ、ロシアの政治・経済的エリート達にとっては、プーチン大統領に従う限り利権の山分けに預かることができるという構図がプーチン政権の権力基盤を成しているともいえる。

だが、ロシア経済の高度成長が一段落つき、中産階級と呼びうる市民が一定数に達すると、こうした権力構造には疑問が呈されるようになった。たしかに生活は安定し、便利にはなったが、政治的な自由は1990年代に比べて大幅に制限され、大は巨額汚職事件から小は公務員による日常的な賄賂の要求まで、政治腐敗も改善されない（ちなみに国際NGOであるトランペアレンシー・インターナショナルによると、2015年のロシアの腐敗度は世界168ヵ国中118位である）。この結果、与党である統一ロシアや、プーチン及びメドヴェージェフ両氏に対する支持率もじわじわと低下し、経済危機の責任を取ってプーチン首相の辞任にまで発展するのではないかという説まで囁かれるようになった。

こうした中で2011年、下院選挙の過程で大規模な票の操作があったという疑惑が浮上し、全国的な反政権デモへと発展。この選挙で統一ロシアは77議席減の238議席となり、過半数を失う寸前に追い込まれた。2012年に入って運動は急速に失速していくものの、一時は反体制運動を滅多に報じない国有メディアまでがこれらの動きを報じざるを得ないほどの広がりを見せたことは注目に値しよう。メドヴェージェフ政権は最低得票率の引き下げや政党登録要件の緩和（ただし、いずれも小政党が議席を得るにはいたらない程度に抑えられた）、連邦構成主体首長の直接選挙制の復活（候補者の擁立には大統領との「協議」を要するという制約付き）、デモの弾圧や汚職で国民の不興を買っていた警察の改革といったガス抜き策を講じたものの、状況が大きく改善することはなかった。

一時は鎮圧したはずの北カフカスにおけるイスラム過激派も、チェチェンではなく隣接のダゲスタンやイングーシに活動の場を移して再び勢いを盛り返しつつあった（これについては第6章を参照）。

2008年から2012年にかけて首相職にあったプーチンが大統領職に復帰したのは、まさにこのような状況においてであった。こうした内政の不安に加え、中東では「アラブの春」によってロシアの友好政権が次々と転覆させられたり、転覆の危機に陥っていたこともプーチン大統領にとっては脅威に映っていたと思われる。

２０１２年以降のプーチン政権は、こうした内政上の不安にさらなる統制の強化で臨んだ。電波メディアの統制に加えて、それまでは比較的自由であった紙媒体のメディアやインターネットに対する統制が強化されたことは、その顕著な例である。児童の精神的発達に対する悪影響や過激主義思想の取り締まりを名目として、政府機関がインターネットへの検閲を強化したり、多数の読者を集めるブログの著者には実名公開（ファーストネームのイニシャルと名字）が義務付けられたほか、メディア企業への外資参入規制が強化された結果、ロシアから撤退したり、株式の売却を余儀なくされるメディアも出るようになった。愛国教育の強化や、ロシア社会で偏見が根強い同性愛者への規制強化など、社会の保守化傾向も顕著となった。

ウクライナ政変とこれに続くクリミア半島の占拠は、ロシア社会でこのような変容が進む最中に起きた。ロシアの「歴史的空間」であるクリミア半島の編入はロシア国民に愛国心の熱狂を起こし、低下しつつあったプーチン大統領の支持率は一気に9割台へと跳ね上がった。

だが、これに続く西側からの孤立と原油価格の低下による経済苦境により、一時の愛国的熱狂の嵐が去りつつある中で、プーチン政権の支持率は再びじりじりと下がりつつある。１９９９年のインタビューにおいて、プーチン大統領はドイツのコール首相の失脚について次のように述べていた。

「16年も政権が続けば、どんな人間も――いかに安定が好きなドイツ人でさえも――その指導者には飽きるものだ。それがたとえコールのような強力な指導者でさえ。彼らはそのことに気がつくべきだった」（N・ゲヴォルクヤンほか著、高橋則明訳『プーチン、自らを語る』）

すでに17年にわたって指導者の座にある現在のプーチン大統領は、かつての自らの言葉をどう受け止めるだろうか。

「西側」への不満

「クリミア後」のロシアについて語る前に、冷戦後のロシアが抱えていた対外的な不満についても概観しておきたい。その焦点は、冷戦時代に「西側」と呼ばれた米国及び欧州との関係である。

東欧革命と冷戦の終結、そしてソ連崩壊により、「東側」陣営は急速に消滅していった。軍事ブロックであるワルシャワ条約機構と経済協力機構であるコメコンは解体され、東欧に駐留していた膨大な数の在欧ソ連軍も、1994年までに大部分が撤退した。

このような動きは、「西側」においてはソ連が冷戦に敗北した結果と主に理解された。ソ連の欧州からの撤退は、社会主義という「誤った」体制に西側の自由民主主義体制が勝利した結果なのであり、ある意味で当然の帰結とみなされた、といえよう。

だが、米国とともに冷戦終結を宣言したソ連には、もともと「敗北」したという意識は希薄であった。むしろ、人類を破滅させかねない冷戦を米国とともに終結させるという「共通の勝利」であるという意識のほうが強かったのである。また、前述のように、たとえソ連が社会主義体制を放棄しても、それで超大国としての地位が失われることはないという一種のユーフォリアも存在していた。
ところが、実際の冷戦後の展開は、こうした甘い期待を容易に裏切るものだった。ロシアの政治・経済が混乱する中で、1990年には東ドイツがNATO（北大西洋条約機構）に加盟し、翌1991年には西ドイツに併合された。1999年にはかつてワルシャワ条約機構の同盟国であったチェコ、ハンガリー、ポーランドがNATOに加盟。2004年にはバルト三国、ブルガリア、ルーマニア、スロヴァキア、スロベニアがNATO加盟を果たすことで、冷戦終結時点におけるワルシャワ条約機構諸国はそっくりNATO加盟国となってしまった（アルバニアは1968年にワルシャワ条約機構を脱退していたが、これも2009年には旧ユーゴスラヴィアのクロアチアとともにNATO加盟を果たした）。

冷戦が終結し、ソ連はワルシャワ条約機構を解体したにもかかわらず、なぜNATOが存続しているのか。あまつさえなぜ、かつてソ連の「勢力圏」であった諸国へと次々に拡大していくのか——これが、冷戦後のロシアが抱いた不満であり、現在まで続く「西側」への不信の一つの源泉となっている。後述するロシアのさまざまな政策文書には、NATOとの「対等なパートナーシップ」という文言が繰り返し現れるが、これはロシアがいかに西側との「非対等性」に不満と屈辱感を抱いてきたかを示す一つの傍証といえよう。

もちろん、「西側」もロシアの不満を全く理解しなかったわけではない。NATOの東欧拡大に先立つ1998年にはロシアとの対話枠組みとして「ロシア＝NATO常設評議会（JPC）」が設立され、2002年にはロシアにより対等な立場を認めたNATO＝ロシア理事会（NRC）へと改編された。また、1997年に調印されたNATO＝ロシア基本文書（NATO Russia Founding Act）では、互いを敵視しないこと、欧州の分断が再来することを防ぐこと、上記のロシア＝NATO常設評議会（JPC）において協議・調整・可能な限り最大限の共同意思決定及び共同行動を行うこと、東欧の新規加盟国に核兵器を配備しないこと、CFE（欧州通常戦力）条約に基づいた兵力削減及び信頼醸成措置を進めることなどが謳われた。

政治面でも、従来のG7（主要先進7ヵ国）とロシアとの協議枠組みが1997年には正式にG8へと格上げされ、形の上ではロシアは「西側」の一員に加えられることとなった。

1997年にロシアが初めて策定した安全保障政策の指針「国家安全保障概念」において、対外的な脅威が大きく減じたとして経済停滞や組織犯罪といった対内的脅威に注力する姿勢を示したことは、こうした雰囲気を反映したものといえる。

だが、1999年のNATOによるユーゴスラヴィア空爆は、ロシアの不満を一気に表出させた。コソボ自治州におけるアルバニア系住民の独立運動に対するユーゴスラヴィアのセルビア民族主義政権の武力弾圧を理由として始まったこの攻撃は、さまざまな意味でロシアの逆鱗に触れるものだった。

第一に、セルビアをユーゴスラヴィアにおける「スラヴの兄弟」とみなすロシアは、1997年ごろからセルビア側に立って仲介役となり、NATOによる空爆回避に動いていた。NATOの空爆はこうしたロシアの努力を水泡に帰するものであったといえる。

第二に、ロシアはNATOの空爆が国連決議を得ることなく実施されたことに強烈な反発を示した。国連安保理における常任理事国としての立場は冷戦後の世界でロシアが有していた貴重な対外的レバレッジであり、国連の枠外でこうした軍事行動が決定され、実行されることはロシアとして容認できるものではなかった。こうした「有志連合」形式の武力行使は湾岸戦争後のイラクに対しても度々実施されてきたが、ユーゴスラヴィア空爆の場合は、その猛烈なエアパワーによって一国の体制を覆すものであり、これに対する反発はイラク空爆の比ではなかった。

第三に、チェチェンの分離独立問題を抱える当時のロシアにとっては、NATOの介入によってコソボを独立させることは、やはり認められるものではなかった。ここでは前述した1999年のインタビューから、プーチン大統領の認識を紹介しておこう。

「(コソボにNATO平和維持部隊が投入されたが、NATOからチェチェン問題に関してなんらかの働きかけはあったかとの質問に対して) かりにチェチェン紛争を解決するために彼らが仲裁しようと言ってきたとするよ。我々は仲裁者など必要としていない。仲裁者はあの紛争を国際的なものにする第一歩だからだ。まず仲裁者が来て、次に監視団などが来る。それから軍事監視団、そして、兵力を限定した軍隊が派遣される。そして我々はチェチェンを立ち去り……」(『プーチン、自らを語る』)

このようなプーチン大統領の見方からすれば、コソボ問題へのNATOの介入はチェチェン問題にとっての悪しき前例ということになろう。

さらに軍事作戦終了後、国連安保理決議に基づいて国連コソボ治安維持部隊(KFOR)の派遣が検討されると、ロシアはこれにロシア軍を参加させ、特定の地域を担当させるように要求したが、受け入れられなかった。不満を募らせたロシアは、1999年6月12日、平和維持部隊としてボスニア・ヘルツェゴビナに派遣されていた空挺部隊の一部を秘密裏にコソボのプリシュティナ空港に展開させてこれを占拠し、後から到着したNATO部隊との間でにらみ合いとなった。これを受けて6月19日には、ロシア軍は国連コソボ治安維持部隊との調整の下に独自の平和維持部隊を派遣するという合意が成立し、最大で4000人のロシア軍が2003年までコソボに展開することになった。

このように、NATOのユーゴスラヴィア介入によって、ロシアは著しく態度を硬化させた。翌2000年、プーチン政権下で初めて改訂された「国家安全保障概念」でも、「米国主導の先進国による支配」と「ロシアなどが推進する多極世界」という「相容れない二つの趨勢」が生じているとして、1997年版とは打って変わって厳しい情勢認識が打ち出された。

プーチンの大西洋主義とその行き詰まり

だが、全体として見れば、初期プーチン政権の対外姿勢は必ずしも強硬なものではなかった。特に2001年の米国同時多発テロ事件を契機として、プーチン大統領は中央アジアへの米軍駐留を容認するなど、積極的な対米協力路線を打ち出すようになった（ロシアが勢力圏とみなす中央アジアへの米軍駐留には軍や情報機関が猛反発したが、プーチン大統領が押し切ったとされる）。同年、米国が、かねてから懸案であったABM（弾道弾迎撃ミサイル）制限条約からの脱退を強行した際にも、ロシアは形式的な反発を示しただけでこれを黙認したほか、米国との「戦略攻撃能力削減条約（ＳＯＲＴ）」締結、バルト三国のＮＡＴＯ加盟容認、キューバ及びヴェトナムからのロシア軍施設撤退などが矢継ぎ早に打ち出された。この時期にＮＲＣが設立され、ロシアがＮＡＴＯのパートナー国としてより対等な立場を得たことは前述の通りである。

こうした初期プーチン政権の対外（特に対米）姿勢は、いくつかの背景に支えられたものであった。１９９９年末に始まった第二次チェチェン紛争を「対テロ戦争」と位置付けることで、西側の非難（当時、ロシアの軍事作戦は人権侵害であるとして批判の的になっていた）をかわすことはその一つに数えられよう。

だが、より大きな背景は、西側との和解なしに「強いロシア」はありえないという認識（ここにはプーチン大統領自身のそれを含む）に求められる。１９９９年の論文でも明示されているように、プーチン大統領はロシアを「ヨーロッパの国」と位置付けており、その一員として復帰することがロシア再生の必須条件であるとみなしていた。無用の軍事的対立によって過大な軍事負担を抱え込むことなく、最大の貿易相手である欧州との貿易を活発化させることで国力を高めることこそが安全保障であるという、ある意味極めてリベラルなアプローチといえる。大雑把にくるならば、初期プーチン政権はロシアで繰り返されてきた大西洋主義の系譜に位置付けることができよう。

しかし、プーチン流の大西洋主義もまた、行き詰まりを見せ始めた。

ソ連改革派達のナイーブな理想が裏切られたのと同様、ロシアがどれほど譲歩を示そうとも、西側の目にはそれは冷戦の敗者がとるべき当然の態度としか映らなかったのである。たとえばヴェトナム及びキューバからの撤退について、先に挙げたトレーニンは、「それまでのモスクワによる譲歩と同様、この最後の撤退もアメリカは当然視し、モスクワが現実的になっただけだと主張した」と苦々しげに回想している。

さらには2003年、米国はロシアの反対を押し切ってイラク戦争に踏み切り、2005年にはイランの弾道ミサイルの脅威に対抗するためであるとして東欧にミサイル防衛システムを配備することを宣言した。また、この間、旧ソ連諸国では、グルジア（現在はグルジア政府からの要請により、ジョージアが正式な日本語の国名として用いられている）の「バラ革命[4]」（2003年）、ウクライナの「オレンジ革命[5]」（2004年）が起こり、反露・親西欧路線の政府が誕生していた。これらの体制転換の背景には西側の人権NGOなどの支援があったことから、ロシアはこの時期から「西側による体制転覆の陰謀」への脅威認識を強めていく。これまで述べたようなメディアへの統制や反体制運動の弾圧が西側から「人権侵害」と非難を受けていたことについても、これを「内政干渉」であると見るロシアはよけいに態度を頑なにした。

2007年にプーチン大統領がミュンヘン国際安全保障サミットで行った演説は、このようなロシアの不満が噴出したかのようであった。たとえば、ロシアが「一極世界」と呼ぶ冷戦後の米国の覇権

(4) 独立以来の指導者であるシュワルナゼ大統領の統治に対して不満を募らせたグルジア市民が、2003年の議会選挙におけるシュワルナゼ派の勝利は不正選挙によるものであるとして反政府運動を起こした事件。

(5) 大統領選挙で不正があったとして、ロシア政府が支援していたヤヌコーヴィチ候補の当選無効を訴えた市民運動。この結果、大統領選がやり直され、NATO加盟などを掲げるユーシチェンコ政権が成立した。

については、こんな風に述べている。

「一極世界とは何でしょうか？　あれこれと言葉を重ねてごまかす人もいますが、とどのつまりはある一つの状況の型をいっているのです。権威の中心が一つだけ、力の中心が一つだけ、決定を下す中心が一つだけということです。

それは、支配者が一人だけ、主権は一つだけという世界です。そしてこれは、システム内部の全員にとって有害なだけでなく、主権そのものを内部から破壊するという意味で主権にとっても有害なものです。

ここには民主主義との共通性など全くありません。ご存知の通り、民主主義とは、少数者の利益と意見を考慮に入れた多数派の権力をいうのです。

ついでながら、我々、つまりロシアは、常に民主主義についてお説教を受けてきました。しかしどうしたものか、我々に教えを垂れようという人々は自ら学ぼうとしないのです」（2007年2月12日、ミュンヘン国際安全保障会議での演説）

これに続いてプーチン大統領は、冷戦後の西側が行ってきた軍事介入や国連安保理の軽視を激しく批判する。たとえば、プーチン大統領の前に行われたイタリア国防相の演説に噛みついた以下の箇所などは痛烈である。

「最後の手段として軍事力の行使を決断できるメカニズムは国際連合憲章だけです。これについて我々の同僚であるイタリア国防相がさきほど仰ったことですが、私が理解できていないのでしょうか、それとも彼が言い間違ったのでしょうか。私に聞こえたところでは、軍事力の行使はＮＡＴＯ、ＥＵ、又は国連で認められた場合のみ合法だというのです。彼が本当にそう考えているなら、我々は全く異なった視点を持っていることになります。又は私の聞き間違いでしょうか。軍事力の行使は、その決定が国連で承認された場合のみ合法なのです。そして我々は、国連の代わりにＮＡＴＯやＥＵを持ち出す必要などありません」（同）

おそらく直前に演説原稿に書き加えられたのだと思われるこの箇所は、西側の傲慢に対するプーチン大統領個人の強い憤りを示しているように見える。１９９９年のインタビューでも、プーチンは「彼らは国連憲章を変えようとするか、ＮＡＴＯの決定をその代わりにしようとしている。我々は断固としてそれに反対する」と述べ、西側が国連をバイパスして独自の軍事力行使を行う傾向に強く反発していた。

さらにミュンヘンでのプーチン大統領は、ＮＡＴＯの拡大についても以下のように強い口調で批判を展開した。

「ＮＡＴＯの拡大が当該同盟の近代化や欧州の安全保障とは何の関連もないことは明らかだと思います。むしろ、相互の信頼レベルを引き下げる深刻な挑発になりえるものです。そして我々には尋ねる権利があります。この拡大は誰に向けたものなのか、と。そして、ワルシャワ条約機構が解体された後、我が西側のパートナーたちが保証したことはどうしてしまったのでしょう。それらの宣言は、今どこへ行ってしまったのでしょう。もはや誰もそのことを覚えてさえいないのです。しかし、ここでは聴衆の皆さんに、当時いわれていたことを想起させていただきたい。1990年5月17日、ブリュッセルにおけるワーナーNATO事務総長の演説を引用したいと思います。この時、同氏はこのように述べていました。『我々がドイツの領域外にNATO軍を配置するつもりがないという事実は、ソ連邦に確固たる安全保障上の保証を与えるでしょう』。一体、その保証はどこへ行ってしまったのでしょうか?

ベルリンの壁から取った石やコンクリートブロックは、長らく土産物として売られていました。しかし、ベルリンの壁の崩壊は歴史的な選択の結果、可能となったこと――その選択は我々、すなわちロシア国の国民によるものを含みます――を忘れるべきではありません。これは、民主主義を、自由を、開放性を、そしてすべての大ヨーロッパの家族との誠実なパートナーシップを選び取るものでした。

そして今、新たな分断線と壁が押し付けられようとしています。この壁は仮想的なものですが、かつてと同じようにこの大陸を分断しつつあります。この新しい壁を解体するために、我々がまた何十年もの時間と何世代もの政治家たちを必要とすることもありえるのではないでしょうか」(同)

この演説の後、ロシアは冷戦後に停止されていた戦略爆撃機の空中パトロールを再開させ、カリブ海にまで派遣する一方、欧州における通常戦力の配備を制限する欧州通常戦力条約（CFE）の履行を停止すると宣言した。冷戦の再来ではないかという議論が高まったのもこの頃である。

「勢力圏」をめぐって

２００８年８月に勃発したグルジア戦争により、緊張は頂点に達した。グルジアはソ連崩壊後、国内に南オセチア、アブハジア、アジャリアという三つの分離独立地域を抱え、さらにそれ以外のグルジア政府支配地域に残っていたロシア軍基地の撤退をめぐってもロシアと対立していた。このうち、ロシアと国境を接する南オセチアとアブハジアはロシアの支援を受けており、現地には（グルジア政府の支配地域とは別に）ロシア軍が平和維持部隊として駐屯していた。一方、ロシアも、北カフカスに接するパンキシ渓谷にチェチェン分離主義勢力を匿っているとしてグルジアを非難するなど、両国は何かと対立関係にあった。

その一方、産業に乏しいグルジアにとって、ロシアは貴重な貿易相手であるとともに出稼ぎ先でもあり、また元ソ連外相であったシュワルナゼが国家指導者を務めていたこともあって、ロシアとは一定の協力関係を保ってもいた。

だが、２００３年、前述の「バラ革命」によって、シュワルナゼ政権は崩壊する。この結果、翌２００４年には、米国で弁護士を務めた経験もある若い改革派の野党指導者ミヘイル・サーカシヴィリが大統領に就任した。

サーカシヴィリ大統領はグルジア国内の改革を進めるとともに、国家の分裂状態の解消と、NATO及びEUとの関係強化路線を打ち出した。特に2006年以降は、NATO加盟の姿勢を鮮明にするとともに、ロシアのスパイとされる軍人を拘束するなど、両国関係は緊張の度合いを高め始める。

中でも、2008年4月にブカレストで開催されたNATO首脳会合はロシアの危機感を煽った。この会合では、グルジアとウクライナがNATOに加盟することを前提として、その具体的なロードマップとなる加盟行動計画（MAP）の発出が採択されることになっていたためである。これは米国とポーランドが主導したものであったが、ついに旧ソ連諸国にまでNATOが拡大してくることを恐れたロシアは猛反発した（バルト三国は第二次世界大戦の結果としてソ連に編入された地域であり、やや事情を異にする）。それがどれほどのものであったかは、この会合にプーチン大統領が自ら乗り込んでNATO諸国をけん制したことからも読み取れよう。

グルジアでついに「発火」

これを懸念したのが、独仏である。集団防衛条約であるNATOにロシアと対立する国を引き入れれば軍事的対立が再燃しかねない上、当時進んでいた東欧ミサイル防衛計画に関してもロシアの理解を得ることは絶望的になる。このような独仏の懸念には多くの欧州諸国も同調したことから、最終的に加盟行動計画（MAP）発出は当面見送られることとなった。ただし、将来的な両国の加盟は排除しないことも同時に決定された。

この決定は、ロシア側にもグルジア側にも不満を残した。ロシアにしてみれば、NATO拡大の懸念を完全には払拭できず、グルジアもまた期待していたNATO加盟が遠のくことになったためである。ブカレスト首脳会合後、グルジアの南オセチア及びアブハジアでは、現地の支配勢力とグルジア軍の間で散発的な衝突が発生するようになり、同8月にグルジア軍が南オセチアのロシア軍平和維持部隊に攻撃を仕掛けたことで、グルジア戦争が発生した。一説には、電撃的に南オセチアを占拠して既成事実化してしまうことによって国家の分裂状態を解消し、NATO加盟に弾みをつける狙いがあったとされる。これに先立って、グルジアはNATO式の軍改革を進めながら軍の増強を図っており、こうした作戦の遂行にも一定の自信を持っていたと考えられる。

しかし、この時点で、ロシアは10年に及ぶ高度成長の結果として軍事力の立て直しにある程度成功していた。また、現地のロシア軍はこの前月、北カフカス軍管区（当時。現在の南部軍管区）大演習（「カフカス2008」）を行ったばかりであり、即応態勢も比較的高い状況にあった。開戦後、ロシア軍は北カフカス軍管区第58軍と精鋭の空挺部隊を投入するとともに、海上封鎖と空爆によってグルジア軍を押し戻し、アブハジアにも第二戦線を開いた。最終的にロシア軍は黒海沿岸のポチや内陸部のゴリといったグルジア政府の実効支配地域にまで進軍し、フランスの仲介でようやく停戦に合意した。この間、わずか5日間のことであった（それゆえに「5日間戦争」と呼ばれることもある）。

先に戦端を開いたのがどちら側であるにせよ、ロシア軍が南オセチア及びアブハジアの範囲を超えてグルジア政府の実効支配地域にまで進軍したことは、「過剰な力の行使」であるとの非難を浴びた。加えて停戦後、ロシアが南オセチアとアブハジアを「独立国」として正式に承認したことも国際的な反発を呼んだ。これは西側に限らず、国内に分離独立問題を抱える中国など多くの国にとっても同様であり、事実、ロシアの友好国を含む大部分の国家がロシアによる国家承認を認めていない（現在までに両地域の独立を承認しているのはロシア、ニカラグア、ベネズエラ、ナウルのみ）。

これまで述べた経緯からも明らかなように、グルジア戦争は単にグルジアの国内問題やロシアとの二国間関係の結果ばかりとは言えない。むしろ、この5日間の短い戦争の背景には、旧ソ連へのNATO拡大という、より長く広範な文脈が存在していたといえる。

ロシア帝国以来の「歴史的空間」である旧ソ連諸国は、東欧とは別格の勢力圏であり、この地域へのNATO加盟は断固認められないものであった。ロシアにしてみれば、この戦争の責任は、その勢力圏を無思慮に（あるいは悪意を持って）侵そうとしてきた西側にその一端があるということになろう。

もちろん、勢力圏とはいっても、反露的傾向を強めるウクライナやグルジアを完全に支配下に置けるとまでロシアが考えていたとは思われない。これについては、勢力圏というよく用いられる（それゆえに意味の曖昧な）言葉を、もう少し腑分けして見る必要があろう。

前述したロシアの国際政治学者トレーニンは、勢力圏を「支配圏（ゾーン・オブ・コントロール）」、「影響圏（ゾーン・オブ・インフルエンス）」、「利益圏（ゾーン・オブ・インタレスト）」に分類して論じている。大雑把にいって、支配圏とは支配勢力の軍事力が展開し、その政治・経済・安全保障上の動向に対して強い影響力を及ぼすことができる地域である。冷戦期でいえば、ワルシャワ条約機構加盟国やコメコン加盟国がソ連にとっての支配圏に当たる。一方、影響圏に対する支配力はこれよりも弱いが、かといって都合の悪い外部の影響力を排除することができる程度の影響力が確保されている地域と整理できる。たとえばフィンランドや北朝鮮にはソ連軍が駐留していたわけではなく、必ずしもソ連がその動向を差配できたわけではないが、両国がＮＡＴＯや中国の支配圏に入ることは阻止できているという点では影響圏には含まれていたといえよう。中立を強要できる程度の影響力、と言い換えてもよい。その周辺に広がる利益圏となると影響力はさらに低下するが、そこである国が特別の利益を確保し、これを脅かされないだけの影響力は行使できるということになる。いわゆる第三世界などがこれに該当する。

もちろん、以上は冷戦期の状況をもとにした類型化であって、実際の、特に現在のロシアをめぐる国際関係にそのまま当てはめることはできない。しかし、トレーニンが述べるように、プーチン政権下のロシアは旧ソ連を支配圏として完全にコントロールすることは諦めたものの、同地域を影響圏内には保とうとしていた。ウクライナ及びグルジアがＮＡＴＯに加盟すれば、両国はロシアの影響圏からは外れ、逆に西側の影響圏がロシアの国境沿いに迫ってくることになる（ウクライナ国境からモスクワまでは最短で５００㎞ほどしかない）。一方、ウクライナ及びグルジアにとっては、まさにロシアの影響圏を逃れてより豊かで安全に映る西側の庇護下に入ることがＮＡＴＯ加盟の目的であったし、それを後押ししたポーランドや米国にとってはロシア周辺の旧社会主義諸国を順次西側体制に組み入れて「安全化」していくことが順当であると考えられていた。先に挙げた２００８年のブカレストＮＡＴＯ首脳会談の際、ある記者がプーチン大統領に投げかけた、「ＮＡＴＯの東方拡大は民主的価値の拡大と地域の安定性増大を意味するのでは？　それがなぜロシアにとって問題なのか？」という質問などは、その典型といえる。
ちなみにこの質問に対するプーチン大統領の答えは、「NATOに入っていれば民主的で、そうでなければ非民主的ということになるんですか？（中略）ではウクライナにNATO加盟の可能性があった昨日までは民主化の可能性があって、（NATO加盟が否決された）今日はもう、そうではないというんですか？　なんというナンセンスだ」という皮肉とも苛立ちともつかないものであった。

メドヴェージェフ「外交5原則」から見えるもの

いずれにしても、勢力圏の思想を根強く持つロシアには、NATO拡大は「地域の安定性増大」などと映ってはいなかった。これを端的に示しているのが、グルジア戦争の翌月にメドヴェージェフ大統領（当時）が主要テレビ局3局の合同インタビューで発表した「外交5原則」である。この「外交5原則」において、メドヴェージェフ大統領は、「国際法」、「多極世界」、「非孤立」、「国民の保護」と並び、ロシアが「特別な利益を持つ地域」に言及している。発言の内容は次の通りである。

「世界の諸国と全く同じように、ロシアには特別な利益を持つ地域というものがあります。これらの地域には、我々が伝統的に友好的な関係、歴史的に特別の関係を結んできた国々があります。我々はこれらの地域を特別に注意深く扱い、これらの国々、我々の近しい隣人との友好的な関係を発展させるのです」（2008年9月1日、テレビ番組での発言）

メドヴェージェフ大統領の言う「特別な利益を持つ地域」が、グルジアを含む旧ソ連諸国、すなわち、上で述べた影響圏である事は言を俟たない。そして、「特別な利益を持つ地域」との「友好的な関係」が破れそうになった場合、ロシアが実力行使を厭わないことは、グルジア及びウクライナの事例から明らかであろう。

一方、利益圏に相当するのは東欧である。これらの国々はすでにロシアの支配圏からは完全に外れ、NATOやEUに加盟したことで、影響圏でさえなくなっていた。だが、依然としてロシアはこの地域で一定の特別な利益を認められるべきであると考えているようにみえる。

本書の主要テーマである軍事面でいえば、ブッシュ政権の東欧ミサイル防衛（MD）配備計画に対する反発は、このような利益圏的思想の顕著な現れといえよう。西側は、このシステムがロシアの核抑止力を脅かすことはないと繰り返し説得を試みたものの、ロシアは強硬に反発してきた。

技術的にみれば、西側の言い分は全く正しい。東欧に配備される予定であったgbi迎撃ミサイル(6)では、大部分のロシアの戦略核兵器は完全に射程外か、迎撃が極めて困難であった。だが、ロシアは、自国に断りなくこの地域に大規模な西側の軍事的プレゼンスを展開させることは、それ自体が影響圏を損なうものと見ていた。東欧を利益圏とするロシアは、この地域に対する域外勢力の軍事力展開を拒否する特別の権利を認められなければならないからである。

(6) 米本土防衛用のGBI（地上配備迎撃体）ミサイルから第一段を撤去したタイプを区別して小文字でこのように呼ぶ。

それだけに、利益圏を侵そうとする（と映る）MD計画に対して、ロシアの反応は極めて強硬であった。2008年11月、メドヴェージェフ大統領は議会向け教書演説において、東欧MD計画への対抗措置として、ポーランドとリトアニアに挟まれたロシアの飛び地領であるカリーニングラードに、イスカンデル－M戦術ミサイル・システムを配備するなどと示唆したほか、翌2009年に実施された大演習「ザーパト2009」ではMDシステムが配備される予定だったポーランドへの核攻撃訓練が実施されたとみられている。

もちろん、以上のような「勢力圏」思想は、言うなればロシアの勝手な思い込みではある。国際法上、「勢力圏」などというものは認められておらず、旧ソ連や東欧が影響圏あるいは利益圏であるという主張はロシアの傲慢さであろう。

ただ、それを脅かされることがロシアをどれほど怯えさせ、またロシアにとっての屈辱であるかについて、「ネオコン」と呼ばれたブッシュ政権（当時）内の新保守主義者達がどれだけ理解していたのかも疑問符がつく。あるいは、そもそものようなことは理解する必要などない、という米国の傲慢さがロシアの鬱屈を募らせたといういい方も可能であるかもしれない。

「リセット」の「リセット」

2009年に米国でオバマ政権が成立し、対露関係の抜本的見直しを訴えて「リセット」政策を掲げたことは、こうした状況を一時的に緩和した。オバマ政権はロシアの反発を呼んでいた東欧ミサイル防衛（ＭＤ）計画を中止してイージス艦を主体とする欧州多段階発展アプローチ（ＥＰＡＡ）と呼ばれる新たなＭＤ計画に仕切り直したほか、核軍縮交渉についてもブッシュ政権時代よりロシア側の要求を考慮した交渉を進め、２０１０年に新戦略兵器削減条約（ＳＴＡＲＴ）として結実した（同条約については第3章で詳しく扱う）。

一方、ロシアも、米軍のアフガニスタン作戦を支援するために自国領内及び中央アジア諸国を通過する兵站《へいたん》ルート（北方補給ネットワーク）の開設を認めるとともに、アフガニスタンの軍及び警察力を再建するためにロシア製ヘリコプターを米国経由で供与するなど、対米協力姿勢を再び打ち出した。さらにロシアは２００９年、フランスにミストラル級強襲揚陸艦2隻を発注したのを皮切りに、西側製兵器の大々的な導入を検討する姿勢まで打ち出した。２００１年の同時多発テロ事件後の米露接近が再来したかのような状況であった。

もっとも、オバマ政権の「リセット」政策は、ロシアの望む通り、ロシアを「対等なパートナー」として遇するというものであったかといえばまた話は別である。オバマ政権にしてみれば、「核なき世界」論に代表される核軍縮・不拡散政策の推進や、アフガニスタン問題からの出口戦略のためにロシアの協力を必要としていたことは間違いない。台頭する中国への「リバランス」のためにロシアとの関係を荒立てることが望ましくないという側面もあったと思われる。しかし、逆にいえば、米国がロシアに求めたのはそれだけであった。依然として米国は、東欧や旧ソ連におけるロシアの「特別な利益」に、言い換えればロシアの「勢力圏」思想には鈍感であったようにみえる。

一つの象徴的なエピソードを紹介したい。

2009年3月、米国のクリントン国務長官（当時）は、スイスで開催された米露首脳会談で、ロシアのラヴロフ外相に小さなプレゼントを手渡した。黄色いプラスチックの箱に赤いボタンがついており、そこには両国関係の仕切り直しを象徴する「リセット」という言葉がロシア語で書かれている……はずだった。だが、実際にそこに書かれていたのは「リセット（перезагрузка）」ではなく、「過負荷（перегрузка）」という単語だったのである。報道写真にはラヴロフ外相とクリントン長官がボタンを持って大笑いしている様子が映っているが、今にして思えば米露の「リセット」には最初から食い違いがあったことをこのエピソードは象徴しているようでもある。

実際、「リセット」はわずか数年で綻び始めた。

前述したミサイル防衛（MD）問題についていえば、2010年の米「弾道ミサイル防衛見直し（BMDR）」でロシアを「パートナー」と位置付けるなど米側の協調姿勢もみられたものの、より「対等な立場」を求めるロシア[(7)]との間で再び溝が顕在化した。そうこうするうちに北極海にMDシステムを搭載したイージス艦が展開するのは危険であるとか、欧州多段階発展アプローチ（EPAA）の一環としてルーマニアに配備される陸上配置型イージス・システム（イージス・アショア）は巡航ミサイルも発射可能なので1987年の中距離核戦力（INF）全廃条約に抵触するといった反対論がロシアから出るようになり、結局は懸案のままとなって現在にいたっている。オバマ政権の安

(7) NATOは同盟国でもないロシアをMDシステム本体に参加させることはできないという立場であったのに対し、ロシアはNATOと防衛担当空域を決めて迎撃を分担する「セクター方式」を主張していた。

全保障政策の目玉であり、オバマ大統領がノーベル平和賞を受賞する契機ともなった「核なき世界」についても、新ＳＴＡＲＴを除けば目立った成果は挙げられていない。

　安全保障以外の分野では、２０１２年にロシアがついに世界貿易機関（ＷＴＯ）に加盟したが、これが新たな米露対立の火種となった。ロシアのＷＴＯ加盟のためには、共産圏に対して最恵国待遇を与えてはならないとする米通商法のジャクソン＝バニク修正条項を削除する必要があった。しかし、ロシア国内での人権侵害を問題視する共和党議員を中心に、ジャクソン＝バニク修正条項の撤廃には反対が根強く、最終的には同条項の撤廃と引換えに「セルゲイ・マグニツキー法」が２０１２年12月に制定された。

　セルゲイ・マグニツキーとは、政府高官の汚職などを告発していたロシアの反体制派弁護士であったが、２００９年に逮捕され、重い持病があるにもかかわらず治療を受けられなかったほか、拷問を受けるなどして留置所内で死亡した人物である。マグニツキー法は、この事件に注目した米共和党議員の発議で制定された法律であり、ロシア国内での人権侵害に関係した者の米国内への入国禁止（ビザ発給の停止）、当該者の米国内の資産凍結等の規定を盛り込んでいる。

　これに対してロシアは、マグニツキー法は内政干渉であるとして猛反発し、２０１２年12月には、ロシア市民の人権侵害に関わった米国市民の入国や米国との養子縁組を禁じる等の規定を盛り込んだ「ディマ・ヤコヴレフ法」を成立させた。ディマ・ヤコヴレフとは、米国に養子として引き取られたものの、炎天下の車内に放置されて死亡したロシア人児童の名である。以前から米国は難病などで養育の困難なロシア人児童をかなりの数、養子として引き取っており（１９９０年以降、その数は６万人にも及ぶ）、ロシア外務省や教育科学省なども養子縁組の禁止には反対を表明していた。

実際、当初のヤコヴレフ法案は、米国のマグニツキー法に対抗する形で特定の米国人のロシア入国禁止だけを規定したものであったが、議会の審議過程で養子縁組の全面禁止条項が盛り込まれたという経緯がある。閣僚の多くが反対しているにもかかわらずプーチン大統領は「反対する理由はない」としてこの法案に署名したが、そこには人権や民主主義を旗印に繰り返し西側から「お説教」を受けてきたロシアの（多分にプーチン大統領自身の）憤懣も感じられよう。とはいえ、これによってロシア人の孤児たちが、より環境の整った米国で養育される道を閉ざされたことは、重い事実としてここに明記しておきたい。

介入政策へ

さらにこの間、世界では二つの事態が進行していた。

その第一は、２０１１年に始まった「アラブの春」である。チュニジアを発端としてアラブ諸国に広がっていった国民の抵抗運動は、同年、カダフィ大佐が独裁を続けてきたリビアの体制崩壊へとつながった。この際、大きな役割を果たしたのが反政府軍を支援したＮＡＴＯの空爆である。これに対してロシアは積極的な賛成こそしないものの、安保理では中国とともに棄権に回り、一応の容認姿勢を示した。当初、ロシアのメドヴェージェフ大統領（当時）は、ＮＡＴＯの介入が人道的支援の範囲に限られると判断していたとされるが、結果的にＮＡＴＯの介入はカダフィ政権の崩壊を導き、その後のリビアは内戦の混乱に投げ込まれることとなった。

2012年に大統領職に復帰したプーチン大統領にとって、これはNATOの裏切りと映った。NATOはロシアの友好政権であるカダフィ政権を転覆させたばかりか、リビアに不安定状況をもたらし、イスラム過激主義勢力の温床となる不安定地域を作り出した、と認識したのである。言い換えるならば、これは北アフリカにおけるロシアの利益圏を破壊し、ロシアにとっての脅威（後述するように、ロシアはイスラム過激主義勢力を安全保障上の大きな脅威と認識している）を増大させる暴挙であった。また、このことは、メドヴェージェフに対するプーチンの信頼失墜にもつながったとされる。

2014年10月にプーチン大統領が有識者会議「ヴァルダイ・ディスカッション・クラブ」で行った演説は、こうした憤懣を端的に示している。たとえばプーチン大統領は、冷戦後に覇権を握った米国やその同盟国がリーダーシップを適切に行使せず、世界を不安定化させるばかりであるとして、次のような痛烈な批判を展開する。

「アナロジーを用いるならば、これはいわゆる成金が思わぬ富を手にしたようなものです。この場合、その富というのは、国際的なリーダーシップと支配の形成ということです。彼らはその富を（もちろん彼ら自身の利益のためにも）適切に運用するのではなく、多くの愚かなことをしでかしました。

（中略）

『国家主権』という観念自体が、ほとんどの国々にとって相対的なものになってしまいました。つまりこういうことです。世界の唯一の権力の中心に対して忠実であればあるほど、その政治的正統性またはその支配層の政治的正統性が高まるということです。

（中略）

自らに問うてみましょう。こんな中で生きることが果たして快適なのか。安全なのか。こんな世界で生きることが幸福なのか。そして公正で合理的なのかと。実際はそれほど恐れる必要などないのでしょうか。これは間抜けな質問なのでしょうか。米国の例外的な地位と、彼らのリーダーシップのやり方は我々皆に恩恵があり、彼らが世界中の出来事に介入するのは平和、繁栄、成長、そして民主主義をもたらすのでしょうか。そして我々はそれを甘受すべきなのでしょうか。

改めて申しましょう。そんなことはないのです。決してそんなことはないのです。

一国が覇権を持ち、彼らが自分のモデルを押し付けることは正反対の結果をもたらします。彼らは紛争を解決する代わりにエスカレートさせ、安定した国家主権の代わりにカオスをもたらします。そして民主主義の代わりに、公然たるネオナチからイスラム過激派にいたる非常に怪しげな連中を支援しているのです。

彼らはなぜ、こんな連中を支援するのでしょうか？　彼らはこの連中を、自らの目的を達成するための手段として利用する目的で焚き付けているのです。私は、我がパートナー達がよくも同じ轍を踏み続けているものだと感銘を受けざるをえません」（２０１４年10月、「ヴァルダイ・ディスカッション・クラブ」）

　このように、米国を含む西側諸国に対して、プーチン大統領の姿勢は極めて厳しい。この後、プーチン大統領はイラク、リビア、エジプト、シリア、アフガニスタンなどを引き合いに出して、西側の無責任な介入政策や、過激主義者との安易な連携が結果的に新たな国際的脅威を作り出しているのだと指摘した上、次のように皮肉っている。

「我々はしばしば、我が同僚や友人達が、常に自らの政策の結果と戦い、自らの作り出したリスクを喧伝することに努力を払い、かつてない代償を払っているとの印象を持ちました」（同）

　いずれにしても、２０１２年に大統領職に復帰したプーチン大統領は中東問題に関して積極的な姿勢で臨むようになった。その焦点となったのが、中東におけるロシアの友好国であり、やはり反体制運動が勃興していたシリアであった。２０１２年以降、ロシアは国連のシリア制裁案に対して3回もの拒否権を行使して国際社会の介入を阻んだほか、２０１３年に化学兵器使用疑惑によって米国のシリア空爆が迫ると、シリアを化学兵器禁止条約（ＣＷＣ）に加盟させるというウルトラＣで空爆を回避させた。さらにロシアはシリアのアサド政権に対して膨大な軍事援助を行ってこれを支えたが、それでも形勢が危ういと見ると、２０１５年9月にはロシア史上初めてのシリアに対する直接軍事介入に踏み切り、崩壊寸前に陥っていたアサド政権を救い、形勢を逆転させたのである。

プーチンの「ユーラシア連合」構想とは

もう一つの事態とは、ウクライナを含む旧ソ連の影響圏をめぐるものであった。グルジア戦争後、ウクライナとグルジアのNATO加盟は当分遠のき、2010年にはウクライナでヤヌコーヴィチ政権（ヤヌコーヴィチは2004年のウクライナ大統領選でロシアが後押ししていた人物である）が成立するなど、影響圏が脅かされるとの危機感は一時的に低下したかに見えた。こうした中でプーチン首相（当時）は、2011年、大統領選に向けて発表した外交政策論文「ユーラシアの新たな統合プロジェクト」の中で「ユーラシア連合」構想を提唱する。

この種の構想は以前から幾度も唱えられてきたが、プーチン版ユーラシア連合構想はEUをモデルにしているといわれ、政治、経済、外交、安全保障などさまざまな面で旧ソ連諸国との統合を深めることを目標としていた。

そして大統領職に復帰したプーチンは、この構想に従って旧ソ連諸国との関係強化に向けた動きを強め始めた。ウクライナ、キルギスタン、タジキスタンとの間でロシア軍の駐留を21世紀半ばまで認める協定を次々と締結したことや、関税法典の共有によって関税政策を統合するユーラシア関税同盟（ロシア、ベラルーシ、カザフスタン）を発足させたことなどはその顕著な例といえよう。次なる目標は、ヒト、モノ、カネのより自由な移動を可能とするユーラシア経済連合構想であった。

だが、ここで問題となったのがウクライナである。

２０１０年に就任したヤヌコーヴィチ大統領は、一般に「親露派」と称されるものの、実際はそれほど単純ではない。ヤヌコーヴィチ政権はＮＡＴＯへの加盟方針こそ取り下げたものの、ＥＵ加盟の方針はユーシチェンコ政権と変わらずに堅持することを早くから表明しており、２０１２年にはＥＵとの経済統合に向けた連合協定に仮調印した。２０１３年にはウクライナ海軍がＮＡＴＯの大規模演習「ステッドファスト・ジャズ」に参加するなどＮＡＴＯとの協力関係も依然として継続しており、（おそらくはこの演習参加が原因で）同年のＣＩＳ合同防空演習「戦闘協力２０１３」からは外されている。ロシア海軍のセヴァストーポリ駐留延長も認めはしたが、新型艦の配備には相変わらず消極的であった。

もちろん、このような動きはロシアにとって好ましいものではなかった。深刻な汚職問題をはじめとして、政治・経済面で大きな問題を抱えるウクライナが早期にＥＵに加盟することは難しいと考えられていたものの、ＥＵとの連合協定が成立すればウクライナに対するロシアの影響力は大きく低下すると考えられたためである。ＥＵ連合協定では、法・政治・経済の改革と引き替えに欧州投資銀行（ＥＩＢ）からの投資や財政援助の受け入れ、欧州共通外交安保政策（ＣＳＤＰ）やその実施機関である欧州防衛機関（ＥＤＡ）との協力拡大などが謳われていたから、経済面だけでなく、政治・外交・安全保障面でもウクライナはロシアの影響圏ではなくなってしまう、という危機感がその根底にはあったと思われる。

また、ユーラシア連合構想も、ウクライナなしでは画竜点睛を欠く。カーター政権下で安全保障担当の大統領補佐官を務めたズビグニュー・ブレジンスキーが「ウクライナなくしてロシア帝国なし」

と述べたように、欧州でロシアに次ぐ第2位の国土面積を有し、4000万の人口と大規模な農業・工業力を有するウクライナがロシアの影響圏内に留まるかどうかはロシアの旧ソ連圏統合構想にとって死活的な意味合いを有していた。

このため、ロシアはヤヌコーヴィチ大統領に対して150億ドルに上る経済協力案を提示し、2013年11月には、予定されていたEU連合協定への調印を直前で取りやめさせることに成功した。当時、ウクライナは米国発の金融危機や、主要輸出品である鉄鋼に対する新興国需要の減速などで深刻な経済危機に陥っており、2007年の段階で500億ドル程度に過ぎなかった対外債務(政府・民間合計)は、2013年末の段階でGDPの8割にも相当する1400億ドルまで膨れあがっていた。このうち短期債務分は650億ドルで、外貨準備高(約150億ドル)の4倍以上にもなる。したがって、早急に資金を調達しなければウクライナ経済は崩壊の危機に瀕するか、下手をするとデフォルト(債務不履行)ということになりかねない。ロシアはこうしたウクライナ経済の弱みを衝いたのである。

ウクライナ問題から見えるロシアの不満と不信感

だが、ヤヌコーヴィチ大統領の変心は、伝統的にロシアに対して警戒感を抱くウクライナ西部の住民や民族主義者、さらには欧州的な自由民主主義を重視するリベラル派にいたるまで、幅広いウクライナ国民の反発を呼び起こした。首都キエフでは、2004年のオレンジ革命の舞台となったマイダン広場で激しい抗議運動が発生し、ここに右派セクターやスヴァボーダといった極右勢力が参入することで運動は見る間に過激化した。2014年に入ると、キエフの騒乱は激しさを増し、多数の死者を出す事態にまでいたっていたが、ソチでオリンピックを開催している最中のロシアはしばらくの間、静観の構えをとっていた。

事態が動いたのは2月21日である。この日、ヤヌコーヴィチ大統領は、挙国一致内閣の設立、大統領選の前倒し実施、議会の強い権限を認めた2004年憲法への回帰、暴力の即時停止といった内容を柱とする合意を野党側の指導者と結び、騒乱はようやく収束に向うかに見えた。だが、合意内容を不満とする右派勢力が武装闘争をさらに過激化させると、身の危険を感じたヤヌコーヴィチ大統領はその晩のうちにキエフを脱出してしまった。

ロシア側から見れば、これはウクライナのEU連合協定加盟以上に危機的な事態であったといえる。ヤヌコーヴィチ大統領がなんとかキエフに留まり、2月21日合意を履行するのであれば、ロシアにはまだ打つ手はあった。再び親露派大統領候補を立てるなり、経済協力等の餌をちらつかせるなりして、政治的にウクライナを影響圏下に留めることが可能であったろう。だが、ヤヌコーヴィチ政権が崩壊してしまえば、新たに登場するのがこれまで以上に反露的な政権となることは必至であり、ウクライナのNATO加盟問題が再び持ち上がってくる可能性も高い。今度こそ影響圏としてのウクライナを失う可能性が一夜にして高まったのである。

しかも、ロシアの目にはこれがウクライナ国民の自主的な政治的意見の表明ではなく、米国の扇動による「体制転換」の延長であると映っていた。実際、米国の「フリーダムハウス」をはじめとする民主化支援団体はウクライナの野党に対して支援を行っていたし、ヌーランド米国務次官補は2013年12月にマイダン広場を訪れて反政府デモ隊にクッキーを配るなど露骨な肩入れをした（ヌーランド次官補は政変直前の2014年2月にもキエフを訪れている）。筆者はウクライナ政変が米国の「CIAに扇動されたクーデター」であるという見解には与しないが、そのような危機感をロシア側に抱かせるような無思慮な介入があったことは認めねばならないだろう。

そしてヤヌコーヴィチ大統領のキエフ脱出は、「アラブの春」を横目に見ながらロシアが恐れていた「体制転換」を現実のものとしてしまった。それだけに、プーチン大統領はヤヌコーヴィチ大統領に対してキエフを離れないよう電話で強く警告したとされるが、ヤヌコーヴィチがそれに従わなかったことはすでに述べた。

この危機に対するロシア側の「解決策」の概要はすでに広く知られている通りである。ロシアは、クリミア半島に対して特殊部隊を投入するとともにロシア系住民を扇動し、キエフの支配権が及ばない地域を作り出した。さらに国籍を隠したロシア正規軍を次々と送り込んで現地のウクライナ軍の動きを封じつつ、3月にはクリミア半島の「独立」宣言を採択させ、同18日にロシア連邦に編入することを宣言したのである（この間の動きについては第4章を参照）。

その是非は措くとして、世界を驚かせたクリミア半島の占領劇については、こうした影響圏としてのウクライナをめぐる文脈において理解する必要がある。ここでもロシアを突き動かしたのは、抜きがたい「勢力圏」思想と、西側に対する不信・不満だった。

この長い序章を結ぶにあたり、クリミア半島の併合を宣言するプーチン大統領の演説をいくつか抜粋して紹介しておこう。

「ウクライナでの一連の事態の背景には、別の目的があったのです。彼らは国家を転覆しようとし、権力奪取を計画しました。（中略）このような政治家たちや権力者たちを支援する外国の支援者たちがそのような企みの糸を引いていたのです」（2014年3月18日、クレムリンでの演説）

「米国を中心とする西側は、国際法ではなく、力の原則に従うことを好みました。彼らは自分たちが選ばれし者であり、例外だと信じていたのです。世界の運命を決めることができるのは、常に自分たちだけに与えられた特権だといわんばかりに振る舞っています」（同）

「ロシアは欧州と対話しようとしてきました。（中略）しかし、逆に、我々は何度も欺かれてきました。我々には見えないドアの裏側で物事が決定され、実行に移されてきたのです。たとえばＮＡＴＯの東方拡大やロシア国境付近での軍事力建設です……」（同）

世界的大国であるべきロシアの自己像と、そのようには扱われない実際のロシアの地位の落差、それに対する憤りが、現在のロシアを読み解く一つの鍵であるといえよう。

第1章

プーチンの対NATO政策

——ロシアの「非対称」戦略とは

「ロシアは見かけほど強くはないが、見かけほど弱くもない」という言葉がある。「鉄血宰相」と呼ばれた19世紀ドイツ帝国の宰相、ビスマルクの言葉である。

この言葉は、軍事大国としての現在のロシアを考える上でまさにぴったりであろう。ウクライナとシリアに対する軍事介入でロシアの軍事力が再び脚光を浴びているが、現在のロシア軍は依然として西側のハイテク軍事力に正面から対抗できるような水準には質量ともに達していない。

それでは、ロシアの軍事力などさほどのものではないのかといえば、そうでもない。現在のロシアが目指しているのは、そうした制約の下で効果を発揮しうるような軍事力の形態である。本章では、「非対称」性をキーワードに軍事大国ロシアの戦略と実力を探っていくことにしたい。

1. ロシア軍の「復活」

・ソ連崩壊後のロシア軍――凋落から部分的回復へ

モスクワ川の河畔に、ロシア国防省の第三庁舎がある。ロシア国防省の本省はクレムリンにほど近い新旧のアルバート街が交わる比較的賑やかな場所にあるが、この第三庁舎はやや中心から外れたところにあり、主に参謀本部関係の部署が入っている。モスクワ川に面したファサードにはソ連軍兵士のレリーフとブロンズ製の戦旗像が飾られており、対岸にあるモスクワ市民の憩いの場、文化公園からもよく見える。もっとも、建物自体はソ連時代の政府庁舎によくある重々しい石造りの建築物であるので、それが軍の施設であることに気付いている人は意外に少ないようだ（筆者の妻はモスクワ生まれモスクワ育ちだが、知らなかった)。

この第三庁舎内に最近、国家国防指揮センター（ＮＴｓＵＯ）と呼ばれる新たな施設が設置された。複数の巨大なシチュエーション・センターを備えた、全ロシア軍の総合指揮所と呼ぶべき施設だ。ロシアのシリア介入に関するニュースでは、ロシア国防省の高官が近代的な会議場のような場所で公式声明を読み上げているシーンなどが映るが、これがまさに国家国防指揮センターすなわちＮＴｓＵＯである。まるでＳＦ映画に出てきそうな光景に、ロシア軍も随分変わったものだという印象を持たれた方もいるのではないだろうか。

ソ連崩壊後、ロシアの軍事力が急速に低下したことは事実である。数の面でいえば、１９８０年代半ばには５４０万人を誇った兵力は１２０万人ほどまで減少した。また、チェチェン戦争での苦戦や悪質な新兵いじめなどによって軍への信頼が低下した結果、徴兵逃れが横行するようになった。職業軍人である将校達もハイパーインフレによって給料は生活できないレベルまで目減りしてしまい、それさえ遅配される事態が頻発したことから、汚職や副業に手を染めざるを得なくなっていた。当然、このような状況下では軍人になろうという若者は激減し、志望者がいてもその人材のレベルはソ連時代に比べて大幅に低下していた。

その影響は、１９９４年に始まった第一次チェチェン紛争で如実に現れた。当時のロシア陸軍では大部分の大隊が定員の半分程度しか充足されておらず、徴兵の質も非常に悪いと評価されていた。たとえば第90戦車師団所属の第81自動車化歩兵連隊では、全56個小隊のうち、49個小隊の隊長は大学生上がりの速成士官であり、さらに戦車兵の50％以上はまだ戦車砲の実弾射撃を体験する前の非熟練兵であった。さらに開戦に先立つ2年間、ロシア軍は連隊レベルや師団レベルでの演習を実施しておらず、大規模な作戦行動を実施できる状況にはなかった。要するに、ほとんど素人の寄せ集めで戦争をしていたのである。

プーチンが首相として指揮した第二次チェチェン紛争でも状況は大きく改善されていなかった。当時、ロシア軍の総兵力は約130万人を数えたものの、ただちに投入できるのはわずか6万人しかなく、チェチェン作戦に予定されていた10万人に届かないと報告されたプーチン首相は強いショックを受けたと伝えられる（結局、この際も内務省国内軍や国境警備隊をかき集めてどうにか10万人を確保した）。

装備面に関していえば、1992年から1999年までの間にロシア軍が調達できた装備は、わずかに固定翼機7機、ヘリコプター8機、戦車3両、歩兵戦闘車17両、艦艇4隻（うち潜水艦2隻）に過ぎなかった。ソ連から受け継いだ膨大な装備も、燃料や整備費用の不足によって稼働不能に陥っていった。

軍需産業も壊滅的な状況にあった。当時のロシアでは、多くの企業が倒産したり、熟練工を失ったり、製造設備の更新ができずに現代的な開発・製造能力を失っていった。ロシア政府は軍民転換（コンヴェルシア）の掛け声の下に軍需産業を民生産業に転換させようとしたが、必要とされる技術体系もノウハウも違い、マーケティングや競争という概念にも不慣れな旧国営企業の多くは適応しきれなかったのである。

ことにソ連時代から立ち遅れが目立っていた電子産業や情報通信産業の停滞は決定的で、ロシア軍はこの時期に世界の主要国で進んでいた軍事力のハイテク化に大きく乗り遅れることになった。この間、世界主要国の軍隊では、軍事革命（ＲＭＡ）やネットワーク中心の戦い（ＮＣＷ）といった概念の下に精密誘導兵器や情報通信システムを活用した新たな戦闘形態が重視されるようになっており、その鍵を握る「Ｃ４ＩＳＲ」（指揮・統制・通信・コンピュータ・インテリジェンス・捜索・偵察）の重要性が高まっていた。具体的には、前線の兵士から高級司令部までをつなぐ情報端末、無人偵察機や偵察衛星をはじめとする情報収集手段、それらを結ぶ通信システムなどである。１９９０年代はもちろん、２０００年代に入ってさえロシア軍ではこの種の装備の導入が遅々として進まず、２００８年のグルジア戦争ではイスラエル製無人偵察機や米国製戦場情報システムを駆使するグルジア軍に対して大いに苦戦を強いられることになった。

皮肉なことに、ＲＭＡ概念の原型を産んだのは、オガルコフ参謀総長らをはじめとするソ連軍の戦略思想家たちであった。しかし、オガルコフの先端的な思想は当時のソ連軍の中で十分に理解されることはなく、その概念は米国に輸入されて花開くことになったのである。これについてロシア系イスラエル人研究者のディマ・アダムスキーは、「米国はＲＭＡに必要な兵器や技術を実現していたが、ＲＭＡの概念には10年以上気付かなかった。ソ連はＲＭＡに必要とされる技術を持たないままその概念を作り出した」と総括している。

ソ連時代の産業ネットワークが寸断されたことも致命的な影響を与えていた。たとえばウクライナの独立は、ロシアの核戦力を脅かすことになった。１９７０年代以降、ロシアの核戦力の背骨を担ってきた大型大陸間弾道ミサイル（１９９１年に結ばれた戦略兵器削減条約〈ＳＴＡＲＴ〉では「重ＩＣＢＭ」と定義され、１基のミサイルに10発もの大威力核弾頭を搭載できる）はウクライナで設計・製造されていたためである。ロシア軍には依然として多数の重ＩＣＢＭが残されていたが、それも製造元であるウクライナ企業の支援を受けなければ維持することはできなくなってしまった。また、ソ連には輸送機を開発できるメーカーが二つあったが、そのうちの一つであるアントノフ設計局や関連工場もウクライナに存在していたため、突然「外国企業」ということになってしまった。もう一つの輸送機メーカーであるイリューシン設計局は、主力工場であるタシケント航空機工場がウズベキスタン政府に国有化されてしまったし、空軍の主力攻撃機Ｓｕ－25を製造していたトビリシ航空機工場はグルジア政府に国有化され、ロシアの産業ネットワークから寸断された。詳しくは第8章で述べるが、軍事力の一翼を支える宇宙産業でも凋落傾向は深刻であった。

ある軍事専門家は、１９９０年代のロシア軍とは「小さくなったソ連軍」に過ぎないと述べているが、これは当時のロシア軍の状況をかなり正確に言い当てているだろう。つまり、ソ連崩壊後のロシア軍は、冷戦後の新たな戦略環境に適応して規模を縮小したわけではなく、単にポスト冷戦型軍事力の構想を描けないまま縮小・弱体化したに過ぎないという見方である。

・プーチン政権の軍改革構想

もちろん、ロシアでも軍改革が考えられていなかったわけではない。改革構想自体は幾度となく提起されたのだが、いずれもうまくいかなかったのである。その背景には、資金不足、軍内部の守旧派の抵抗、改革の方向性をめぐる意見の相違など複合的な要因が存在していた。

そこでプーチン大統領は２００１年、国防大臣にＫＧＢの同僚であったセルゲイ・イワノフを就任させ、その他の国防省幹部ポストにも多数の情報機関出身者を送り込んだ。これまでは制服組が独占していた国防省の掌握を図ったのである（このような情報機関出身者の重用については第7章を参照）。

では、これによってプーチン政権はロシア軍をどのように改革しようとしていたのだろうか。その基本構想は、2003年に発行された『ロシア軍発展の緊急課題』と題する文書にまとめられている。冷戦後の紛争や先進国の軍事力のトレンドをまとめた上で、あるべきロシア軍改革の方向性を示したもので、「イワノフ・ドクトリン」などと通称される。端的にいえば、ロシア軍をよりコンパクト化、機動化、効率化して冷戦後の小規模紛争によりよく対処可能なようにしようというのがその骨子であった。

ただし、こうした改革の青写真が実現するのは2007年にセルジュコフ国防大臣が就任してからであった。ようやく国防費が増え始めたとはいっても依然として十分な水準に達していなかったことに加え、イワノフ国防相では軍の守旧派を押し切れなかったという事情も大きい。ロシア軍内には万一に備えて大規模な通常戦力を維持し続けるべきだという意見は根強かったし、軍のコンパクト化については削減の対象となる職業軍人たちの反発もあった。

一方、セルジュコフ国防相は軍の反対を徹底的に排除して改革を推し進めたことで知られる。その柱の一つが常時即応化であった。1990年代のロシア軍が度々兵力不足に悩まされたのは、徴兵逃れや予算不足の問題に加え、万一の大規模戦争に備えて巨大な動員能力を維持しようとしていたことが大きい。つまり、平時には指揮官や装備の他はわずかしか兵力を持たない「動員部隊」を多数維持しておき、NATOとの大規模戦争が発生した場合には、一般市民から大量の予備役を動員し、最大

420万人の兵力を回復するという想定である。

だが、このような大量動員を行って戦闘態勢を確保するには最大で1年間の期間が必要とされていた。大戦争の蓋然性が遠のく中で、このような冷戦時代の軍事態勢を引きずったままでよいのか。万一の大戦争への備えは多少犠牲にしてでも、より蓋然性の高い小規模紛争（たとえばチェチェン紛争）に迅速に対応できるコンパクトで機動的な軍が必要ではないか、というのがこのときプーチン大統領の抱いた問題意識であったとみられる。

そこでセルジュコフ改革では、動員部隊が全廃された。特に陸軍では部隊数が11分の1に大削減され、残った部隊だけを常時即応化するという極めて大胆なリストラクチャリングが実施されたのである。これに合わせてセルジュコフ国防相は35万人の将校を15万人まで削減するという一大首切りを強行し、ロシア軍の定数を100万人ちょうどとした。

ロシア軍の運用体制も大きく変わった。たとえば、陸海空の各軍種を統一的に運用するため、ロシア全土に4つの統合戦略コマンドが設置されたことはその一つである。それまでは陸海空軍が別個にモスクワの総司令部から命令を受けていたのに対し、たとえば極東ではハバロフスクにある東部統合戦略コマンドが太平洋艦隊や極東の陸・空軍を一体的に指揮するようになったのである。これは2008年のグルジア戦争において、陸海空軍の連携がうまくいかなかったことへの反省であった。

遅れていた装備近代化もようやく進み始めた。セルジュコフ国防相が就任した2007年、「2015年までの国家装備計画（GPV-2015）」と呼ばれる装備近代化計画がスタートし、約5兆ルーブルを投じて全軍の30％を装備更新することを目標に新型装備の調達が開始された。さらにセルジ

ロシアがイスラエルから導入した無人偵察機フォルポスト（著者提供）

ユコフ国防相は装備調達を行う連邦調達庁を国防相直轄として、装備品の納期遅れや価格高騰などに厳しく目を光らせるようになった。この結果、依然として問題は多々ありながらも、ようやくロシア軍にも新型装備が供給されるようになってきた。その上、セルジュコフ国防相は、要求通りに装備を納入できない軍需産業に対しては厳しい姿勢で臨み、一部の装備の調達中止や罰金などのペナルティを課したり、より安くて性能がよいとみなされた外国製兵器を導入することまでした（これは米露関係の「リセット」によって可能となったという側面も大きい）。ロシアがフランスからミストラル級強襲揚陸艦の導入を決めたことなどはその代表例である。ロシアが強襲揚陸艦のような大型兵器を西欧の国から購入するのは、ロシア帝国時代以来であったという。さらにロシア国防省は、イスラエル製無人航空機（UAV）やイタリア製四輪装甲車の国内生産にも踏み切ったほか、イタリアの装輪式戦車チェンタウロの導入を検討するなど、西側製兵器の大々的な調達へと舵が切られた。

もちろん、これは極めてラディカルな改革であり、ロシアのメディアでは当時、軍事専門家たちがこの改革を「スターリン以来の大改革だ」「いや、ピョートル大帝による近代軍の建設以来だ」などと評していたほどである。実際、セルジュコフ国防相による軍改革は、大規模戦争への備えをかなり犠牲にして、より身軽なロシア軍を目指すというものであったから、ロシアの軍事史上において大きな転換点となったことは間違いない。

それだけに軍は改革に激しく抵抗した。その筆頭がバルエフスキー参謀総長である。同人は2008年に辞任するまでにセルジュコフ国防相と激しく対立し、3度も辞表を出したと伝えられる（後任には改革に理解を示すマカロフ上級大将が就任）。これに限らず、セルジュコフ国防相は、軍改革に抵抗する将軍たちを容赦なく罷免したり、定年延長を拒否するなどして粛清し、2010年ごろまでにロシア軍の姿を大きく変貌させた。

重要なことは、セルジュコフ国防相はそれまでの国防相と異なり、自らに軍改革のビジョンがあったわけではないことである。もともとセルジュコフ国防相は2年間の兵役でソ連軍に勤務した以外に軍との接点はなく、家具会社の社長から連邦税務庁（のちに同長官）へと転じ、プーチン大統領の抜擢で国防相に任命されたという経緯を持つ。連邦税務庁勤務当時のセルジュコフは、序章で触れたユコス事件の摘発で大きな役割を果たしたとされており、こうした「剛腕」振りが、難航していた軍改革の推進に期待されたのだろう。

実際、セルジュコフ国防相は在任中の5年間でロシア軍を様変わりさせることに成功した。2014年のクリミア占拠作戦など、ロシア軍が大規模な対外軍事介入を可能なまでに作戦能力を回復させたことは、同人の進めた軍改革の成果であるといえる。

一方、セルジュコフ国防相が極めて多くの敵を作ったこともまた事実である。軍にしてみれば、セルジュコフ改革は万一の大規模戦争への備えを大幅に弱体化させたばかりか、多くの将校が職を追われたり、軍に残るために下士官に降格されたり、文官として勤務することを余儀なくされた。それまで軍が持っていた装備調達利権を奪われたことも、軍高官の不興を買った。軍需産業もセルジュコフ国防相の外国製兵器の導入方針には極めて不満であった。

また、セルジュコフ改革も何もかもがうまくいったわけではない。ことに大きな問題であったのが、契約軍人（コントラクトニキ）と呼ばれる志願兵の導入である。徴兵が1年間しか勤務しないのに対して、契約軍人は給料が出る代わりに最低3年間の勤務が義務付けられる。徴兵制を廃止することはしないにせよ、こうした職業的兵士の比率を高めることで（計画では2017年までに42万5000人を確保するとしていた）、より練度の高い軍隊を目指したのである。しかし、危険な任務の割に待遇は民間ほどよくないため、志願者は一向に集まらなかった。たとえば2010年のロシア国民の平均給与が月額1万6523ルーブル（当時のレートで約411ドル）であったのに対し、契約軍人の給与は兵士で月額8000ルーブル（約199ドル）、下士官待遇でも1万ルーブル（約248・8ドル）に過ぎなかったとされる。この結果、2012年時点で契約軍人は15万人ほどしか集まらず、うまくいっても20〜25万人ほどにしかならないだろうとセルジュコフ国防相自身も認めざるを得なくなっていた。

・セルジュコフの失脚とその後

こうした中で浮上したのが、「ロスオボロンセルヴィス（ロシア国防サービス）」をめぐる汚職事件である。ロスオボロンセルヴィスというのは、軍隊内での日常業務から兵器の整備、売店や食堂の運営などを請け負う国営軍事役務会社で、ロシア軍の活動を効率化するためにセルジュコフ国防相の肝いりで設立されたものであった。ところが、このロスオボロンセルヴィスを舞台として巨額の横領が行われていることが発覚した上、その責任者の一人がセルジュコフ国防相の愛人であることまで暴露されてしまったのである。セルジュコフ国防相自身も軍の部隊を動員して身内の別荘まで道路を敷かせていたなどの公私混同が明らかになり、２０１２年11月にはついに辞任に追い込まれることとなった。

もっとも、いかにセルジュコフ国防相の評判が悪かったとはいっても、同人はプーチン大統領の描いた軍改革プランの忠実な実行役であったことに変わりはない。このため、数々の疑惑が発覚しながらもセルジュコフ国防相自身は訴追を免れ、ほとぼりが冷めた２０１５年には国営企業「ロステフ」の航空部門の役員という閑職をあてがわれた。

セルジュコフ改革によって揺れた国防省をまとめるべく、後任に任命されたのは、セルゲイ・ショイグであった。民間防衛や災害対処を担当する国家非常事態相を長らく務め、その有能さと清廉さから国民的な人気を誇る政治家である。同人は２０１２年5月にモスクワ州知事に就任したばかりであったが、急遽国防相に任命され、現在までこの任にある（同人については第7章で詳しく触れる）。

では、ショイグ体制の下でロシア軍改革はどうなったのだろうか。

軍改革の大方針自体はプーチン大統領が描いたものである以上、全軍の常時即応化や統合運用化、装備近代化などの方針は維持されている。また、セルジュコフ国防相時代には停滞していた契約軍人化についても、軍人給与の思い切った引き上げ（２０１３年に一挙に3倍に引き上げられた）や近年の愛国心の高まりなどによって軌道に乗りつつあり、２０１５年末の国防省拡大幹部会議発表では32万５０００人に達した。全軍の充足率は92％とされており、今後は契約軍人のさらなる増加によってほぼ１００万人体制を回復することも視野に入ってきた。装備更新については、前述の「２０１５年までの国家装備計画（ＧＰＶ－２０１５）」を発展解消する形で２０１１年からスタートした「２０２０年までの国家装備計画（ＧＰＶ－２０２０）」の下でかなりのペースで近代化が進んでいる（同計画については後述する）。

ただし、微妙な変化もやはりみられる。一言でいえば、これはセルジュコフ国防相の追い落としに成功した軍への配慮といえよう。

たとえばセルジュコフ改革では、陸軍の戦闘単位を従来の師団よりも小さな旅団とし、機動性を重視する方針が打ち出されたが、最近では一部の部隊が師団に再改編されたり、師団が新設されるようになった。これはいずれもＮＡＴＯを睨んだ西部軍管区で進んでいるもので、万一の大規模戦争を懸念する軍の声を取り入れたものといえよう。セルジュコフ改革の目玉であった全軍の常時即応化についても、近年の大規模演習では予備役の動員訓練が実施されるなど、一部に逆行の動きがみられる。

問題は、このような動きがどこまで進むのかであろう。セルジュコフ改革に不満を募らせた軍のガス抜き程度に留まるのか、改革以前の大量動員を想定した軍事体制が復活するのか。今後の動向が注目される。

ロシア軍の活動も活発化している。その一つの指標といえるのがロシア軍の訓練活動である。ソ連崩壊後、ロシア軍が既存の兵器を稼働状態に保つことさえ難しくなったことはすでに述べたが、近年では整備費用や訓練予算が豊富に確保されるようになったことでこうした状況にも変化が出てきた。たとえば１９９０年代のロシア空軍では訓練用燃料にも事欠くようになった結果、戦闘機パイロットの年間飛行時間は最悪の時期で10時間以下まで落ち込んでしまっていた。日本の航空自衛隊の年間飛行時間が１００時間台後半、米空軍で２００時間以上とされているから、極めて深刻な状況であったことが窺えよう。

海軍では、１９８０年代には年間１００回以上実施されていた弾道ミサイル搭載原潜（ＳＳＢＮ）のパトロール航海が激減し、２０００年代初頭にはゼロ回を記録した。ところが、２０１５年の国防省拡大幹部会議によると、同年のロシア航空宇宙軍におけるパイロット１人あたりの年間飛行時間は１３５時間、艦艇乗員１人あたりの年間航海日数は水上艦で１００日、潜水艦で92日となった。目覚ましい回復である。

個々の訓練状況に加えて注目されるのが、大規模演習の増加である。セルジュコフ改革以前のロシア軍でも、訓練費用の増加に伴って大規模な演習は実施されていたが、２００９年以降には周期的な大演習が実施されるようになった。セルジュコフ改革においては、それまでの6個軍管区（レニングラード、モスクワ、北カフカス、沿ヴォルガ・ウラル、シベリア、極東）が4個軍管区（西部、南部、中央、東部）に再編されたが、これら4個軍管区が毎年持ち回りで大演習を実施する体制が導入されたのである。

しかも、その規模が従来に比べて格段に大きくなっている。「ザーパド（西部）2013」までは大規模であるとはいっても実働部隊はせいぜい1万人台であったが、2014年の「ヴォストーク（東部）2014」では突然、これが15万5000人という途方もない規模に膨れ上がった。翌2015年の「ツェントル（中央）2015」ではやや規模が縮小したものの、それでも9万5000人という巨大な規模であったと伝えられる。加えてロシア軍はこうした軍管区ごとの定期大演習とほぼ同時期に他地域でも大演習を行うことが多く、実質的な演習の規模はさらに大きくなる。

また、2013年からは、「抜き打ち検閲」が開始されている。これは軍の即応体制をチェックするための予告なしの演習であり、ソ連時代には実施されていたが、ソ連崩壊後のロシア軍では長らく行われてこなかった。これを復活させたのが前述のショイグ国防相で、2013年2月を皮切りに、大小さまざまな抜き打ち検閲が実施されるようになった。小規模なものを数え上げればきりがないが、大規模なものだけでも2015年は5回の抜き打ち検閲が実施され、延べで30万人の人員、1100機以上の航空機、3万両以上の戦闘車両、280隻の艦艇が動員された。

もっとも、軍管区ごとの定期大演習は指揮・参謀演習（SKShU）と位置付けられており、部隊の活動そのものよりも、それを指揮する司令部の訓練に重点が置かれたものであった。2013年以前の大演習では参加兵力が1万人台に留まっていたのも、このような理由による。したがって、2014年以降の大演習で参加兵力が格段に増加したのは、部隊の訓練を兼ねるという側面もあろうが、ウクライナ危機によって西側との対立が高まる中で、ロシアの軍事力を誇示するという側面が大きいと考えられる。演習の内容についても、「小規模紛争対処」を掲げるセルジュコフ改革の眼目とは裏腹に、大規模な国家間戦争を想定していると思しき内容も目立つ。また、2014年以降の抜き打ち検閲ではウクライナ国境付近や欧州正面で大規模な兵力を行動させ、軍事的圧力として用いようとする意図がかなり露骨にみられるようになった。

これだけの大兵力が本当にロシア国防省の言う通り、演習に参加しているかどうかもいま一つはっきりしない。9万人とか15万人という兵力は、演習の対象となる部隊の総兵力であって、実際に演習場に展開しているのはこれよりもかなり少ないのではないかというのはよく指摘されるところである。実際、同じ演習についてであってもロシア国防省の発表する数字は演習の前後でかなり変わることがあり、実態以上の兵力を動員していると喧伝することで軍事的圧力の一助にしている可能性は高いと思われる。

2. NATOに対する「弱者の戦略」

・決して強くはないロシアの軍事力

このようにロシアの軍事力が「復活」を遂げたといっても、それはまだ西側に正面から対抗可能なものではない。

たしかにロシア軍は1990年代の混乱を脱し、格段に精強で実戦的な軍隊にはなった。だが、全体的な装備更新の度合いや、特に精密攻撃能力やC4ISR（指揮・統制・通信・コンピュータ・インテリジェンス・捜索・偵察）能力など、現代戦の鍵を握る領域では、まだまだ立ち遅れは解消されていないことは頭に入れておく必要がある。

たとえば2015年9月末に開始されたシリアへの軍事介入では、長距離巡航ミサイルや精密誘導爆弾による攻撃によってロシアの軍事力回復を印象付ける一方、大部分の攻撃は昔ながらの無誘導爆弾による攻撃が主であった。また、ロシアは無人航空機（UAV）の開発・実用化で大きく遅れをとっており、米国のように大型の無人航空機を使用して長時間の偵察・監視や攻撃任務を行うといった水準には程遠い（ただし、ごく小型の無人航空機については急速に普及しつつある）。C4ISR能力の一部を担う偵察衛星などの宇宙アセットもようやく回復し始めたばかりで、依然として質・量ともに西側には及んでいないのが現状である（第8章を参照）。

こうしたハイテク戦力面での遅れは、ロシアの電子工学産業やIT産業の立ち遅れに加えて、それらを開発・調達・配備するだけの経済力がロシアにはないという事情を反映したものでもある。NATOは世界最大の経済大国である米国に加えて、英国、ドイツ、フランスなどの先進国を中心とする同盟であり、加盟国の国防予算は合計で8710億ドル（2015年）に達する。米国を除く欧州諸国だけでも、2530億ドルにもなる。

一方、ロシアの国防費は年間3兆ルーブル強というところである。近年の通貨危機によってルーブルの国際レートが暴落したために単純な比較は難しいが、暴落以前のレートでいえばおおむね1000億ドル、2016年春頃のレートでいえば500億ドルほどであり、NATOとは比較にならない。

しかも、ロシアの国防費がGDPの4%、国家予算の20%を占めるのに対し、NATO諸国の国防費がＧＤＰに占める割合は米国で３・37％、欧州諸国で平均１・43％に過ぎない。要するに、ロシアが小さな経済の中でかなり無理をして現在の国防費を捻出しているのに対し、ＮＡＴＯは必要とあらばさらに国防費を伸ばせる余地を持っていることになる。そもそも経済規模が違うのだ。

兵力面でも、ロシアはＮＡＴＯに対して劣勢にある。第二次世界大戦を描いた戦争映画などでは、ソ連軍はひたすら数で押してくる軍隊というイメージがあるが、これは必ずしも正しくはないし、まして現在のロシア軍は数の優位をほぼ失っている。

２０１６年の時点でロシア軍の総兵力は定数１００万人、実数にして90万人台半ばというところである。欧州方面における唯一の同盟国、ベラルーシの兵力は４万５０００人ほどにしかならない。

一方、ＮＡＴＯでは独仏などの主要国が冷戦後に兵力を大幅に削減したとはいえ、新たに東欧及びバルト三国を加盟させたこともあり、２０１５年時点で合計３２５万人もの兵力を有している。米軍（約１３１万人）及びカナダ軍（７万５０００人）を除いても、欧州側の加盟国だけで保有兵力は１８６万人と、ロシア軍の実勢に比してほぼ倍の兵力を擁する。ロシアがユーラシア大陸の東西にまたがる広大な国土を持ち、中央アジア方面や極東にも一定の兵力を割かざるを得ないことを考えると、欧州正面におけるロシアの劣勢はさらに顕著だ。第７章で触れる準軍事組織を含めてさえ、ロシアの劣勢はやはり覆らない。

このように、さまざまな指標は、ロシアが一般的な軍事バランスにおいて決して優位ではないことを示している。そして、ロシアの経済力や科学技術力全般を考えるならば、短・中期的にこのギャップが埋まる見込みは薄い。この意味では、ロシアの軍事力を過大評価することは禁物である。かつて

図1　NATOとロシアの兵力比較（単位：100万人）

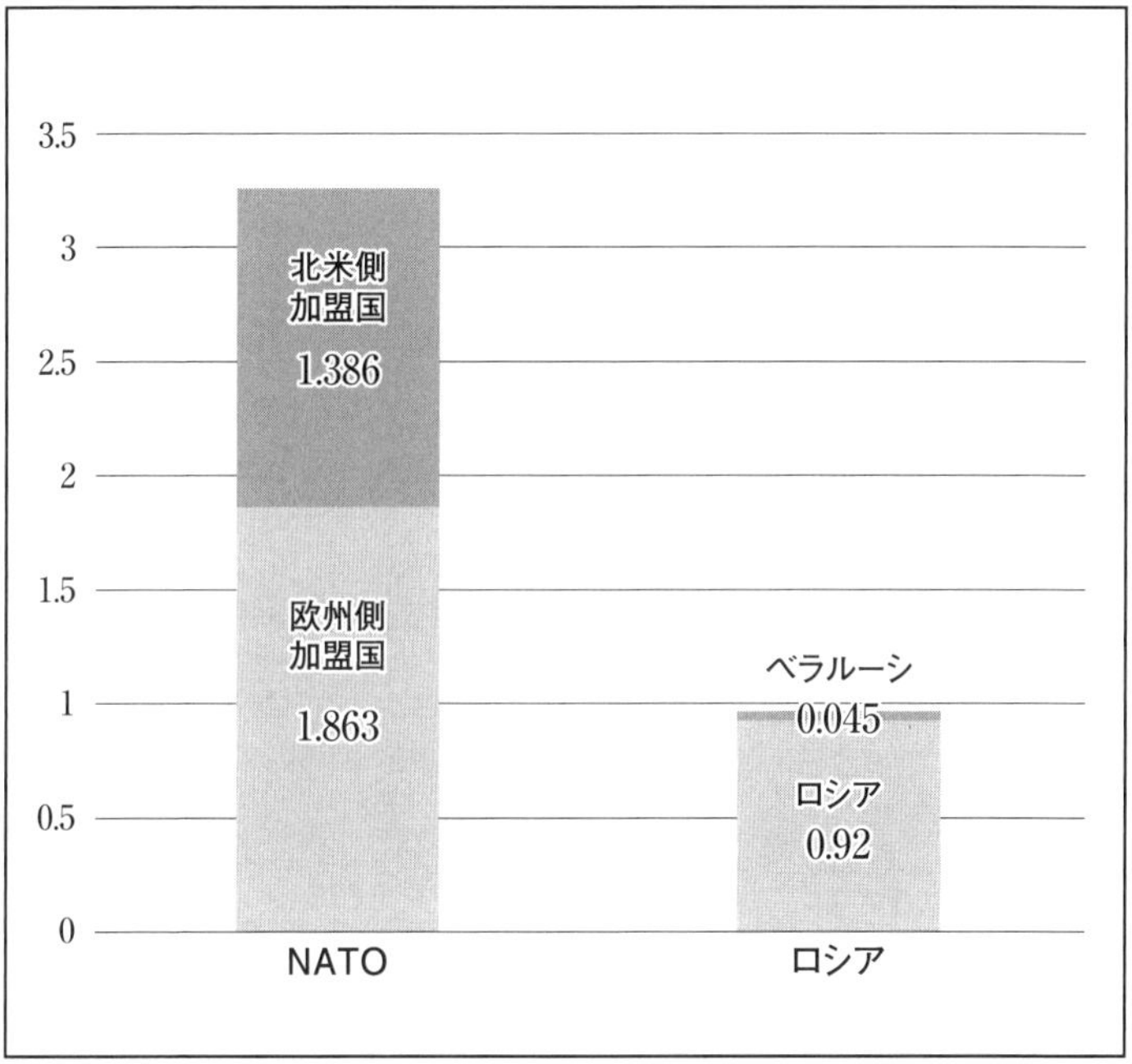

（『ミリタリー・バランス』より筆者作成）

のソ連が復活したかのような近年のロシアの振る舞いは、多分にギリギリのところで行われている政治的パフォーマンスとしての性格が強く、メディアなどではロシアの軍事力やその可能行動が（ロシアの狙い通りに）実力以上の評価を受けるケースが少なくないように思われる。

・「地政学的リベンジ」としてのハイブリッド戦争

その一方、過小評価もまた危険である。

軍事力とはある政治的目的を達成するための手段なのであって、西側先進国の軍隊と同じことができるかどうかは必ずしも重要ではない、という考え方も成り立つためである。

たとえば、ここまで述べてきたロシアの劣勢というのは、在来型の国家間戦争を行う場合を念頭に置いたものである。だが、ロシアが西側に有利な戦争形態に付き合ってくれるという保証はない。むしろ、自国に有利な戦争形態を強要しようとすると考える方が自然であろう。冷戦期の共産主義ゲリラや現在の「イスラム国（ＩＳ）」が、国家の軍隊に対して各種指標では圧倒的に劣勢でありながらも大きな戦果を挙げ得たのは、まさにこのような戦争形態の強要に成功した結果といえる。

では、ロシアが自国の軍事力に期待する役割とは何か。ロシアの領土や主権を防衛することがその第一義的な任務であることは議論を俟たないが、それがすべてともいえない。そもそもロシアは「国家安全保障戦略」や「軍事ドクトリン」その他の安全保障政策文書において、西側諸国との正面切った大戦争の蓋然性は大幅に低下したとの認識を繰り返し表明している。

その一方、序章でも見たように、ロシアは依然として勢力圏の思想を根強く持ち続け、これが冷戦後に侵犯され続けてきたことに強い憤りと被害者意識を抱いてきた。現在のロシアにとって現実味がある軍事力行使の形態を考えるならば、こうした勢力圏確保のための介入はその一つであるといえよう。２００８年のグルジア戦争はその最初の事例であったが、この戦争でロシアは「過剰な力の行使」に訴えたとして国際社会から強い非難を浴びた。

これに対して２０１４年のウクライナ危機の際にロシアが用いた手法は、覆面をして国籍表示を外したロシア軍兵士をクリミア半島に送り込む一方、現地の親露派住民や民兵を動員するという方法であった。続いてロシアはウクライナ本土南東部のドンバス地方でも同様の状況を作り出し、２０１４年8月以降には大規模なロシア正規軍を「義勇兵」として送り込むことで、公式には戦争に訴えずしてウクライナで内戦状態を作り出している。

このような方法は、通常の軍事力と非正規手段を混交した戦争手法であるとして西側から「ハイブリッド戦争」と呼ばれるようになり、ロシア語でもこれを直訳した「ギブリードナヤ・ヴァイナー」という言葉が広く人口に膾炙することとなった。

このような戦争遂行手段が、２０１４年2月のヤヌコーヴィチ政権崩壊に際して突然浮上してきたものとは考え難い。実際、ウクライナ危機に先立つ２０１３年にはゲラシモフ参謀総長が発表した論文『予測における科学の価値』において、こうした戦争手法の青写真がすでに描かれていた。その要諦は、現代の戦争では軍事的圧力の下に敵国の「住民の抗議ポテンシャル」を惹起して都合の悪い体制を打倒させるという方法が用いられるようになっている、というものである。ゲラシモフ参謀総長によれば、旧ソ連諸国における一連の体制転換やアラブ諸国での「アラブの春」は、こうした戦争に見えない戦争なのであるという。ゲラシモフ参謀総長は、前述の論文冒頭で次のように述べている。

「21世紀においては、平和と戦争の間の多様な摩擦の傾向が続いている。戦争はもはや、宣言されるものではなく、我々に馴染んだ形式の枠外で始まり、進行するものである。北アフリカ及び中東における、いわゆるカラー革命に関連するものを含めた紛争の経験は、全く何の波乱もない国家が数ヵ月から場合によっては数日で激しい軍事紛争のアリーナに投げ込まれ、外国の深刻な介入を受け、混沌、人道的危機そして内戦を背負わされることになるのである。

（中略）

もちろん、『アラブの春』は戦争ではなく、したがって我々軍人が研究しなくてもよいと言うのは簡単である。だが、もしかすると、これが21世紀の典型的な戦争ではないのだろうか？

このような紛争の苛烈さと破壊の規模並びにこうした新しいタイプの紛争の社会、経済、政治的カタストロフの結果は、本物の戦争と比肩しうるものである」（V・ゲラシモフ、『予測における科学の価値』）

ここでいう「カラー革命」とは、もともと、グルジアの「バラ革命」（２００３年）、ウクライナの「オレンジ革命」（２００４年）、キルギスタンの「チューリップ革命」（２００５年）を総称する俗語であった。しかし、近年のロシアでは「アラブの春」や２０１４年のウクライナ政変をもここに含めるようになっており、外国によって焚き付けられた体制転換の脅威全般を示す言葉として使われる場合が多い。

しかも、こうした認識はゲラシモフ参謀総長一人のものではない。たとえばロシア国防省が毎年開催しているモスクワ国際安全保障会議では毎年のように西側による体制転換の扇動が議題となり、特にウクライナ危機以降にはこのようなトーンが濃厚となった。また、ロシア軍が実施する演習においても、こうした体制転換の脅威を念頭に、軍隊を用いてロシアや同盟国の国内における不安定状況を鎮圧するというシナリオが2013年ごろからみられる。ロシアが勢力圏とみなす旧ソ連諸国には権威主義的な統治体制を敷く国が多く、国民の政治的不満の高まりが「アラブの春」やウクライナ危機のような事態に結びつく懸念が決して小さくないことがこれらの動きの背後には考えられよう。

こうした認識は、ウクライナ危機後、ロシアの公式な安全保障政策の中でも強調されるようになってきた。たとえばロシアは、軍事政策の指針である「軍事ドクトリン」を2014年末に改定しているが、その「主要な外的軍事的危険」の中には「ロシア連邦に隣接する国家において、ロシア連邦の国益に脅威となる体制や政策を打ち立てること（正統な政府機関の転覆によるものを含む）」や「外国及びその連合国の特殊機関及び組織による、ロシア連邦を弱体化する活動」が盛り込まれた。また、2015年末には「軍事ドクトリン」の上位文書である包括的安全保障政策文書「国家安全保障戦略」が改定され、全般的な情勢認識において「特殊機関のポテンシャルがこれまでになく活発に活用されるようになっている」との認識が示されたほか、次のような記述が見られる。

「ユーラシア地域における統合過程に反対し、緊張の火種をつくる西側の立場は、ロシアの国益を実現する上で否定的な影響力を示している。ウクライナにおける反憲法的な政権転覆に対する米国及び欧州連合の支援は、ウクライナ社会の深い分裂と武力紛争の勃発をもたらした。極右ナショナリストのイデオロギー強化、明らかな目的をもってウクライナ国民の中に作り出されたロシアに対する敵愾心、政府内の対立を力で解決することへのあからさまな期待、深刻な社会・経済危機は、ウクライナを欧州及びロシア国境における長期的な不安定の火種へと変えてしまった」

「社会の認識を操作することや歴史を歪曲することを含めて、地政学的な目的を達成するために情報通信技術を用いようとする若干の国々の意図により、グローバルな情報空間において強まる敵対が、これまでになく国際情勢の性質に影響を与えるようになっている」

「ロシア連邦の統一及び領土的一体性の毀損、国家の内政的・社会的状況の不安定化のために民族主義的・宗教的な過激イデオロギーを用いる原理主義的な社会的連合体・グループ、外国・国際非合法組織、金融・経済組織、個人の活動。ここには『カラー革命』を惹起すること、ロシアの伝統的な精神的・道徳的価値を破壊することが含まれる」（以上、２０１５年版「軍事ドクトリン」）

以上を合わせて考えるならば、情報機関やプロパガンダによって内政を不安定化させられ、人為的な紛争によって政権が転覆されることが、ロシアにとっての脅威であるということになろう。中でも最後に引用した一節では、俗語であった「カラー革命」の語が公式の国家政策文書にまで登場するようになったことが注目される。

もちろん、ここまで見た内容からも明らかなように、ロシアは、こうした脅威を受けているのはあくまで自国やその友好国であるという立場を取っている。しかし、ゲラシモフ参謀総長が言うように、ロシアがこれを「21世紀の典型的な戦争形態」であるとみなしているのであれば、ロシアもまた同じことを行えるだけの準備は整えていたはずである。少なくともクリミア半島占拠の際に見せた鮮やかな手際を見る限り、ロシア軍はこうした事態を想定した訓練を実際に行っていた可能性が高いように思われる。ウクライナにおける「ハイブリッド戦争」とは、ヤヌコーヴィチ政権の崩壊という突発事態に対して、それまで積み重ねられてきたロシア軍の訓練・研究成果が急遽適用されたものである可能性が高い。

しかし、見ようによっては「ハイブリッド戦争」などは目新しいものではない、という言い方もたしかに可能である。敵国における反政府運動の惹起やプロパガンダ戦、軍事的圧力などの手法は過去の戦争でも頻繁に見られたものであり、ウクライナにおける「ハイブリッド戦争」もその域を出るものではないという意見はロシア内外でもよく見られる。

その一方、元ウクライナ安全保障会議書記であったホルブーリンは、ロシアの「ハイブリッド戦争」の本質は手段の混交にあるのではないと述べる。同人によれば、ロシアの「ハイブリッド戦争」は、ロシアが勢力圏への軍事介入を可能とする方法として編み出されたものであって、冷戦後に勢力圏を侵犯され続けてきたことに不満を募らせたロシアによる「地政学的リベンジ」であった。すなわち、ソ連時代に比べて国力や軍事力が低下した現在のロシアでは、正面切った軍拡競争や戦争でＮＡＴＯと対峙し、勢力圏を防衛することはもはや不可能である。これに対して、ロシアに利用可能なローコストかつローテクな手法を用い、ＮＡＴＯと直接対決することなく勢力圏への軍事介入を可能としたのがウクライナ危機に見られるロシアの「ハイブリッド戦争」であったという見方である。

ホルブーリン元安全保障会議書記は、このようなロシアの戦略の源流を冷戦期における「非対称措置」に求めている。1980年代に米国のレーガン政権が提起したミサイル防衛計画である戦略防衛構想（SDI）に対し、ソ連はこれと同じようなシステムを開発・配備するだけの経済力や技術力を欠くことを受け入れた上で、よりローコストなミサイル防衛の突破手段を配備して対抗した。つまり、この節の冒頭で述べた、西側と同じことができる軍事力ではなく、自国に可能な条件下でこれに対抗可能な軍事力を目指すという方向性である。現在のロシアに関してこの図式を当てはめれば、目標とされているのはNATOと正面から戦うための軍事力ではなく、勢力圏内への介入と、これに対するNATOの干渉を回避ないし拒否できる軍事力なのであるといえよう。

3. ロシアの軍事力を支える「介入」と「拒否」

・介入部隊の増強――特殊作戦軍と空挺部隊

では次に、そうした軍事力の実態をもう少し詳しく見ていきたい。ロシアが西側とはまた異なった方向性の軍事力を追求しているのであるとして、それは具体的にどのようなものなのか。

ウクライナ型のハイブリッド戦争にせよ、グルジア戦争のような在来型の軍事介入にせよ、こうした軍事作戦を実施するにはロシア国外に大規模な兵力を迅速に送り込む能力が必須となる。そこで近年のロシアが進めているのが、介入部隊の増強である。

その第一が、特殊作戦軍（ＳＳＯ）と呼ばれる参謀本部直轄のエリート特殊部隊だ。ソ連時代から、参謀本部情報総局（ＧＲＵ）の下には特殊任務旅団と呼ばれる特殊部隊が編成されていた。しかし、セルジュコフ国防相は軍改革の一環としてこれらの特殊部隊を参謀本部の管轄から外し、陸軍へと移管した。これは軍管区の司令官に通常戦力だけでなく特殊部隊の使用権限を与えるという分権化であると同時に、強大な権限を持つ参謀本部の影響力を削ぐという目的もあったとみられる。だが、これについては軍管区をまたぐ広範な観点から特殊作戦が行えなくなるという批判も根強く、特に自前の実戦部隊を取り上げられた格好の参謀本部は、強く反発した。

さらにセルジュコフ国防相が従来の９個特殊任務旅団を６個まで削減しようとしたこと（最終的に１個旅団分の削減を取りやめ、７個旅団となった）や、特殊任務旅団の訓練メニューから空挺降下などの特殊訓練を外そうとしたことも、貴重な精鋭部隊の戦闘力を失わせるものであるとして強い反対論を呼び起こした。

そこでセルジュコフ国防相失脚前後の２０１２年から２０１３年にかけて（正確な時期ははっきりしない）、改めて参謀本部の直轄部隊として設立されたのが、特殊作戦軍（ＳＳＯ）である。特殊作戦軍は５００～１０００人ほどのごく小規模な部隊とされるが、その反面、高度な訓練を受けた装備優良の精鋭部隊とされる。２０１４年２月のクリミア半島占拠作戦でも全ロシア軍の先鋒として現地に投入されたと伝えられる。また、この作戦では特殊作戦軍司令部が陸軍に移管された特殊任務旅団の指揮も担当したとされ、実力部隊であると同時に特殊作戦の指揮機関としての役割も担っているとみられる。

第二に、空挺部隊（ＶＤＶ）の増強が図られている。空挺部隊というのは本章冒頭で触れた独立兵科の一つで、航空機からのパラシュート降下やヘリボーン（ヘリコプターによる機動）によって高い機動性を発揮する精鋭部隊である。ソ連時代には陸軍の一部とされていたが、ソ連崩壊後には陸軍から独立して現在にいたっている。ソ連崩壊後の混乱期にも空挺部隊は高い作戦能力を維持したことから、ロシア軍の貴重な精鋭部隊として重視され、これまでに述べてきたチェチェン紛争、プリシュティナ空港占拠作戦、クリミア半島占拠作戦、ドンバス紛争など常に最前線に投入されてきた。

空挺部隊の規模は２０１０年代初頭の時点で３万５０００人ほどとされていたが、２０１３年には陸軍の3個ヘリボーン旅団が空挺部隊隷下に編入されたほか、２０１４年には2個連隊が旅団に格上げされるなどした結果、２０１５年までに4万５０００人体制となった。さらに今後は一部の旅団を師団に格上げするほか、既存の師団についても従来の2個連隊編成を3個連隊編成とすることで7万人まで拡充するとの構想をシャマノフ空挺部隊司令官が度々口にしている。

また、空挺部隊といえば軽装備で機動性を重視するのが信条であったが、２０１６年からは戦車のような重装備も空挺部隊に配備されるようになってきた。従来から配備されていた空挺戦闘車両についても新型への装備更新が開始されており、強力な介入戦力へと成長しつつあることが窺われる。ちなみに２０１５年8月、空挺部隊の創立記念日に際して、前述のシャマノフ司令官は次のような不敵なセリフを口にしていた。

「我々にはビザなど必要ない。大統領の命令さえあれば、世界中どこにでも展開する」

もっとも、近年の財政危機下でその増強ペースにはやや歯止めがかかっており、7万人体制への増強は当面延期されたようだ。また、その機動力を支える輸送機戦力については、ウクライナのアントノフ社と共同で新型輸送機Ａｎ－70の開発が進められていたが、ウクライナ危機によって開発は頓挫している。ロシアは国産で代替機の開発を目指すとしているが、その実現は当初の計画より相当先延ばしにならざるを得ない上、装備調達予算の抑制によって実現自体も危ぶまれるようになってきた。

・抑止力強化のための戦略

勢力圏への介入を担う戦力に加え、こうした介入がＮＡＴＯによる逆介入を引き起こさないための抑止力も重要である。ロシアは旧ソ連の中小国に対して圧倒的な軍事的優位を保っているが、ＮＡＴＯに対しては（これまで述べてきたように）質量ともに劣勢であるためだ。

そこでロシアが重視しているのが、核兵器による抑止と、通常戦力による「接近阻止・領域拒否（Ａ２／ＡＤ）能力」である。核抑止については次章で詳しく扱うとして、ここでは後者について見てみたい。

接近阻止・領域拒否を意味するＡ２《エーツー》／ＡＤ《エーディー》という言葉は、もともと中国の軍事戦略に関して使われ出した。中国は１９７０年代から海軍力の近代化を構想し始めたが、これは圧倒的な米国の軍事力（特に海・空軍力）を中国本土からなるべく遠い地点で阻止することを目指すものであり、中国なりの「弱者の戦略」といえる。

現在の中国は、自国の沿岸地域や軍事施設化したサンゴ礁を拠点として、潜水艦、航空戦力、防空システム、地対艦ミサイル、長距離捜索監視システム等を配備し、有事に米軍の介入を阻止したり、一定の領域に軍事プレゼンスが展開されることを拒否できる能力を獲得しようとしている。「A2／AD」という語は、21世紀になってから顕著になった中国のこうした動きを示す言葉であった。

一方、近年では、ロシア周辺部で進む軍事力強化の動きを指して「ロシア版A2／AD」などと呼ばれることも多くなってきた。1999年のユーゴスラヴィア空爆以降、西側の圧倒的な海・空軍力を強く懸念するようになったロシアは、中国と同様の能力を追求するようになったのである。通常戦力（特に長距離精密攻撃能力）における米国の圧倒的優越という事態に直面した中露が同じような結論にいたったことはある意味で当然ともいえよう。

特にロシアが大きな懸念を抱いていたのが、黒海の防衛体制である。

序章で見たように、冷戦後にロシアが関与してきた軍事紛争は、チェチェンなどの北カフカス地域、グルジアなどの南カフカス地域、そしてウクライナと、いずれも黒海周辺地域に集中している。こうした地域に軍事介入した場合、それが米国による逆介入を招くのではないかというのがロシアの恐れてきたシナリオであった。実際、1999年の第二次チェチェン戦争は人権侵害であるとして西側諸国の強い非難を受けていただけに、同年春に行われたユーゴスラヴィア空爆のような限定攻撃を受ける可能性がロシア軍内部では真剣に懸念されていたといわれる。また、2008年のグルジア戦争や2014年のウクライナ危機では実際に黒海に米海軍の艦艇が展開しており、軍事行動の停止を強要するためにトマホーク巡航ミサイルによる限定攻撃が黒海から行われるのではないかという懸念が持たれた。

そこでグルジア戦争直後からロシアは黒海の防衛体制強化に乗り出した。黒海艦隊向けに通常動力

図2　黒海におけるロシアのA2／AD網

（筆者が独自に作成）

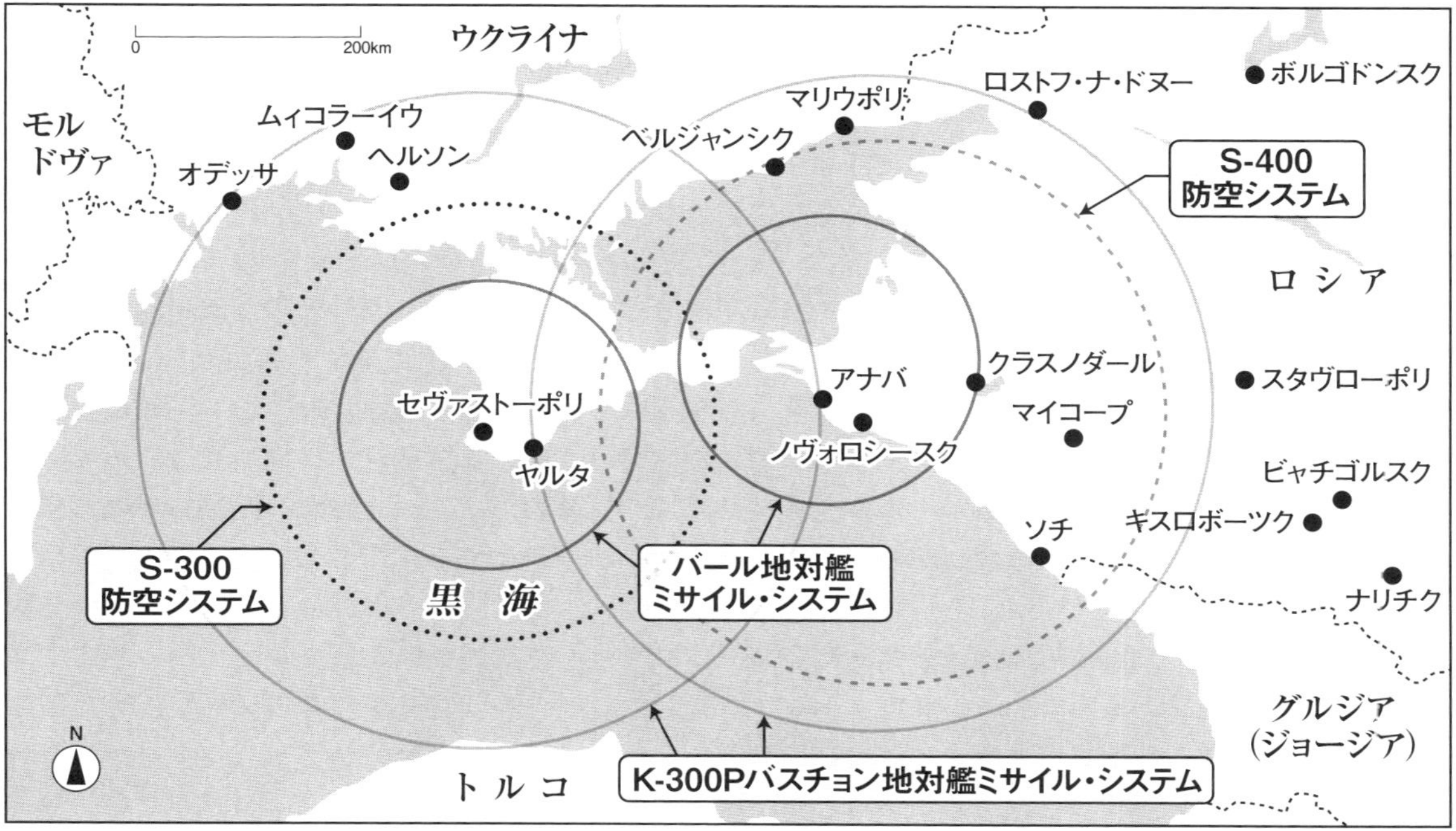

型潜水艦と新型フリゲート各6隻を中心とする新型艦艇の建造を開始したのである。ただし、序章でも述べたように、当時の黒海艦隊はウクライナとの駐留協定に縛られていたため、新型艦艇の配備を自由に行える状況にはなかった。そこでロシアはウクライナに対してクリミアへの新型艦艇配備を働きかける一方、黒海東側にある自国領ノヴォロシースクにも新海軍基地を建設して両にらみで黒海艦隊の整備を進めていった。

とはいえ、黒海北岸のほぼ中央部にあるクリミア半島と、黒海東岸のノヴォロシースクでは、その戦略的意義はかなり異なってくる。艦艇はいいとしても、A2／AD能力の重要コンポーネントであるミサイルや航空機は、配備地域によって射程や行動半径が大きく制約されるためである。実際、ロシアは2014年にクリミア半島を占拠するや否や、同半島に長距離地対空ミサイル・システム（S－300）とバスチョン地対艦ミサイル・システム（K－300P。射程約300㎞）を配備し、後にはSu－30SM戦闘爆撃機などの新型航空機の配備を開始している。

このように、陸海空のさまざまなコンポーネントをクリミアに配備することで黒海を「ロシアの海」にしておくことが勢力圏維持のための軍事介入には必須だったわけである。

問題は、その実施状況である。計画期間のちょうど半分にあたる2015年までのロシア軍による装備調達を判明している限りまとめたのが、その次の表である（図3）。

この表から読み取れるように、弾道ミサイルや防空システム、航空機などは2010年代に入ってから調達数が大幅に伸びており、近代化が相当のペースで進んでいることが窺われよう。

一方、海軍向けの艦艇などは改善しているとはいえ配備ペースはまだ遅く、戦車となると2011

図3　ロシア軍の装備調達の実施状況

	GPV-2015の枠内における調達（2007年～）			GPV-2020の枠内における調達（～2020年）				
	2008年	2009年	2010年	2011年	2012年	2013年	2014年	2015年
ICBM 大陸間弾道ミサイル	11基	9基	5-6基	7基	9基	15基	16基	21基
SLBM 潜水艦発射弾道ミサイル	6基	6基	19-21基	21-22基	15-17基	15-17基	22基	14基
軍事衛星	13機	11機	16機（うち失敗3機）	10機（うち失敗1機）	6機	18機（うち失敗3機）	13機	13機（うち失敗1機）
航空機	3機	37機	20機	17機	42機	62機	110機	91機
ヘリコプター	9機	24機以上	36機	91機以上	134機	122機	約100~140機	不明
水上戦闘艦	1隻	1隻	0隻	2隻	2隻	3隻	2隻	2隻
潜水艦	0隻	0隻	1隻	1隻	0隻	2隻	4隻	2隻
戦車	62両	63両	61両	0両	0両	0両	0両	0両
装甲戦闘車両	202両	不明	約400両	不明	約250両	約610両	296両	1172両
イスカンデル戦術ミサイル・システム	移動式発射機4両	移動式発射機3両（ミサイル13発）	移動式発射機6両	移動式発射機約5両	不明	2個旅団分	2個旅団分	2個旅団分
S-400防空システム	不明	1個大隊分	不明	4個大隊分	3個大隊分	4個大隊分	4個大隊分	9個大隊分

（各種資料より筆者作成）

年から調達が停止されている。ロシアは2000年代に入ってからT－90A戦車の調達を開始したが、旧式のT－72の改良型に過ぎず費用対効果が低いとして当時の国防省上層部が調達停止を決定したのである。ロシアはこれに代わって新型戦車T－14を含む装甲戦闘車両ファミリーを開発中であるが、調達開始はこれからというところであり、完全な戦力化は2010年代末になろう。

一方、前述の「2020年までの国家装備計画（GPV－2020）」の実施状況を支出金額ベースで見てみると、2011～2015年の期間に支出された装備調達費は、合計で5兆5000億ルーブル～8兆ルーブル程度であるとさまざまな研究機関によって推定されている。GPV－2020の総額は19兆7000億ルーブルであるから、計画通りであれば2016～2020年の5年間で残る11兆7000億ルーブル～14兆2000億ルーブル分の調達を行わなければ間に合わない。いうなれば、GPV－2020の「本番」はこれから始まるということになろう。

ただ、話はそれほど簡単ではない。これだけの金額をあと5年で支出するとなれば、国防費は現在の3兆1000億ルーブル台では収まらず、3兆ルーブル台後半～4兆ルーブル台に達する可能性がある。だが、現在でさえ国防費がGDPの4％にも達していることはすでに述べた通りであり、ましてマクロ経済が危機的な状況にある中では、これ以上の軍事負担は致命傷となる可能性がある。

実際、ロシア財務省は以前から軍事負担の増加には極めて批判的で、プーチン政権下で長らく経済政策を担当してきたクドリン財相は国防費の大幅削減を訴えてきた。2011年に同人が財相を辞任した原因の一つも、軍事負担をめぐるメドヴェージェフ大統領（当時）との対立にあったとされる。

こうした中で問題になっているのが、新装備計画である。これまで述べたように、ロシア政府は

ロシア軍がテスト中の新型無人戦闘車ウラン-9（著者提供）

「国家装備計画（GPV）」と呼ばれる装備近代化計画を幾度か策定してきているが、各計画は計画期間の中途で実施状況をチェックし、新たな計画へと発展解消するというサイクルが採用されている。たとえば2011年に始まったGPV-2020の場合は、2016年以降に新たな「2025年までの国家装備計画（GPV-2025）」へと切り替えられる予定であった。

ところが、2015年11月、ロシア国防省はこのGPV-2025の開始を2018年に繰り延べることを決定した。というのも、国防省はGPV-2025において総額55兆ルーブルという途方もない予算を要求し、これに財務省が猛反発していたためである。のちにロシア国防省は要求額を30兆ルーブル、さらに20兆ルーブルへと徐々に後退させたが、財務省との溝は埋まらず、とうとう計画延期ということになった。ＧＰＶ－２０２０自体は放棄されたわけではないのでロシア軍の近代化がストップするわけではないが、ＧＰＶ－２０２５で予定されていた新型空母や新型戦略爆撃機などの野心的な計画は当面、実現が遠のくとみられている。

さらに２０１６年には、前述のクドリン財相がロシアの内閣諮問機関である戦略策定センター（ＴｓＳＲ）の理事会長に就任することに同意したと報じられたほか、大統領府付属経済評議会の副委員長に任命された。経済危機の深刻化によってプーチン大統領が再びクドリンの財政手腕を必要とするようになった結果とみられるが、これによって軍事負担の圧縮を求める財務当局の声が勢いを得る可能性も考えられよう。

そもそもプーチン大統領は、過大な軍事支出には総じて批判的であった。これはブレジネフ政権期のソ連が米国との軍拡競争で経済を疲弊させた歴史を念頭に置いたものとみられる。このため、プーチン大統領はこれまでにも「新たな軍拡競争を始めることはない」（そもそもそのような体力はない）と繰り返し述べてきたほか、グルジア戦争前までは国防費の対ＧＤＰ比を２％台に抑えてきた経緯がある。

グルジア戦争以降、対外的な脅威認識の先鋭化によって国防費は増大傾向を辿ってきたが、軍拡によって国家経済を潰しては本末転倒である、というプーチン大統領の本来の思想に立ち返れば、国防費は再び抑制傾向へと回帰していくのかもしれない。もちろん、軍事力の近代化は一定のペースで続いていくであろうし、軍や軍需産業が一大票田であることを考えればただちに国防費を圧縮することは難しいが、２０１８年の大統領選以降には新しい展開がみられる可能性もある。

第2章

ウクライナ紛争とロシア

――「ハイブリッド戦争」の実際

第1章では、ロシアの軍事力の「復活」がNATOと正面から対抗するものではなく、それを回避・阻止しながら勢力圏への介入を行うものであることを論じた。その主要な介入手法がいわゆる「ハイブリッド戦争」であることはすでに述べたが、本章ではこの点をもう少し詳細に見てみたい。「ハイブリッド戦争」とはどのようにして始まり、どのように遂行されるのか。また、果たしてゲラシモフ参謀総長が言うように、本当に「21世紀の典型的な戦争形態」と呼べるようなものであるのか、が本章の焦点である。

1.「ハイブリッド戦争」の方法論

・奇妙な戦争

成田空港からアエロフロート便に乗るとモスクワまでは10時間少しで到着する。かつてアエロフロートといえば、粗末な機体につっけんどんなサービスで悪名を轟かせていたが、最近では機体がエアバス製（エコノミー席にいたるまで全席機内エンターテインメントシステム付き）に変わり、キャビンアテンダントにも愛想のいい人が増えた。モスクワのシェレメチェヴォ空港で機体が横付けされるのは薄暗いターミナルFではなく明るくモダンなターミナルDに変わり、かつては裁判所のように殺風景だった入国審査も現代的な設備に変わった（係官は相変わらず無愛想だが）。

ところが、荷物をピックアップしてモスクワ市内へのエクスプレス（これも最近大いに改善された点で、ようやく渋滞に煩わされずにモスクワ市内にアクセスできるようになった）乗り場へ向うと、途中の廊下で覆面をした兵士の姿が視界に入り、ぎょっとさせられることになる。近付いてみればそれは等身大のパネルで、その裏側ではTシャツを何枚も吊るして売っていることがわかる。Tシャツ屋の屋台なのだ。

兵士のパネルや売り物のTシャツには、「Вежливые люди（礼儀正しい人々）」という文字が凝った字体で描かれている。クリミア半島の占拠作戦を実行したロシア軍特殊部隊を指す言葉である。

２０１４年2月にロシアが踏み切ったクリミア半島の占拠は、実に奇妙な「戦争」であったといえる。軍隊が動員され、外国の領土を占拠したにもかかわらず、死傷者はほとんど出なかった。戦争であるというにもそうでないというにも違和感のある、どうにもおかしな事態だった。

それどころかロシア政府は、クリミア半島に展開している部隊はロシア軍ではないと言い張り、覆面で顔を隠した兵士たちもテレビカメラの前で曖昧な返事をするばかりだった。「自警団」、「友人」などさまざまな呼び名が彼らに与えられたが、最終的にはその寡黙で規律正しい振る舞いから「礼儀正しい人々」という呼び方がインターネットなどで広がり、定着することになった。現在ではロシア政府もクリミアにロシア軍を投入したことを認めており、「礼儀正しい人々」はロシア国防省によって商標登録までされている。

彼らをどのような名で呼ぶにせよ、その出現は世界に大きなショックを与えた。突如として正体の明らかでない軍隊が出現し、戦争なのかそうでないのかさえはっきりしないままに国土を占拠されるという「ハイブリッド戦争」。ロシアを警戒しつつも、さすがに古典的な侵略を受けることはもうないだろうと考えていた旧ソ連や東欧の諸国にしてみれば、クリミアでの事態は悪夢の再来であった。

第1章では、このようなハイブリッド戦争をロシアによる「地政学的リベンジ」と位置付けて論じたが、ではそのような戦争は具体的にどのようにして遂行されるものなのだろうか。大きく分けるならば、ハイブリッド戦争の方法論は、平時から仮想敵国の内部で紛争を惹起しうるポテンシャルを形成しておくことと、惹起された紛争を実際に遂行する方法から成ると考えられよう。

このうちの前者について、英RUSI（王立統合軍研究所）のジャイルズ研究員は、過去の歴史的経緯と在外ロシア人同胞がその手段になっていると指摘する。以下、ジャイルズの見立てに従ってこの点を見ていこう。

・クリミア半島をめぐる歴史的経緯

まず、過去の歴史的経緯について。これは、過去の国境変更などの歴史的な経緯に完全に決着をつけず、あるいは相手国が解決済みであると了解している問題を蒸し返すことで、紛争を人為的に惹起し、軍事力行使を正当化したり、その可能性を想起させて圧力をかける方法であると整理できよう。たとえばロシア軍のマカロフ参謀総長（当時）は、「ロシア連邦の軍事的安全保障に対する脅威」と題した議会向け報告を2011年に行っている。この際、同参謀総長が提示したスライドの中では、現在も未解決の領土問題に加え、第二次世界大戦以前にロシアに編入されたカリーニングラード（旧プロイセン領）やカレリア地方（旧フィンランド領）、さらには同盟国であるベラルーシとの国境地帯が「将来的に局地ないし地域紛争が発生する可能性がある地域」として示されていた。これはロシアが過去の歴史的経緯を理由として外国から紛争を焚き付けられる可能性に言及したものであるが、

図4　ウクライナと周辺国

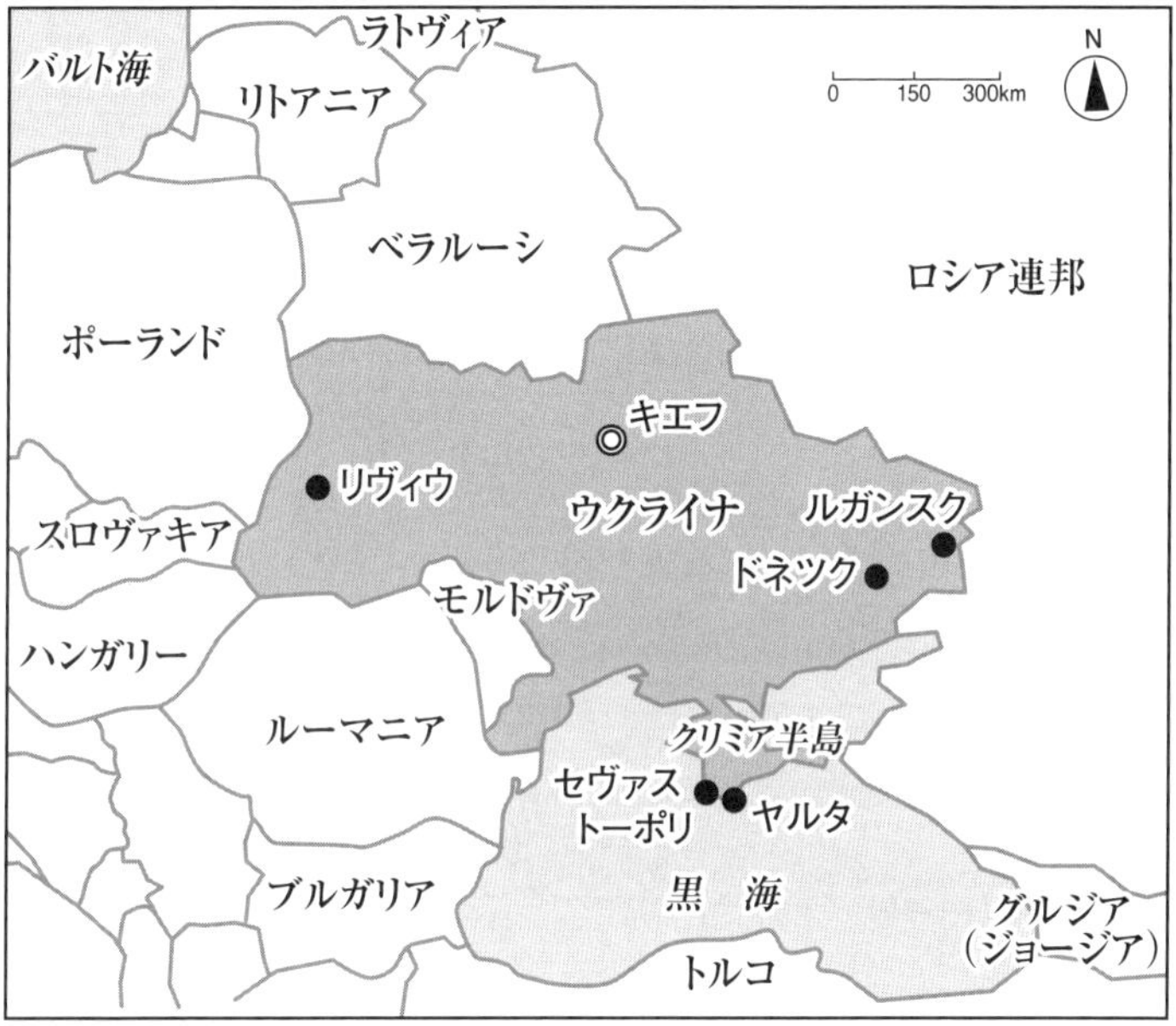

（2016年現在）

2014年にロシア自身が強行したクリミア半島の占拠及び併合はこれをそっくり逆にした構図ととらえることができよう。

クリミア半島はソ連邦内のロシア社会主義共和国の一部であったが、1954年、当時のフルシチョフ書記長の決定でウクライナ社会主義共和国へと帰属替えとなった。しかし、ソ連崩壊後のロシアは、クリミア半島の帰属替えは当時のソ連国内法の規定に基づかないものであるとして、クリミアのウクライナへの帰属に幾度か疑義を呈してきた。1997年、クリミア半島にロシア黒海艦隊の駐留を認める協定が成立すると、この問題は一時期的に忘れられたかのようにも思われたが、2014年にクリミア併合時にプーチン大統領がこれを正当化するために用いたロジックは、1990年代初頭にロシアが唱えていたのと同じものであった。つまり、クリミアのウクライナ編入は法的根拠がない、というものであり、ここでも過去の歴史的経緯が突如として蒸し返されるというパターンが踏襲されている。翌2015年には、ロシア最高検察庁も、クリミア半島のウクライナ移管には法定根拠がなかったとする結論を下している。

バルト三国についても、クリミア半島と類似のロジックによる疑義がみられる。これはロシア政府ではなく与党「統一ロシア」所属の下院議員によるものであるが、ここで用いられるロジック自体はクリミア半島の併合と酷似している。すなわち、バルト三国の独立は当時のソ連憲法に規定された法的正統性のある手続きに則ったものではないというものであり、したがってバルト三国の独立は無効であるとの主張である。

ロシアが用いる人為的な紛争惹起の手段としては、在外ロシア系住民に対する「差別並びに権利、自由及び法的利益の抑圧」が利用される可能性も指摘される。グルジア戦争後にメドヴェージェフ大統領（当時）が公表した「外交5原則」には「国民の保護」が含まれていたが、２００９年11月には「国防法」が改正され、次の４つの場合に関してロシア連邦の国外にもロシア軍を投入できるとの規定が盛り込まれた。

・国外に駐留するロシア軍への攻撃の撃退
・ロシアに援助を要請してきた外国への攻撃の撃退
・外国に居住するロシア国民の武力攻撃からの保護
・海賊との戦い及び通商の保護

この改正により、少なくともロシアの国内法上は在外ロシア人の保護を名目として軍事力を行使することが合法となったわけだが、重要なのはここでいう「ロシア人」の範囲である。

グルジア戦争前から、ロシアはグルジアの分離独立地域であるアブハジア及び南オセチアの住民にロシアのパスポートを発給しており、これをもって「ロシア人の保護」という大義名分が掲げられた。さらにクリミアへの介入では、「ロシア人」の意味がロシア語を話すロシア系住民というところまで拡大解釈されており、こうなると大抵のロシアの近隣国には保護すべき「ロシア人（＝ロシア系住民）」が存在するということになる。

・ロシア的用語法

こうした「在外ロシア系住民の保護」はバルト三国に対する政治的圧力の口実としても用いられてきた。たとえばエストニアの情報機関である国際安全保障庁の2013年の年報では、ロシアによる「在外ロシア系住民の保護」が次のように報告されている（以下、筆者によるまとめ）。

第一に、ロシアは在外ロシア系住民の保護を目的としたCIS（独立国家共同体）・在外住民及び人道協力連邦局（ロスサトゥルードニチェストヴォ）を外務省の下部機関として2008年に設置し、ロシアの対外的影響力の手段として用いている。

第二に、ロシアは各種の在外ロシア人支援基金を設立し、財政上の援助を行っている。このような財政援助は、外国のNGOをロシアの目的に適う形で活用し、国際機関及びメディアにおいてロシアの影響力を拡大するために指導・訓練することを目的としている。

第三に、ロシアの外交政策の指針である「対外政策概念」によれば、ロシア系住民の保護とロシア国民の権利の防衛が他国の外交政策への介入を正当化するものとして扱われている。

その上で、同年報は、ロシアの在外ロシア系住民政策の目的は、「外国に居住しているロシア人離散民を組織化及び連携させ、ロシア政府機関の指揮下でロシアの対外政策上の目的及び利益を助長することである。在外ロシア人政策は、ロシア語話者を指導し、KGBから受け継がれたオペレーションの影響力を用いて、その居住国の決定に影響を与えることを目的としている」と総括している。エストニアは131万人の総人口中、25％に相当する32万人ものロシア系住民を抱えているだけに、ロシアによる在外ロシア人政策には極めて敏感にならざるを得ないのである。

これに関連して注目したいのは、ロシアが「ソフト・パワー」という言葉を独自の文脈で用いている点である。ソフト・パワーとは、米国の国際政治学者であるハーバード大学のジョセフ・ナイ教授が軍事力などを指すハード・パワーの対概念として1990年代に提起した概念で、文化的魅力などの「ソフト」な領域が一国の対外政策に及ぼす影響を指す。

ロシアは2013年に改定された外交政策の指針「対外政策概念」で初めて「ミャーフカヤ・シーラ（柔らかい力）」という言葉を登場させたが、その意味するところは西側の理解とかなり異なっていると前述のジャイルズは指摘する。すなわち、ロシア的用語法における「ソフト・パワー（ミャーフカヤ・シーラ）」というのは国家が行使する軍事力以外の力を指すのであり、前述の在外ロシア人を用いた影響力行使戦略などはその典型例であるという。このような理解に従えば、ロシア的用語法における「ソフト・パワー（ミャーフカヤ・シーラ）」とは、ハイブリッド戦争を惹起したり、その懸念によって相手国に圧力をかける手段を含むということになろう。

2．クリミア半島電撃戦

・キエフでの政変と介入の始まり

続いて、「紛争のポテンシャル」を実際のハイブリッド戦争へと転化する手法について、その最初の実例といわれるクリミア半島占拠作戦の実際を詳しく見てみよう。

ロシアの有力軍事シンクタンクである戦略技術分析センター（CAST）は、2014年の段階でその詳細な過程を以下のように描き出していた。

ヤヌコーヴィチ大統領がキエフから逃亡した2014年2月22日、ロシア軍特殊部隊は、クリミア自治共和国の首都であるシンフェローポリのクリミア自治共和国議会やセヴァストーポリのウクライナ海軍司令部を次々と占拠した。この際投入されたのは、第1章で触れた精鋭特殊部隊である特殊作戦軍（SSO）であったとみられる。また、この間、空挺部隊（VDV）の特殊部隊である第45偵察連隊（現在は旅団に改編）、同第7空挺師団、陸軍の特殊作戦部隊である第16特殊任務旅団及び第3特殊任務旅団などが基地から緊急出動または常時即応体制に移行した。

2月23日、「祖国防衛者の日」を迎えたセヴァストーポリ市では、親露派住民が住民集会によってキエフからのいかなる支持にも従わないことを決議するとともに独自の「人民市長」を選出した。翌2月24日、マイダン革命で大きな役割を果たした極右集団「右派セクター」が独自にクリミア半島奪還の意向を示すと、半島内では親露派住民による大規模な抗議運動が発生した。

この間、クリミア半島には、首都キエフでマイダン運動の鎮圧に動員されていた内務省の機動隊「ベルクート」の隊員たちが報復を恐れて相次いで流れ込んでいた。これに対して2月25日、首都キエフに成立した暫定政権は「ベルクート」隊員を犯罪者であると認定し、クリミアの内務省部隊によって武装解除を図ったものの、「ベルクート」を支持する現地住民の抗議に阻まれて失敗した。

これ以降、「ベルクート」隊員は現地の親露派住民とともにクリミア半島とウクライナ本土をつなぐ地峡部の幹線道路に検問所を設置し、「右派セクター」の侵入を阻止する構えを見せる。たとえばウクライナ本土とクリミアを扼す位置にあるペレコプの検問所では、「ベルクート」隊員、クリミア・コサック、ロシアのカバルディノ・バルカル共和国からクリミア入りしたコサックの合計200名ほどが警備についていたとされる。検問所の設置により、クリミア半島のウクライナからの離脱傾向は決定的となった。

2月26日にはクリミアの州都シンフェローポリにおいて親露派住民とロシアの介入に反対するクリミア・タタール人勢力との間で大規模な衝突が発生し、3人の死者が出るなどクリミアにおける緊張はさらに高まった。

これと同じ日、プーチン大統領は西部軍管区及び中央軍管区に対して抜き打ち検閲の実施を指示した。当時、ロシア軍のクリミア展開がメディアによって報じられる中で、クリミア半島の軍事的奪回をウクライナ側に思いとどまらせるための軍事的圧力とする意図があったとみられる。また、この抜き打ち検閲は、後述するロシア軍の大規模な移動を隠蔽する煙幕としての機能を果たした。その後もロシアはウクライナ国境付近で抜き打ち検閲を繰り返すとともに、欧州北部でも同様の演習を実施し、NATOに対しても介入を抑止させようとした。

・本格介入へ

ロシア軍のクリミア占拠作戦が本格化したのは2月27日である。現地時間午前4時25分、クリミア自治共和国議会を約50人の自称「自警団」が占拠してロシア国旗を掲げたが、いずれも装備が統一されており、実態はロシア軍特殊部隊（前述のSSO）であったとみられる。ウクライナ内務省は議会周辺を封鎖したが、間もなくシンフェローポリ市内から参集した親露派住民及びセヴァストーポリから送り込まれた親露派住民が集結し、内務省部隊を逆包囲した。

クリミア自治共和国議会議員が緊急審議のために参集したのは同日午後3時になってからであり、深夜のうちに親露派住民の参集をロシア側が準備したものとみられる。特にセヴァストーポリから参集した親露派住民は長距離を貸切の大型バスで集団移動しており、なんらかの組織的な支援があった可能性が高い。この際、参集したクリミア自治共和国議会議員は、圧倒的多数でクリミアの独立に関する住民投票を3月25日に実施することを決議した。

この日、クリミア半島を望むロシア領アナパの飛行場には、ロシア空軍のＩｌ－76大型輸送機10機が着陸したことが確認されている。当時、ロシアは西部軍管区において大規模な抜き打ち演習を実施しており、26日から27日にかけての2日間で40機ものＩｌ－76輸送機が発進していたが、アナパに着陸したのはその一部とみられる。一説によると、これらのＩｌ－76は空挺部隊の第31独立空中襲撃旅団を輸送してきたものであるという。

翌2月28日午前3時、国籍マークを外した兵士を乗せたトラック10両と装甲兵員輸送車3両がウクライナ空軍のベルベク空軍基地に到着し、滑走路を封鎖した。この結果、同基地に駐留する第２０４戦術航空旅団は航空活動を一切実施することが不可能となってしまった。これと同時にロシア軍は民間のシンフェローポリ国際空港と航空管制所も掌握している。

ウクライナ空軍の航空活動が封じられたことを受け、同日午前8時45分、ロシア空軍はＭｉ－８輸送ヘリコプター3機とＭｉ－35Ｍ武装強襲ヘリコプター8機をウクライナ領空に侵入させた（ウクライナ国境警備当局にはＭｉ－８についてのみ領空通過許可が出されていた）。11機の編隊は、アナパ方面から超低空で侵入し、ロシア軍が租借しているカーチャ飛行場に着陸。同日午後遅くには、クリミア半島中央部に存在するグバルデイスコエ飛行場に8～14機のＩｌ－76輸送機も着陸した。およそ１５０0人の特殊部隊を空輸してきたものとみられる。

27～28日にかけて、ロシアが大量の兵力を空輸したことに対し、ウクライナ空軍は２機のＳｕ－27戦闘機を緊急発進させて無線で警告を行ったものの、実際の撃墜にはいたらず、常時の戦闘空中哨戒も実施されなかった。また、この間、依然としてクリミア半島に展開するウクライナ軍の地上兵力はロシア軍に対して数的優位にあったものの、状況の不確かさと常時即応能力の不足から、ロシア軍の侵入を実力で排除するには至らなかった。

・包囲網の完成

こうした中、３月１日から２日にかけて、ロシア軍は４隻の大型揚陸艦を使用して陸軍の第10独立特殊作戦旅団及び第25独立特殊作戦旅団をクリミア半島に上陸させた。また、この時期にはロシア本土のクラスノダール地方からもコサック部隊がクリミアに送り込まれたとみられる。これらの部隊は占拠されたクリミア自治共和国議会を含むシンフェローポリ中心部やウクライナ軍第77防空ミサイル旅団駐屯地などを包囲した。

一方、ロシア上院は３月１日、プーチン大統領の要請に応える形でウクライナへのロシア軍派遣を許可する決議を行っているが、この時点ですでにロシア軍はクリミア半島の要所を占拠した後であった。また、この頃までにロシア海軍黒海艦隊はクリミア半島の主要なウクライナ海軍基地を封鎖し、海軍の行動も封じていた。

3月2日午後2時、ウクライナ国境警備隊司令部がロシア軍によって急襲され、通信システム、コンピュータ、ワークステーションなどが破壊された。また、同日、ウクライナ海軍のベレゾフスキー中将がクリミアの人民及び自称「クリミア人民共和国」政府に対する忠誠を誓うと表明し、同政府によって「クリミア海軍」司令官に任命された。ベレゾフスキー中将の説得により、クリミアにとどまっていたウクライナ海軍艦艇の一部はロシア国旗を掲げてロシア側への恭順の意を示した。クリミア半島のロシア併合後、ベレゾフスキー中将はロシア黒海艦隊副司令官に任命されている。また、この日、クリミア半島で最大の兵力を有するウクライナ軍部隊である第36独立沿岸防衛旅団の駐屯地をロシア軍の特殊任務大隊が包囲した。

このように、2月末から3月初頭にかけてクリミア半島のウクライナ軍施設は次々とロシア軍によって包囲された。全体的に現地のウクライナ軍は兵力でロシア軍よりも優勢であったが、指揮命令系統の麻痺により、ロシア軍に対して有効な抵抗を実施することができなかったのである。この間、ロシア軍の包囲を破って脱出に成功したのはウクライナ海軍第5航空旅団のみで、ヘリコプター4機と航空機3機がロシア軍の不意をついて発進し(ロシア軍は1個中隊が基地周辺を包囲しているだけで、滑走路は封鎖されていなかった)、ウクライナ本土へと逃れた。また、3月7日にも同旅団所属のKa-27ヘリコプター1機が脱出に成功している。

3月4日、自称「クリミア人民共和国」政府は残余のウクライナ軍部隊に対して「クリミア人民共和国」政府に忠誠を誓うよう呼びかけたが、大部分は無視された。この結果、親露派民兵がロシア海軍国旗を掲げていなかったウクライナ海軍の指揮艦スラヴチッチを占拠しようとしたが、失敗している。これに対してロシア軍は一部のウクライナ軍基地の包囲を解くなど譲歩を示したが、依然として民兵による包囲は続いていた。

さらに3月5日までに、クリミア半島にもともと駐留していたロシア海軍第810海軍歩兵旅団が、クリミア半島入りしていた第3、第10、第16及び第22独立特殊作戦任務旅団、空挺部隊第45独立特殊任務連隊及び第31独立空中襲撃旅団並びにロシア軍特殊部隊（SSO）と合流した。これらの部隊は籠城を続けるウクライナ軍部隊の包囲を続け、その後の数週間のうちにこれらを降伏させることに成功した。大部分のウクライナ軍兵士はその後、ロシア軍で契約軍人として勤務することに同意している。

しかし、クリミア半島の占拠を進める間にも、同半島に展開したロシア軍の大部分は軽歩兵部隊であり、重装備を欠いていた。一方、ロシア軍はこの間にウクライナ国境に重装備部隊を集結させ始めた。

また、自称「クリミア人民共和国」政府は3月30日（25日から延期された）に予定されていた独立を問う住民投票を3月16日に前倒しすることを決定した。これに合わせてロシア軍はウクライナ軍基地への包囲を緩和し、ウクライナ軍人の日中の外出を認めたほか、遮断されていたウクライナ海軍司令部への電力が復旧された。一方、ロシアはウクライナ海軍の主力艦艇部隊が停泊するドヌズレフ湖から黒海に通じる航路上に退役した大型対潜艦オチャゴフの船体を沈め、ウクライナ海軍の閉塞を図った。さらにロシア軍は小型艦艇の出港も阻止するために3隻の艦船を沈めてドヌズレフ湖を完全に閉塞した。

　この間、ロシアは掌握したケルチ海峡を往復するフェリー及び大型揚陸艦を用いて増援兵力の揚陸を継続した。3月6日にはこれまでクリミアに展開していた軽歩兵部隊及び特殊部隊に加え、アストラハンに駐留するロシア海軍カスピ小艦隊の第727独立海軍歩兵旅団及びチェチェン共和国に駐留する南部軍管区第18独立自動車化歩兵旅団がクリミアに向けて出発した。

　さらに3月9日までにクリミアにはロシア本土からK-300Pバスチョン長距離地対艦ミサイル・システムが運び込まれ、第三国の干渉に対する拒否力を備えるにいたった。同日、ロシア軍と親露派民兵はノヴォフェオドシアの海軍航空基地を完全に占拠した。

　2月28日から3月11日までの間に、ロシア海軍艦艇は15回にわたってクリミア半島の諸港湾に入港し、航空機及びヘリコプターは48回の着陸を行った。ケルチ海峡を渡ったロシア軍の車列は10隊に及んだが、搬入された車両の大部分はトラック（139両）であり、重装備は装甲兵員輸送車6両とグラード多連装ロケット4両のみであった。

　しかし、3月12日になると、第18独立自動車化歩兵旅団がクリミアに到着し、これはクリミア入りした最初の自動車化歩兵旅団となった。到着後、同旅団はクリミア半島を北上し、クリミアとウクライナ本土をつなぐペレコプの検問所を完全に封鎖した。

　3月13日にはケルチ海峡を結ぶフェリーがロシア本土のイングーシ共和国に駐留する南部軍管区第291砲兵旅団を載せた鉄道貨車をクリミア半島に搬入した。同日にはロシア陸軍の防空部隊もクリミア半島に展開し、翌15日は空軍のS-300PS長距離防空システムも到着したことで、ウクライナ軍による半島奪回は著しく困難となった。

3月16日、「クリミア人民共和国」政府は予告通りに住民投票を実施し、96・6％の支持を得てクリミアの独立が採択されたと発表したが、この間、ロシア側は、前述のロシア的用語法における「ソフト・パワー」を活発に活用した。これは広範な情報戦及びウクライナ軍将兵に対する降伏勧告に加え、民兵による脅迫を含むものであった。民兵は、武装は貧弱であったものの極めて反ウクライナ感情が強く、しばしば自力で籠城するウクライナ軍駐屯地を奪取しようと試みた。

また、この間、プーチン大統領を含むロシア政府指導部は、クリミアに展開している部隊がロシア軍であることを認めず、あくまでも「自警団」であるとする立場をとって軍事介入であることを否定した。翌2015年3月、プーチン大統領はこの際にロシア軍の特殊部隊が投入されていたことを認めたものの、あくまでもロシア系住民を保護するための人道的な目的による介入であるとの立場を示しており、この点は現在まで変化していない。このような情報戦は、ウクライナ政府及び西側諸国の対応を混乱させ、住民投票が実施されるまで適切な対応を打ち出させないという効果を発揮した。その後もロシアは籠城するウクライナ軍部隊の掌握を進め、3月25日には193の駐屯地及び停泊していた艦艇すべてがロシア軍に掌握された。

3．泥沼化するドンバス紛争――もう一つの「ハイブリッド戦争」

・イーゴリ・ギルキンとは

クリミア半島の占拠作戦はほぼ無血のうちに終結したが、ドンバス地方では多数の死者を出す激しい戦闘が繰り広げられた。そこで、今度はもう一つの「ハイブリッド戦争」であるドンバス紛争の経緯を、ドンバス地方を中心に見てみよう。

クリミア半島でロシアによる占拠が進んでいた3月1日、ウクライナ本土のドネツク州では、親露派住民によって州行政庁舎が占拠された。占拠に参加した住民は約1500人とされ、3月6日にはウクライナ警察によって解散させられた。ウクライナ政府は、これをロシアによるウクライナ不安定化策の一環であるとしている。

その後も親露派勢力とマイダン革命支持勢力の衝突は続き、4月6日にはクリミア半島で実施されたのと同様の住民投票を要求する親露派勢力が再び州行政府庁舎を占拠し、また、武装した親露派勢力の一部はドネツクのウクライナ保安庁（SBU）庁舎も占拠した。武器などの提供元は不明であるが、これもロシア側が供与した可能性がある。

親露派勢力は自らを「ドネツク人民共和国（DNR）」と名乗り、ロシア連邦への併合を問う住民投票の実施を宣言するとともに、ロシアのプーチン大統領に対して平和維持部隊の派遣を要請した。ウクライナ暫定政権側はドネツクにおける状況を武力で鎮圧する意向を示し、占拠された庁舎などは、SBU特殊部隊によって速やかに奪還された。

これに対して4月12日、覆面をした完全装備の武装勢力がドネツク州北部にあるスラビャンスクの警察署及びSBUの施設を急襲し、占拠した。この武装勢力は統一された戦闘服を着用し、自動小銃のほかRPG－26ロケット弾発射機を携行するなど、明らかに組織的かつ専門的な戦闘部隊であった点が注目される。これに続き、ドネツク市内、クラマトルスク、ドゥルジュキフカ、ホルリフカ、マリウポリ、イェナキエヴェと州内の複数の都市で同様の襲撃が実施された。ウクライナのヤレマ副首相は、これらの部隊はロシア空挺部隊の特殊部隊である第45偵察連隊であり、その数は4月13日に約150人、翌14日には300人に増加したとしている。

これら襲撃部隊を率いていたのは、後にドネツク人民共和国（DNR）「国防相」となるイーゴリ・ストレリコフ（本名イーゴリ・ギルキン）である。ギルキンは1970年、モスクワ生まれ。国立モスクワ歴史文書大学在学中の1992年、沿ドニエストル紛争及びボスニア紛争に義勇兵として参加し、卒業後は1994年まで徴兵として軍で勤務。その後、特殊部隊に入り（前述の第45偵察連隊という説もある）、2005年頃まで軍で勤務していたとされる。ギルキン自身の発言によれば、軍を退役した後はロシア連邦保安庁（FSB）で勤務していた。一方、ギルキンが参謀本部情報総局（GRU）の工作員であるという説もあるが、本人はこれを否定している。さらにギルキンはナポレオン戦争や第二次世界大戦によって破壊された史跡の回復運動やアブハジア（グルジアからの分離独立地域）のテレビ局運営など、かなり手広くさまざまな活動に関わっていたとみられる。

ギルキンがドンバス紛争にいかにして関与するようになったかについては不明な部分が多いが、大ロシア主義的なイデオロギーを動機としていた可能性は同人の経歴からも濃厚である。学生の頃から帝政の復活を訴えており、「20世紀初頭に生きているような人物だった」という歴史文書大学の同窓生による証言もある。ドネツク人民共和国「閣僚」となったその他の人物も、ロシアで人文系の教育を受け、ギルキン氏と同様の大ロシア主義的な思想を持つにいたったと思しき者が多い。

また、ドンバス地域を構成するもう一つの州であるルガンスクや、その北部にあるハリコフ州でも同様の公官庁占拠及び襲撃が発生していた。クリミアのような事態がウクライナ東部全体に広がるのではないか、との懸念が深刻に囁かれるようになったのがこの頃である。

・劣勢に陥る親露派武装勢力

これに対してウクライナ政府側は4月24日、占拠された施設の奪還に向けた威力偵察的な反撃を実施し、5月初頭から本格的な反抗に転じた。これは5月頃にウクライナ国境に展開した3万とも4万とも呼ばれるロシア軍が撤退し始めるとともに、5月25日のウクライナ大統領選で一応は国民に選ばれた政権が成立したこと（つまり、暫定政権は法的正統性のない集団であるというロシアの主張が通じなくなった）によって軍事介入を受ける恐れが低下し、さらに3月に開始した予備役動員によってある程度の数的優位を作り出すことが可能になったことなどを背景としていると考えられる。

ちなみにウクライナ政府は２０１５年までに6回の動員を行っているが、２０１４年中に実施された最初の3回で約10万人を動員したとみられている。これにより、13万人強に過ぎなかったウクライナ軍の兵力は２０１４年末までに23万人まで増強された（２０１５年以降の動員は２０１４年に動員された兵士の交代要員であるため、兵力は23万人台のまま）。

これに対して親露派指導部は5月以降、ロシアからコサックやチェチェン人の義勇兵を招き入れ、兵力のテコ入れを図った。というのも、軍事訓練を積んだプロ集団は限られており、かといって一般のドンバス地域住民達は士気の面でも練度の面でもあまり頼りにならなかったためである。

そこで親露派指導部が頼ったのが前述のコサックやチェチェン人部隊で、5月末の段階でその数は4500人ほどにも達していたという。また、ロシア下院国防委員会の委員で、全コサック軍団のアタマン（頭領、ないし最高司令官）であるヴィクトル・ヴォダラツキー氏によれば、2014年6月半ばの時点においてウクライナで戦っているコサック義勇兵は約5000人であり、さらに3000人のコサック義勇兵がウクライナ入りする準備を整えていた。

チェチェンからは、「カディロフツィ」と呼ばれるチェチェン共和国大統領ラムザン・カディロフの私兵が送り込まれたと考えられる。もちろんロシア政府やカディロフ大統領はこれを否定しているが、米国の「ニューヨーク・タイムズ」の現地取材ではチェチェンの首都グロズヌィから来たと名乗る兵士の存在を確認しているほか、ドネツク市長のルキヤンチェンコ氏もチェチェンからの義勇兵を認めている。また、死亡した親露派義勇兵の遺体から回収されたパスポートの中にはチェチェン人であることを示すロシアのパスポートも確認されており、こうした状況証拠からしてもチェチェン人義勇兵がドンバスに入っていることは確かであろうと思われる。

ロシアからの義勇兵はこれだけではない。元軍人や一般市民の中からも親露派の大ロシア主義に共鳴した人々、さらにはセルビアや旧東ドイツなどの国民もウクライナに義勇兵として入り込んでいた

図5　ウクライナ軍の動員実施状況

	実施時期	動員数	動員解除	備　考
第1次動員	2014. 3～5月	約10万 5000人	2015. 3～5月 （約3万人）	ウクライナ国防省は、2回の動員によってウクライナ軍の53個戦闘部隊及びその他の軍事部隊の18個部隊を編成できたと発表
第2次動員	2014. 5～7月		2015. 5～7月 （約1万 5000人）	
第3次動員	2014. 7～9月		2015. 7～9月 （大部分） 2016. 4月～ （一部）	15個戦闘部隊と44個支援部隊が戦闘の損失を補充して戦闘態勢を回復できる見込みとされていた（ウクライナ国防省発表）
第4次動員	2015. 1～4月	5万人	2016. 4月～ （4万人）	
第5次動員	2015. 4～6月	1万 3500人	動員中	
第6次動員	2015. 6～9月	4万人	動員中	
第7次動員	未定	1万～ 1万 2000人?		

（ウクライナ国防省発表より筆者作成）

とみられる。

しかし、ウクライナ軍の掃討作戦により、親露派の劣勢は深まっていた。特にロシアの軍事介入の可能性が低下したことでウクライナ軍がそれまでの制約を取り払い、火砲や航空機を投入するなど、正規軍ならではの火力と機動力を活かした作戦を取り始めると、親露派の犠牲者の数もうなぎ登りに増えていった。

この結果、ドンバスではスラビャンスク、クラマトルスクなど重要拠点が次々と陥落するとともに、ドネツクがルガンスクから分断されて孤立し、ルガンスクも包囲されるという状況に陥った。6月17日にはギルキン「国防相」が「ロシアからの軍事援助無しでは1ヵ月ほどしか保たない」と発言するなど、独自にウクライナ軍に対抗することが困難になりつつあることが明らかになり始める。

そこで6月頃から、ロシアは親露派に対する軍事援助を大幅に強化し始めた。それまでは小火器やイグラ携行地対空ミサイルなどが中心であったのに対し、6月に入るとT－64戦車やグラード多連装ロケットといった重装備が親露派側に供給されるようになったのである。さらにウクライナ国境では再びロシア軍が増強され、8月半ばの時点までにNATOの見積もりではおよそ2万人、ウクライナ側の見積もりでは4万5000人が配備されていたとみられる。しかも国境沿いのロシア軍は、国境を越えてウクライナ側へ多連装ロケットによる砲撃を行うようになった。ロシアによるこのような攻撃は4月の時点ではみられなかったものだが、おそらくはロシアとの直接交戦の可能性をちらつかせることで、ウクライナ政府側に軍事介入に対する疑心暗鬼を起こさせ、親露派に対する掃討作戦に再び制約を加えさせようという戦略であったと思われる。

・ロシアによる直接介入

だが、結果的にはこれらの大規模援助によっても親露派の劣勢は覆らず、ロシア側は8月頃からウクライナへの直接介入を検討し始めた。

この際、口実として用いられたのが「人道援助」と「平和維持」である。いくつかの報道によると、8月8日、ロシア政府はドンバスへ送る人道援助物資を警護するという名目で平和維持部隊を展開させようとしていたとみられる。これについて同日深夜、ウクライナ大統領府のヴァレリー・チャールィ副長官が、テレビで次のように述べている。

「ロシア側は数時間前、緊急事態へとつながりかねず、脅威を悪化させる恐れのある主張を行おうと非常に真剣に計画していた」

「国際赤十字委員会との合意を盾に、ロシアの兵士や武器を載せた膨大な車列がウクライナ国境へ向けて移動していた。全面的な紛争を起こすために、平和維持部隊を伴って人道援助物資の隊列を侵入させるつもりだったに違いない」

結局、事態を重く見たポロシェンコ大統領が欧米諸国の指導者と協議し、ロシアのラヴロフ外相宛に「これ以上、車列を前進させるな」と申し入れたことで介入は回避されたという（BBCウクライナ語版によると、主に米国、英国、ドイツが制裁強化などを示唆してロシアに圧力をかけたとみられる）。

だが、12日、ロシアはモスクワ州のナロ・フォミンスクに280台もの白塗りのトラックが集結している様子を突然公開し、深夜、ウクライナへ向けて出発させた。ロシア側は、これが非常事態省の人道援助物資であると主張したが、ウクライナや欧米はこれが軍事介入の口実であるとして警戒感を表明。特にウクライナはトラック隊をそのままウクライナ領内に入れることを拒否し、国境で国際赤十字のトラックに物資を積み替えるように主張したが、ロシアは「時間がかかり過ぎる」として突っぱねた。最終的にロシア側がウクライナ国境警備隊と同税関の検査を受けた上、国際赤十字の職員が同行するという形でトラック隊がウクライナ領内に進入することが認められたが、その後もロシアは数十回にわたってウクライナへ人道援助部隊を恒常的に送り込んでいる。

この間、ドンバス地域には、戦車、歩兵戦闘車、火砲、ロケット砲、防空システムなどを装備するロシア軍兵士が「義勇兵」として展開し始めた。2015年にシカゴ外交問題評議会などがまとめた報告書によると、ロシアがウクライナに展開させた兵力は8500人から1万人の通常部隊（8～10個の機械化空挺大隊戦闘団を含む）及び参謀本部情報総局の機関員250～1000人であった。これに親露派武装勢力を加えた戦力は3万6000人程度であったとされ、数の上ではウクライナ政府部隊が優勢であったが、訓練・装備等の面におけるロシア軍の優越によってウクライナ側は劣勢に追い込まれた。

この結果、ウクライナは2014年9月、ドンバス地域における停戦などを内容とするミンスク協定を受け入れざるを得なくなった。その後も2014年末から2015年初頭にかけてドンバスでの戦闘は続いたものの、親露派の優勢の下で2015年2月にはミンスク協定の履行を改めて保障する第二次ミンスク協定が締結されている。

以上のようなドンバス紛争の経緯は、短期的かつほぼ無血のうちに終わったクリミア半島占拠作戦に比べて鮮やかさには欠ける。これをもって、ロシアはドンバスでハイブリッド戦争に失敗したという評価も多い。

しかし、見方を変えるならば、クリミア半島の占拠はさまざまな好条件が揃っていたレア・ケースなのであり、あれほどの手際はどのような場合にも望みうるものではないだろう。むしろ、NATOの介入を回避しながら勢力圏への軍事介入を行い得たという意味では、これも一つのハイブリッド戦争の形態とみなしうるのではないか。クリミア半島ほどの好条件が滅多に存在し得ないであろうことを考えるなら、むしろドンバス型のシナリオこそがロシアの念頭にあるハイブリッド戦争である可能性もある。

4. ロシアにとっての「ハイブリッド戦争」

・「21世紀の典型的な戦争様態」?

ここまで見てきたように、ロシアはキエフでの政変に対してクリミア及びドンバスでの「ハイブリッド戦争」という手法に訴え、世界を驚かせた。だが、それは本当にゲラシモフ参謀総長の言うように「21世紀の典型的な戦争様態」とまで呼びうるのだろうか。

まず指摘しておかなければならないのは、ロシアにおける「カラー革命」論が一種の陰謀論的色彩を帯びているということである。

序章や第1章で見たように、米国が「戦争に見えない戦争」を都合の悪い政治体制に仕掛けることで体制転換の連鎖を起こしており、それがロシアの勢力圏にも及んでいるという認識がその基本にはある。実際、権威主義的体制下にある多くの国々で米国は民主化支援を行っているし、そのような体制転換やその試みが行われた例は少なくない。また、米国がロシアの「勢力圏」認識に対してかなり無思慮であったことも事実であろう。

とはいえ、ロシア側の言い分を言葉通りに受け取ることもできない。

たとえば2000年代にウクライナ、グルジア、キルギスタンで発生した体制転換については、外部の民主化支援団体の関与はあったが、それが主な要因であったとする専門家は少数派である。むしろ、ロシア自身が自国の勢力圏を確保するために権威主義体制を温存してきたことに国民の不満が募った結果が体制転換の連鎖であった、と理解したほうが実態に近いのではないかと思われる。したがって、ロシアがロールモデルであると主張している「西側の戦略」自体が幻である可能性が高いのである。

メドヴェージェフ大統領が「外交5原則」に関して述べているように、勢力圏やそれに準ずる権益はどの大国も多かれ少なかれ有しているものではあろう。しかし、たとえば米国の場合はそれを主に強力な経済力や「ソフト・パワー」(ロシア的用語法におけるそれではなく、本来の意味での)によって維持しているのに対し、現在のロシアにはそのいずれも極めて乏しい。たしかにソ連時代以来の文化的・政治的結びつきや言語を共有していることによる経済交流の容易さなどはロシアにとって大きな求心力ではあるものの、現在のロシアは共産主義イデオロギーの総本山としての地位を失い、経済力では欧州や中国に遅れをとっている。こうした求心力の低下をカバーしているのが旧ソ連諸国の権威主義的体制やロシア政府と利権を共有する政治体制なのであり、民主化はそのようなタガの消滅ないし弛緩を意味する。それゆえ、隣国における政権交代のような、一般的には政治問題とされる事態までもが一挙に勢力圏をめぐる安全保障問題に飛躍してしまうという構図が成立するといえよう。「ハイブリッド戦争」とは、こうした脆弱な勢力圏を維持するためにロシアが利用可能な手段の総体であるというのが、筆者の見方である。ロシアは強さゆえではなく、自らの弱さ（レバレッジの少なさ）を認識しているゆえに強硬手段に訴えざるを得ない、ともいえよう。

このようにしてみると、「ハイブリッド戦争」の適用範囲は決して広いものではないし万能であるわけでもない。少なくともクリミア半島やドンバス地域におけるような軍事作戦を展開しうるのは、旧ソ連諸国ぐらいのものであろう（旧ソ連諸国での「ハイブリッド戦争」の可能性については第4章を参照）。それも、すでにNATO加盟国となっているバルト三国に対してはどう取り繕っても直接的な軍事介入は困難であるし、これは東欧についても同様である。

もちろん、純軍事的には、バルト三国や東欧においてロシアが局地的優勢に立つ局面はたしかに想定しうる。全体的な戦力比ではNATOがロシアに対して優勢なことはすでに述べたが、バルト三国や東欧諸国については冷戦後に取り交わされたNATO・ロシア基本文書の規定に従って大規模なNATO部隊は配置されておらず、ロシアの奇襲を受けた場合にはこうした戦力バランスが崩れる恐れがあるためである。

たとえば米国防総省系のランド研究所が２０１６年に公表したレポートは、まさにこうした可能性を指摘するものであった。これはランド研究所が２０１４年から２０１５年にかけて実施した一連の図上演習の結果をまとめたものであるが、ロシアが全面的な侵攻を行った場合、ロシア軍がエストニアの首都タリンやラトヴィアの首都リガの外縁に達するまで最長で60時間しか要しなかったという。

また、２０１６年には、こうしたシナリオをストーリー仕立てにした小説『２０１７年　ロシアとの戦争』（邦訳なし）が出版され、世界的な反響を得た。著者は英国陸軍のシレフ将軍で、２０１４年までＮＡＴＯの欧州連合軍副司令官（ＤＳＡＣＥ）を務めていたという人物である。この小説では、ロシアがウクライナでの紛争再燃を隠れ蓑としてバルト三国を奇襲するというシナリオを採用しているが、さすがについ最近までＮＡＴＯの中枢にいた人物の筆になるだけあって端々に不気味なリアルさが顔を出す。特に非常時におけるＮＡＴＯ内の意思決定の難しさや緊急展開能力の弱体さによって、事態がなし崩しに悪化していくさまには戦慄させられるものがあった。

ランド報告書もシレフの小説も、ロシアの局地的優勢に対する懸念を共有している点では一致する。ただ、それだけに、両者に対する批判もよく似たものだ。つまり、ロシアが第三次世界大戦の危険を冒してまでＮＡＴＯ加盟国に攻め込む理由をすっ飛ばしている、というのである。

実際、両者はバルト三国がＮＡＴＯ加盟国であり、集団防衛の対象となることにはごく簡単にしか触れておらず、以上のような批判はもっともであろう。正規軍による侵攻、いわゆる「ハイブリッド戦争」、あるいは両者の混合など、どんな手段を用いるにせよ、ひとたびＮＡＴＯ加盟国に対する軍事行動を行う以上は相応の報復を覚悟せねばならない。だが、ロシアはウクライナ危機を経てさえそこまで追い詰められているわけでもないし、非理性的でもないだろう、という見方にはたしかに一理ある。

・外交的圧力のツールとして

ただし、蓋然性と可能性は切り分けて考える必要がある。現実問題としてロシアがバルト三国や東欧諸国に「ハイブリッド戦争」を仕掛けることが極めて難しいとしても、そのような可能性の存在は一種の外交的圧力として機能しうるためである。ロシアが独自の用語法における「ソフト・パワー」としてバルト三国の在外同胞に対する支援や組織化を行っていることはすでに述べたが、このほかにもロシアは東欧の極右政党やドイツなどのロシア系住民に対しても政治的・経済的支援を行うなどしている。こうしたロシアの「ソフト・パワー」が万一の場合に「ハイブリッド戦争」のツールとして機能するのではないか、という懸念は、特に国民感情のレベルで拭い難いものがあろう。

一方、これはロシアにとって諸刃の剣でもある。というのも、ロシアによる有事の干渉の可能性が高まることは、それ自体がロシアからの遠心力としても機能しうるためである。特に、ソ連やその勢力圏に組み込まれた記憶を極めて否定的にとらえる傾向が強いバルト三国や東欧諸国ではウクライナ危機によって反露的機運が高まり、ロシアの脅威に備えた防衛体制の強化やＮＡＴＯとの協力関係の密接化が顕著となった。

たとえば２０１５年、リトアニア国防省は、パンフレット『非常事態及び戦時に備えるために知っておくべきこと』の配布を開始した。作成したのはリトアニア軍と内務省消防局で、国防省のアレクサ防衛政策・計画局長が総編集にあたったという。約100ページのパンフレットには、平時及び戦時における災害、リスク及び脅威に対処するための情報がまとめられているが、その内容は極めて生々しい。リトアニアの領土が侵略を受けた場合を想定し、「窓の外で銃声がしても世界の終わりではありません」として、市民に冷静な行動を呼びかける内容だ。しかも、「隣人を落ち着かせる方法」、「瓦礫の片付け方」から始まって、「敵兵があなたの前に現れたら」、「潜伏拠点を作る方法」、「民兵組織への加入の仕方」など、国民を保護の対象とするだけでなく、積極的に侵略者に抵抗するよう呼びかけているのが目に付く。わずか1万3000人ほどのリトアニア軍ではロシア軍の本格的侵攻に対処し得ないことは明らかであるため、全国民を組織化した抵抗戦略を平時から採用しておくことでロシアに侵略のコストを認識させる、というのがリトアニアの基本戦略であるようだ。このような民兵戦略は、エストニアやラトヴィアでも見られる。

さらにこれまでは中立を維持してきた北欧のスウェーデンやフィンランドでもNATO加盟論が取りざたされるようになってきた。短期的に両国のNATO加盟が実現する見込みは薄そうではあるが、中長期的に見れば、ロシアの振る舞いは勢力圏を自ら切り崩していく可能性も孕んでいる。

序章では、西側諸国が「自らの政策が作り出した結果と戦っている」というプーチン大統領のヴァルダイ会議演説を紹介した。この言葉は、たしかに西側の対外政策に関する鋭い批評ではあるにせよ、ロシアにもまた別の文脈で当てはまりはしないだろうか。

第3章

「核大国」ロシア

第1章では、ロシアが勢力圏を維持するための介入能力とNATOに対する質・量の劣勢を補うための接近阻止・領域拒否（A2／AD）能力の獲得を進めていることを紹介した。

これに加え、NATOへの対抗能力としては核抑止力も見逃すことはできない。巨大な威力と心理的威嚇効果を持つ核兵器は、弱体化したロシアの通常戦力を補う重要な手段であるためである。

そこで本章は、核大国としてのロシアに焦点を当て、その実力と戦略について考えてみたい。

1. ロシアと「核なき世界」

・プーチン発言の衝撃

クリミア半島の併合という衝撃的な事態から約1年を経た2015年3月、ロシアと核兵器をめぐる話題が広く世界の耳目を集めた。

まず、クリミア併合1周年日（3月18日）を控えた3月15日、「クリミア。祖国への道」と題されたテレビ番組において、プーチン大統領が「ネガティブな状況が発生した場合に備えて核兵器を準備態勢に就ける可能性があった」と発言。国際的に大きな波紋が広がった。この回りくどい表現が伝言ゲーム式に伝わり、クリミア併合の際に核兵器を使用する可能性があった、との誤解が広がったこともそこに拍車をかけた。

翌16日、プーチン大統領はロシア軍に抜き打ち検閲（第1章参照）の実施を命令した。この演習は北極圏及び千島列島がNATOや米国の攻撃を受けるという想定の下で実施されたが、ロシア国防省は100人もの外国武官団をモスクワ川河畔の国家国防指揮センター（ＮＴｓＵＯ）に招き、「限定的な核兵器の先制使用」が訓練内容に含まれることを明らかにした。実際、この演習においては潜水艦発射弾道ミサイル（ＳＬＢＭ）の模擬発射訓練が実施されたほか、バルト海の飛び地領土カリーニングラードへは戦術ミサイルが、クリミア半島へは戦域爆撃機が前方配備され、核攻撃を連想させる訓練がロシア全土で幅広く実施された。

抜き打ち検閲最終日の21日には、ロシアの駐デンマーク大使の新聞投稿が話題となった。この投稿はデンマークがＮＡＴＯの共同ミサイル防衛（ＭＤ）計画に自国の艦艇を参加させることを決定したことを受けたもので、これが実現すればデンマーク艦艇がロシアの核兵器の標的になると警告していた。

冷戦時代には、米ソの核戦力バランスは国際政治の基本構造を規定する重要な要因とみられていた。しかし、冷戦が終結すると、核兵器をめぐる関心は核不拡散や核テロの脅威へと移り、米露の核戦力バランスはもはや過去の問題になったとの風潮がみられるようになった。依然としてロシアが核大国であることは漠然としたイメージとして共有されてはいても、それが国際政治に大きな影響を及ぼすという意識は希薄になりつつあったように思われる。ましてやロシアが再び核兵器を使用するかもしれない、という危機感はほぼ完全に忘れ去られていたといってもよい。

プーチン大統領の「核準備」発言やその前後に見られた核の脅しは、こうしたユーフォリアに冷や水を浴びせるものであったといってよいだろう。

では、ロシアはここへ来てなぜ、「過去の遺物」とみられていた核兵器の存在をプレイアップし始めたのか。

・核戦力の現状

まず、ロシアの核戦力の現状を把握することから始めたい。現在、米露の核戦力を規定しているのは、2010年に締結され、翌2011年から発効した新戦略兵器削減条約（START）である。これは冷戦末期に締結された第一次戦略兵器削減条約（START1）が2009年に期限切れを迎えたことを受けて締結されたもので、米露はそれぞれ1550発の戦略核弾頭（配備状態のみ。備蓄分は含まず）と、その運搬手段となる長距離弾道ミサイル及び戦略爆撃機を合計700基／機（配備状態のみ。非配備分を含めて800基／機まで）を保有することが認められている。

ところが、新STARTが締結された時点でロシアの核戦力はその保有上限を下回り、米国に対して大幅に劣勢となっていた。当時の戦略核戦力の主力は、ソ連時代に製造された大陸間弾道ミサイル（ICBM）や弾道ミサイル搭載原子力潜水艦（SSBN）であったが、これらは老朽化によって早晩、退役することが見込まれていた。前述した「2015年までの国家装備計画（GPV-2015）」によって新世代核戦力の配備も進んではいたものの、そのペースは旧式核戦力の退役ペースをはるかに下回っており、トータルでは減少が続くことは確実であった。

特に深刻であったのが、大陸間弾道ミサイル（ICBM）戦力で、2009年には60基の旧式のミサイルが退役したのに対し、同年に配備された新型のものはわずか6基に過ぎなかったのである。このため、ロシアのICBM戦力は2020年までに160基弱～180基強程度まで減少すると予想されていた。これに対して、米国は450基のICBMを維持できる見込みであったため、ロシアは地上配備型核戦力でほぼ3倍の戦力差をつけられることになる。もともと米国が優位であった空中・海洋配備核戦力を考慮に入れれば、劣勢はさらに深刻であった。

だが、近年のロシアはこうした状況に歯止めをかけるべく、軍需産業への重点投資によって開発・生産能力増強を図るとともに、各種新型核兵器の開発・配備を急ピッチで進めている。次頁の表は新戦略兵器削減条約（START）の枠内で半年に1回実施されている米露の保有核戦力データ交換の結果をまとめたものであるが、ロシアの核戦力減少がほぼ下げ止まっていることが見て取れよう。

たとえば核戦力の柱であるICBMについて見てみよう。

第1章で見たように、ここ数年のロシアは年間15～20基程度のICBMを調達できるようになってきた。また、ロシアがソ連崩壊後に調達していたトーポリ－M ICBMは、STARTIの制限を受けてミサイル1基につき1発の核弾頭しか搭載することができなかったのに対し、新STARTにはこのような制限が存在しない。このため、現在のロシアが調達している新型のヤルスでは、ミサイル1基につき3～4発の核弾頭が搭載可能とみられている。言い換えれば、ミサイルの増加率に対して3～4倍のペースで核弾頭配備数を増加させることが可能になったということだ。

次頁に掲げた米露の保有核戦力の比較を見ると、ロシアは依然としてミサイルや爆撃機などの運搬手段で米国に劣る一方、核弾頭配備数はすでに米国を大きく上回っていることがわかる。多弾頭型ミサイルの配備を重点的に進めた成果である。さらにロシアはヤルスの小型軽量バージョンや鉄道移動バージョンの開発も進めており、このうちの小型軽量バージョン（ルベーシュと呼ばれる）は大気圏

図6　米露の保有核戦力の比較

	米国			ロシア		
	運搬手段（配備状態）	核弾頭（配備状態）	運搬手段（配備・非配備合計）	運搬手段（配備状態）	核弾頭（配備状態）	運搬手段（配備・非配備合計）
2011年2月	882	1800	1124	521	1537	865
2011年9月	822	1790	1043	516	1566	871
2012年3月	812	1737	1040	494	1492	881
2012年9月	806	1722	1034	491	1499	884
2013年3月	785	1597	898	492	1480	900
2013年9月	809	1688	1015	473	1400	894
2014年3月	778	1585	952	498	1512	906
2014年9月	794	1642	912	528	1643	911
2015年3月	785	1597	898	515	1582	890
2015年9月	762	1538	898	526	1648	877
2016年3月	741	1481	878	521	1735	856

（米国務省公式サイトに掲載された新STARTのデータ交換結果より筆者作成）

再突入後に軌道を大きく変更して米国のミサイル防衛網を突破可能な性能を持つという。

ただ、これでは補いがつかない問題もある。

第1章で触れた重ICBMの後継問題である。現在、ロシア戦略ロケット部隊には45～50基程度の重ICBMが配備されているとみられるので、新STARTで認められた1550発の核弾頭のうち、実に3分の1近くがこれらのミサイルに搭載されていることになる。1980年代に生産されたこれらのミサイルは2020年代初頭には耐用期限切れを迎えるため、後継ミサイルを開発しなければ短期間で核弾頭がごっそり抜けてしまう。

このためロシアは新たに「サルマート」と呼ばれる大型ICBMの開発を進めている。発射重量は従来の重ICBMの半分程度（約100トン）ながら小型核弾頭10発又は大威力核弾頭1発、もしくは機動核弾頭を搭載できるという。ただ、サルマートの発射試験は幾度か予告されながらいずれも延期されており、配備時期もこれに合わせて何度も先送りにされてきた。重ICBMの退役時期に間に合わなければ一時的にロシアのICBM戦力が大きく減少してしまうリスクは依然として残っている。

戦略核戦力の第二の柱である弾道ミサイル搭載原潜（SSBN）については、ソ連時代に建造された一部の艦に対して寿命延長と新型潜水艦発射弾道ミサイル（SLBM）搭載のための近代化改修が行われているほか、新型のボレイ級SSBNの建造・配備が進んでいる。

ボレイ級は2016年9月時点までに3隻が就役しているが、うち2隻は太平洋艦隊（カムチャツカ半島のペトロパブロフスク付近にある原潜基地）に配備されており、最終的には北方艦隊と太平洋艦隊に4隻ずつが配備される計画だ。このように、太平洋艦隊はロシアの核抑止力を支える存在として、ロシアの安全保障政策の中でも重要な地位を有していることは頭に入れておくべきであろう。

伝統的にロシアが弱い爆撃機戦力については、およそ60機が現役で残っているに過ぎない。ロシアはこれらの機体に新型巡航ミサイルの運用能力を与えるなどして近代化を図る一方、2010年代末を目途にTu－160爆撃機の生産を再開する計画である。Tu－160は1980年代に開発された超音速爆撃機だが、ソ連崩壊によって生産中止となり、現在は十数機しか残っていない。当然、生産ラインも閉じているが、これを再開させ、新型の電子機器やエンジンを搭載する計画だ。また、これと並行してステルス爆撃機計画も進められているが、こちらの実用化にはしばらく時間がかかることになろう。現在の経済状況では中止という可能性も考えられないではない。

以上をまとめるならば、サルマート重ICBMの開発に失敗することがない限り、ロシアは今後とも米国に次ぐ世界第2位の戦略核戦力を保持する公算が大きい。また、今後のロシア経済や米国の核戦力整備の動向にもよるが、2020年代後半以降には再びロシアの戦略核戦力が米国に伍する水準まで近付いていく可能性も排除できないだろう。

・非戦略核戦力をめぐって

一方、射程500㎞未満の戦術核兵器についていえば、ロシアの保有戦力は世界第1位であるとみられる。「みられる」という言い方をするのは、その実態の把握が極めて難しいためだ。

戦略核兵器の場合、大陸間弾道ミサイル（ICBM）や潜水艦発射弾道ミサイル（SLBM）は基本的に核弾頭のみを搭載するものであり、爆撃機も核軍縮条約によって核攻撃任務に使用されるもの

図7　2016年初頭時点におけるロシアのICBM戦力

		配備数	1基あたりの搭載弾頭	搭載弾頭合計
旧式ICBM	RS-12Mトーポリ	72基	1発	72発
	RS-18B	30基	6発※	180発※
	RS-20V（重ICBM）	46基	10発	460発
新型ICBM	RS-12M2トーポリ-M	78基	1発	78発
	RS-24ヤルス	73基	3-4発	219~292発

※実際にはすでに核弾頭は降ろされているとみられる。
（Russian Strategic Forces〈http://russianforces.org/〉より筆者作成）

とそうでないものとが分けられている。これに対して戦術核弾頭を目標に運ぶ戦術弾道ミサイルや戦闘爆撃機、火砲などは、核弾頭を搭載することもあれば、それ以外の通常兵器を搭載することもあり、何をもって戦術核兵器と呼ぶのかは容易には決定し難い。しかも、戦術核兵器の場合は、戦略核兵器のような核軍縮条約が存在しないため、便宜的なカウント方法さえ定められていないのである。逆にいえば、このような判別の難しさが戦術核兵器の削減を難しくしている要因でもあった。

　事態をさらに複雑にしているのは、戦略核兵器でも戦術核兵器でもない核兵器が存在することである。たとえば防空システム用の迎撃ミサイル、艦艇に搭載される魚雷や爆雷などがそれにあたる。これらについても弾頭は核のこともあれば通常爆薬であることもあり、運搬手段の存在がイコール核弾頭の存在を意味する戦略核兵器と違ってカウントが極めて難しい。

　もちろん、これらの「非戦略核弾頭（戦略核弾頭とそれ以外の核兵器を区別してこのように呼ぶ）」は通常、国防省の中央機関（ロシアの場合でいえば国防省第12総局）が集中管理しているため、米露両政府が自国の保有総数を把握していることはいうまでもない。しかし、それでは一体何発の非戦略核弾頭が存在しているのかというと、これは軍事機密とされており、ロシアはおろか米国でさえ公表していないのである。

　かといって、すでに述べた理由から、非戦略核弾頭を搭載可能な兵器（運搬手段）の数を数えてみたところで、その総数を外部から把握することは困難である。米国の場合は冷戦後に大部分の非戦略核弾頭を廃棄しており、残っているのは戦闘爆撃機用のＢ61－11戦術核爆弾だけとされるので把握は比較的容易だが（約５００発とみられる）、ロシアについては１０００発から２０００発まで、推定の幅が極めて大きい。

　いずれもしても、ロシアが世界最大規模の戦術核戦力を有していることはほぼ確かなようである。しかも、ロシアは近年、急速に戦術核兵器の運搬手段（として使用可能な兵器）を増強している。

　その筆頭が、イスカンデル－M戦術ミサイル・システムだ。イスカンデル－Mはトラックで地上を移動するミサイル発射システムで、搭載するミサイルの発射管を取り替えるだけで戦術弾道ミサイルまたは戦術巡航ミサイル（いずれも射程は500km以下）を発射することができる。弾頭は基本的に通常弾頭だとされているが、それ以前の戦術ミサイルの通例を考えれば、核弾頭の搭載が考慮されていることは当然であろう。従来、その配備ペースはごく細々としたものでしかなかったが、最近では年間2個旅団分（1個旅団は移動式発射機12両を装備する）という極めて早いペースで配備が進んでおり、旧式化したソ連時代の戦術弾道ミサイル・システムを代替している。空軍でも新型戦闘爆撃機Su－34の配備が年間1個航空連隊（24機）に近いペースで進んでおり、ロシア軍が有事に使用しうる戦術核弾頭の投射手段は急速に充実している。

　これに対して米国は、冷戦後、戦術核兵器の削減を度々ロシアに働きかけてきたが、ロシアはほとんど応じる姿勢を見せてこなかった。特に最近では米露対立の高まりによって、米国が欧州に前方展開している150～200発の戦術核爆弾を撤去しなければ削減にも応じないとするなど、態度を硬化させてさえいる。

2. 積極核使用ドクトリンへの傾斜?

・ロシアの「地域的核抑止論」

ところで、ロシアはなぜこれほどまでに核戦力にこだわるのだろうか。

これまで触れてきた「国家安全保障戦略」や「軍事ドクトリン」では、核戦争を含む大規模戦争の蓋然性が大幅に低下したとの認識が示されているし、セルジュコフ改革でもその眼目は小規模紛争への対処に置かれていた。にもかかわらず、ロシアはなぜ、冷戦期さながらに核戦力の維持に固執するのか。

これについてはいくつかの要因が指摘できよう。

第一に、ロシア政府の公式見解はともかくとして、ロシア軍内には万一の大規模戦争を懸念する声が依然として強い。冷戦期のソ連軍はNATOや中国に対して圧倒的な通常戦力の優位を誇っていたが、今やその規模は大幅に縮小された上、セルジュコフ改革によって有事の大量動員能力も削減されてしまった。こうした状況下でロシアが抑止力を保つためには核戦力に頼るしかない、という考え方が軍人たちの間で強まることは、ある意味で必然といえよう。よくいわれるように、軍人とはまず彼我の能力を基礎にものを考えるためである。

こうした考え方は、ソ連崩壊後早々に浮上してきたとみられる。

ロシアは1993年に最初の「軍事ドクトリン」を公表しているが、ここでは核兵器の使用基準が、①核兵器保有国と同盟協定を結んでいる国が、ロシアもしくはその領土、軍及びその他の部隊又は同盟国に対し武力攻撃を行う場合、②当該国家が核兵器保有国とともに、ロシアもしくはその領土、軍及びその他の部隊又は同盟国に対し侵攻又は武力攻撃の実施もしくはそれへの支援において共同行動をとる場合、とされた。

ここで重要なのは、敵が先に核兵器を使用しなくてもロシアが核兵器を使用すると読めることである。ソ連は1982年、敵が先に核兵器を使用しない限りは自国も核兵器を使用しないという宣言（核先制不使用宣言）を行っているが、これは通常戦力の圧倒的な優位があったからいえたことであって、通常戦力がぼろぼろになってしまったロシアでは状況が全く異なっていた。つまり、ロシアは通常戦力では勝てないかもしれないが、その場合は核兵器を使用することで抑止力を確保しようとしたのである。

ただし、ここには、たとえ限定的な核使用であっても最終的には大規模な核使用へとエスカレートする、という一言も付け加えられている。したがって、人類の破滅につながるような核戦争が嫌ならロシアを攻撃しない方がよいと言っているわけだが、この場合はロシアも滅亡してしまうわけだから、通常戦力で負けていても核兵器は使用できないのではないかという考え方も成り立つ。自らを含む全人類が滅亡するよりは、軍事的な敗北に甘んじる方がまだ合理的であろう。

そこで1990年代のロシアでは、破滅的な大規模核戦争を回避しつつ核兵器による抑止力を確保する方法が模索されるようになった。これが、ロシアの戦略家たちの間でよくいわれるようになった「地域的核抑止」である。

「地域的核抑止」論の要諦は、戦略核戦力を米国と対等に保つことで大量核使用は行えないようにしておきつつ、戦術核兵器を使用して通常戦力の劣勢を補うというものである。このような考え方は、ソ連に対して通常戦力の劣勢に立たされていた冷戦期のＮＡＴＯが採用した戦略をそっくり裏返したものであった。「柔軟反応戦略」と呼ばれたこの戦略は、ソ連を中心とするワルシャワ条約機構軍の侵攻が始まった場合、通常戦力や戦術核兵器を使用して敵の侵攻を食い止め、全面核戦争へのエスカレーションを阻止するという考え方に基づいている。ソ連崩壊によって通常戦力の優劣が逆転した結果、今度はロシアが「柔軟反応戦略」を採用することになったわけである。

・「エスカレーション抑止」論の浮上

とはいえ、もう少し大局的な見方に立てば、これは冷戦期の東西対立を引きずった思考であったともいえる。そもそもＮＡＴＯとの全面戦争が考え難くなったのならば、ロシアが「柔軟反応戦略」＝「地域的核抑止」を採用する意義もまた薄いことになる。

むしろ当時のロシアにとって現実的な懸念事項だったのは、ユーゴスラヴィアやイラクのように西側の圧倒的エアパワーによる精密攻撃を受ける可能性であった。当時のロシアにはこうした攻撃を防ぐだけの能力がなかったのである。これはレーダー網や各種迎撃システム（迎撃戦闘機や地対空ミサイル）が旧式化したり、稼働不能に陥っていたためでもあるが、ソ連崩壊の影響も大きかった。というのも、敵の弾道ミサイルや巡航ミサイルを探知するための警戒システムは旧ソ連の国境線に沿って配置されていたため、その多くがロシア軍の管理下から外れてしまったのである。もちろん、当時のロシアには金のかかる警戒システムを新たな国境線に沿って配備し直す財政的余裕などなかった。ロシアが防空システムの再建に着手できたのは2000年代も後半に入ってからであり、2010年代後半の現在でさえいまだにロシアの全国境をカバーすることはできていない。

もちろん、限定精密攻撃に核兵器で反撃することも非現実的である。ユーゴスラヴィア紛争やイラク戦争は、通常兵器による精密攻撃（巡航ミサイルや精密誘導爆弾等）によって破壊の規模を限定しつつ一国の国家機能を麻痺状態に陥れうることを実証したが、報復として敵本土や敵の部隊に核攻撃を行えば、再報復もまた核攻撃になることは想像に難くない。少なくともその恐れがある以上、ロシアの核戦力は抑止力としての信頼性を持ち得ないことになる。

こうした中で、ロシアの戦略家たちの間では「エスカレーション抑止」という概念が浮上してきた。西側でいう「エスカレーション抑止（ディエスカレーション）」とは前述の「柔軟反応戦略」の鍵概念であり、すでに始まってしまった戦争が全面核戦争へとエスカレーションすることを防ぐための軍事力行使の方法をいう。

一方、1990年代末にロシアでいわれるようになった「エスカレーション抑止（デエスカラーツィア）」の場合は、NATOの軍事介入（前述した限定精密攻撃等）を招きそうになった場合、核兵器を警告的に使用してそれを思いとどまらせることに重点を置いていた。実際に軍事介入を受けた場合にも、核兵器を使用して戦争に勝利するというよりは、可能な限り規模を抑えた「調整されたダメージ」を与え、それ以上の軍事行動を停止させることも想定されているとみられる。

たとえば、1999年にロシア参謀本部の理論誌『軍事思想』に発表された現役軍人3人の連名論文「軍事行動のエスカレーション抑止のための核兵器使用について」では、無人地帯や無人施設に対する一回限りの核攻撃や、損害を限定した核攻撃を「エスカレーション抑止」のための核攻撃の例として挙げている。

・「戦略的抑止手段としての核兵器の使用」のゆくえ

問題は、こうした「エスカレーション抑止」がどこまで実際の核戦略に組み込まれているかである。前述した1993年の「軍事ドクトリン」から、現在の最新バージョンである2014年版「軍事ドクトリン」にいたるまで、ロシアが公式に宣言している核使用政策（宣言政策と呼ぶ）には、このような文言は含まれていない。参考までに2014年版「軍事ドクトリン」における核使用基準を上げておくと、以下の通りとされている（これは一つ前の2010年版ともほぼ同一である）。

・ロシア連邦及びその同盟国に対して核兵器又はその他の大量破壊兵器を使用した攻撃が行われた場合

・ロシアに対する通常攻撃により、国家の存立が脅かされる場合

しかし、多くの核保有国においては、宣言政策とは別に実際の核使用に関する戦略（運用政策）が定められているとみられる。運用政策は最高度の軍事機密であり、ロシアも例外ではないが、ここに「エスカレーション抑止」が含まれている可能性は考えられよう。

これついては、パトルシェフ安全保障会議書記が2009年11月に行った発言が引き合いに出されることが多い。ロシア紙『イズヴェスチヤ』とのインタビューで新たな「軍事ドクトリン」(後に2010年版「軍事ドクトリン」となるもの)について語ったパトルシェフ書記は、大要、以下のように述べている。

・2000年版「軍事ドクトリン」[(8)]は過渡期の文書であり、21世紀の戦略的環境に適合させる必要がある
・軍事紛争の重点は大規模軍事紛争から局地紛争や武装紛争[(9)]へとシフトしている
・NATOや米国の脅威は依然として継続しており、これに加えて大量破壊兵器の拡散や国際テロリズムといった非伝統的脅威が高まってきている
・核抑止の核心は、仮想敵によるロシア連邦及びその同盟国への侵略に対して核抑止を及ぼすことのできる核大国としての地位をロシア連邦が保全することである
・核使用基準を変更し、地域紛争や局地紛争であっても通常兵器による攻撃を撃退するために核兵器を使用することを盛り込む
・国家安全保障にとって危機的な状況下では、侵略者に対する予防的な核攻撃も排除されない

(8)　2009年時点における最新版の「軍事ドクトリン」。1993年版に続いて策定された。
(9)　ロシアの軍事ドクトリンでは、軍事紛争を大規模な方から「大規模戦争」、「地域戦争」、「局地戦争」、「武装紛争」に4分類している。

2010年版「軍事ドクトリン」はこのパトルシェフ発言から約3ヵ月後の2010年2月に公表されたが、実際にはパトルシェフ書記のいう小規模紛争での核使用や予防核攻撃といった内容は盛り込まれなかった。しかし、「軍事ドクトリン」の取りまとめに関して国防省側の代表を務めたナゴヴィツィン副参謀総長によると、2010年版「軍事ドクトリン」には公開部分とは別に非公開部分が存在しており、非公開部分には「戦略的抑止手段としての核兵器の使用」を含めた具体的な軍事力の運用に関する規定が記載されているという。また、メドヴェージェフ大統領（当時）は「軍事ドクトリン」と同時に「核抑止分野における2020年までの基本国家政策」と呼ばれる非公開文書を承認しており、こちらにはパトルシェフ書記が述べたような核使用基準が記載されている可能性は否定できない。

・「サーベルの脅し」？

演習動向からも、ロシアが積極的な核使用を考慮していると思しき兆候は看取できる。たとえば、ロシアは過去数年間、ポーランドやバルト三国といった近隣NATO諸国や、北欧のスウェーデンを対象とした核攻撃演習を繰り返し実施してきた。この中には、宣言政策でいうロシアの存立を脅かすような大規模攻撃の撃退だけでなく、パトルシェフ安全保障会議書記の発言が想定するような小規模紛争での核使用や予防核攻撃も含まれていたとみられる。ロシア東部での演習についていえば、2014年に実施された東部軍管区大演習「ヴォストーク2014」では演習開始2日目にイスカンデル戦術ミサイルの実弾発射訓練が行われており、これも軍事紛争の初期段階における核使用を想定している可能性がある。

これまで見てきたような「エスカレーション抑止」戦略にこうした動きを当てはめてみれば、これらはロシアが勢力圏防衛のために積極核使用ドクトリンを示唆したものとも考えられよう。

ただし、積極核使用ドクトリンが本当に公式の核戦略（運用政策）にまでなっているのかどうかについては、疑問視する声も多い。もしもロシアが本当に積極核使用ドクトリンを採用し、これによって「エスカレーション抑止」を図ろうとしているのであれば、そのことを宣言政策で明示していなければおかしいという意見はその一つである。パトルシェフ安全保障会議書記の発言にもかかわらず、それが宣言政策に記載されていないのは、積極核使用ドクトリンを主張する一派がプーチン政権内での議論に敗れた結果ではないか、という見方もある。1990年代から現在にいたるまで、「エスカレーション抑止」戦略を採用するよう求める主張が絶えず存在することも、見方を変えればこのような戦略が公式には採用されていないため、と考えることもできよう。

要するにロシアは積極核使用の可能性を示唆することで、これを神経戦の道具——英語の俗語で言う〝sabre rattling（サーベルをがちゃつかせること）〟——として使っているに過ぎないというのがこうした懐疑論に共通する見方である。

このような議論の中には非常に実証的で地に足がついたものがあり、筆者としてもうなずかされる部分は多い。ただし、懐疑論にもまた疑問はなしとしない。ロシアの積極核使用の可能性が専門家コミュニティの中でこれだけ広く論じられている時点で、それは擬似的に宣言政策の役割を果たしているのではないかとも考えられるためである（現に我々は今、ロシアにそのような核使用の思想があることを知っている）。

また、運用政策も決して固定的なものではなく、戦時ないしそれに近い状況ではかなりの柔軟性があると考えなければならない。たとえ平時の運用政策には組み込まれていなくても（組み込まれている可能性は排除できないと筆者は考えるが）、そのような有力概念が存在している以上、臨時に運用政策に格上げしうるオプションの一つとして無視してはならないのではないか。たとえば無人地帯への警告的な核攻撃といったオペレーションは、運用政策に規定しておかなくても、いつでも臨時に行いうるものだろう。しかも、ロシアはこうした運用を実際に行いうる能力を有しているし、その能力は急速に近代化されているのである。

もちろん、積極核使用の可能性を過大評価することはロシアを利するだけである、という懐疑論者の指摘は考慮しなければならない。実際、米国や欧州の戦略コミュニティ内には欧州における核戦力の増強を唱える一派も生まれ始めており、これはこれで危険な傾向である。

しかも、実際の運用政策の変更であるにせよ、単なるブラフであるにせよ、その背景がロシアの通常戦力面における劣勢であることには変わりはない。近年、ロシアは急速に通常戦力の近代化を進めているが、質・量の両面で依然としてＮＡＴＯと（量では中国と）比肩しうる水準にはない。それゆえにロシアは今後も核による威嚇を続けるだろうし、積極核使用による「エスカレーション抑止」はロシアが取りうるオプションの一つとして考慮しておく必要があろう。

第4章

旧ソ連諸国との容易ならざる関係

ここまでは主に旧ソ連の勢力圏をめぐるロシアとNATOの関係について見てきた。そこで、続く本章では、ロシアと旧ソ連諸国との関係に焦点を当ててみたい。ひとくちに旧ソ連諸国とはいっても、その範囲は欧州から中央アジアにいたるまで広がっており、個別の事情やロシアとの関係もさまざまに異なる。また、旧ソ連諸国同士が複雑な対立や利害関係を抱えているケースも多い。

本章では、こうした事情を主に軍事面から考察していくことにする。

1．不信の同盟CSTO

・ソ連崩壊後のロシアと旧ソ連諸国

1991年12月、ソ連は15の独立国家に分裂した。当初のロシアの目論見では、ソ連が解体されてもCIS（独立国家共同体）の枠内で政治・経済・安全保障などの連携を保てると考えられていたが、現実はそのようなロシアの甘い見通しを容易に裏切った。独立後、各国は次々に独自通貨の採用や独自軍の設立に踏み切っていったのである。

CISも、旧ソ連諸国すべてをカバーする機構とはなりえなかった。もともとソ連への編入に極めて否定的な感情を抱いていたバルト三国はもちろん、独立後に永世中立を宣言したトルクメニスタンもCISには加盟しなかった。ウクライナはCISの設立協定までは批准したものの、正式加盟は見送り、オブザーバー参加に留まった。ハード／ソフトの両面でパワーの衰えていた当時のロシアからは、これらの国々を結束させる能力はすでに失われていた。さらに、グルジア戦争後の2009年にはグルジアがＣＩＳを正式脱退したほか、ウクライナでもロシアとの紛争勃発後にＣＩＳからの完全脱退が度々議論されている。

もちろん、旧ソ連諸国すべてがこのような傾向を示しているわけではない。以上で述べた国々がロシアとの関係に極めて否定的なグループであるとすれば、ロシアとの密接な関係を維持しているグループと、これよりやや関係性は薄いものの協力関係を維持しているグループもまた見出すことができる。

・ＣＳＴＯの概要

軍事面で見れば、ロシアとの関係性が密接なグループは、集団安全保障条約機構（ＣＳＴＯ）の加盟国とほぼイコールととらえることができよう。ＣＳＴＯについては本章でもう一度詳しく触れるが、ここではその概要だけを押さえておきたい。ＣＳＴＯは１９９４年に発効した集団安全保障条約（ウズベキスタンの首都タシケントで調印されたため、通称「タシケント条約」）を常設機構化したものであり、現在は、ロシア、アルメニア、カザフスタン、キルギスタン、タジキスタンの５ヵ国が参加している。タシケント条約は、加盟国が侵略を受けた場合には他の加盟国も自国への侵略とみなして共同で撃退することを定めた集団防衛条約であり、有事には合同軍を編成するほか、平時から合同緊急展開部隊や合同平和維持部隊を設置している。タジキスタンを除く４ヵ国は前述したユーラシア経済連合の加盟国でもあるなど、さまざまな面で関係が密接であることが読み取れよう。

ただし、これはＮＡＴＯや日米同盟のような緊密な軍事同盟と同列に語れるようなものでもない。

たとえばCSTOの軍事演習を観察していると、全加盟国の主力部隊が一堂に会して同じ想定で訓練を行う、ということはまずないことに気付く。たとえば中央アジアで演習を行う場合は、基本的にロシア+中央アジア諸国だけで訓練を行い、ベラルーシやアルメニアは特殊部隊などを少数参加させるだけということが多い。ベラルーシとロシアの演習、アルメニアとロシアの演習、といった場合も同様である。前述した有事の合同軍についても、欧州地域合同軍（ロシア、ベラルーシ）、カフカス地域合同軍（ロシア、アルメニア）、中央アジア地域合同軍（ロシア+中央アジア3ヵ国）というふうに地域別に編成されることになっており、全加盟国が一丸となって戦うという体制はそもそも想定されていない。

このような分裂状況は、各国の置かれている安全保障上の環境や脅威認識が全くかみ合っていないことによって生じていると考えられよう。たとえば中央アジア諸国にしてみれば、最もリアルな脅威は中東やアフガニスタンからイスラム過激派が浸透してきたり、あるいは自国内でそうした勢力が台頭することであろう（詳しくは第6章を参照）。一方、南カフカスのアルメニアではこうした脅威認識は薄く、ナゴルノ・カラバフ地方をめぐって軍事対立を続けるアゼルバイジャンが仮想敵国である。ベラルーシはさらに遠く離れた欧州にあり、周囲をNATO加盟国であるポーランドやリトアニアに囲まれている。そして各地域の加盟国は、他地域の紛争には関心がなく、巻き込まれることを極力回避しようとする傾向がある。要するに仮想敵が一致していないために、条約の文言通りに集団防衛に参加するインセンティブが生まれないのである。

・カラバフ紛争をめぐって

たとえば2016年4月に発生した過去最大規模のアルメニアとアゼルバイジャンの戦闘は、CSTOの内実を非常によく示した事例といえる。ナゴルノ・カラバフで発生したこの戦闘に関して、ロシアをはじめとするCSTO加盟国は本来、アルメニアを支援すべき立場にあった。ところが実際にロシア以下の加盟国が行ったのは加勢ではなく調停であり、軍事的にアルメニアを援助しようという国は現れなかった。それによって紛争がエスカレーションすることを恐れたという側面もあろうが、旧ソ連有数の産油国であるアゼルバイジャンと敵対関係に陥るわけにはいかない、という現実的な打算もそこには働いていたと思われる。

加えてロシアの場合には、そこに勢力圏の維持という計算も加わる。

たとえばロシアは、アルメニアに第102ロシア軍事拠点（102RVB）と呼ばれる軍事基地を置いてアルメニアを保護する一方（したがって、アゼルバイジャンはナゴルノ・カラバフまでは手を出せても、対露戦争を意味するアルメニア本土攻撃はできない）、その仮想敵国であるアゼルバイジャンに対しては最新鋭兵器を次々と供与するという矛盾したことをやっている。

だが、ロシアにしてみれば、アルメニアに一方的についてアゼルバイジャンと敵対すれば、アゼルバイジャンは安全保障上の庇護を求めてトルコや米国に接近するという懸念が拭えない。実際、現在でもアゼルバイジャンとトルコの関係は密接であるし、米国はカスピ海の資源保護のためにアゼルバイジャンの沿岸警備隊創設を支援するなどの関与を2000年代に行ったことがある。また、アゼルバイジャンはロシアを主な武器供給源としつつ、韓国や中国、さらにはパキスタンからの武器供給を模索しているとされ、ロシアが手を引けば空白は簡単に埋まることが予想されよう。

このように、ロシアにはロシアなりの事情が存在していたわけだが、それはアルメニアの事情ではない。特に国民感情のレベルではそうである。こうした中で2015年には、駐留ロシア軍兵士がアルメニア人の一家7人を殺害するという惨劇が発生し、アルメニアにおける反露感情は大きな高まりを見せた。

さらに同年6月、ロシアの国営電力会社インテルRAO傘下のアルメニア電力ネットワークが電気料金の値上げを決めると、首都エレバンでは大規模な抗議運動が発生した。これに対してロシアはソコロフ運輸相をアルメニアに急派し、電気料金の値上げを据え置くこと、アルメニア人一家を殺害したロシア兵を（ロシアの軍法ではなく）アルメニア法で裁くこと、アルメニア軍が装備を近代化するための資金として2億ドルを融資することなどで合意した。エレバンにおける反政府運動がアルメニア政府だけでなくロシアにも向かっていたことを理解しての行動といえよう。

・深まる各国間の不信感

だが、こうした懐柔策の一方で、ロシアはアゼルバイジャンに対する肩入れも依然として止めなかった。ロシアの狙いはアゼルバイジャンをユーラシア経済連合に加盟させることであったとみられ、そのために2015年11月のアゼルバイジャン大統領選では反米色を強めるアリエフ大統領の続投を強く支持したほか、ナゴルノ・カラバフの一部をアゼルバイジャンの管理下に移すことまで提案したとみられている。だが、最終的にアゼルバイジャンのユーラシア経済連合加盟は宙に浮いたままとなり、その間にナゴルノ・カラバフでは大規模な衝突が再発してしまった。その最中にドイツを訪問したアルメニアのサルグシャン大統領は、「ロシアばかりかその他のCSTO加盟国までがアゼルバイジャンに武器を売っているのは当然遺憾なことである」と述べたが、ここにはアルメニアのCSTOに対する深い不信と不満が見て取れよう。

ちなみにこの時期、ベラルーシでは軍事政策の指針である「軍事ドクトリン」の改訂作業が行われていたが、同国のラプコフ国防相はこの中にベラルーシ軍の国外派遣を禁止する条項が盛り込まれると発言していた。ナゴルノ・カラバフ紛争への関与を回避することが念頭に置かれていた可能性は高いが、アルメニアが猛反発を示したことから、最終的には国外派遣を明示的に禁止する文言は盛り込まれなかった。

このような姿勢は、CSTOの中核的存在であるロシアとその他の加盟国との関係においても顕著である。ロシアが引き起こすさまざまな軋轢、特に西側との関係悪化に巻き込まれることは、政治・経済的に弱体な中小国にとって致命的であるためだ。したがって、ロシアがCSTO加盟国を必ずしも助けないのと同様、CSTO加盟国もまた、いざというときにロシアを支援してくれるとは限らない。

たとえばグルジア戦争後、ロシアがグルジアの南オセチア及びアブハジア両地域を「独立国家」として承認した際には、CSTO加盟国は1国たりともロシアに同調しなかった。これはクリミア半島併合の際も同様で、ここでロシアに同調してしまうと自国とウクライナの関係（旧ソ連諸国はロシアを介さずにさまざまな二国間・多国間関係を結んでいることも多い）が悪化するばかりか、西側の制裁対象になってしまう可能性もあったためである。それどころかカザフスタンなどは、ウクライナがロシアとの軍事技術協力を停止した後も軍事技術協力協定を更新するなど、ウクライナとの安全保障面での関係を継続している。

こうした諸事例を見ても、CSTOが一般的な意味でいう軍事同盟ないし集団防衛体制でないことは明らかであろう。

2.「同盟」のレゾンデートル

・勢力圏維持のツールとして

では、なぜこのような機能不全の「同盟」が存続し続けているのだろうか。

ロシアから見れば、CSTOは勢力圏維持のツールであるという構図が描けよう。アゼルバイジャンに関して述べたように、たとえ機能不全の同盟であっても、それがなくなってしまえば、旧ソ連諸国は安全保障上の庇護や武器供給先を求めて西側や中国に接近していくことが容易に想像されるためである。

逆に旧ソ連諸国にしてみれば、CSTO加盟はロシアの勢力圏内に留まることを意味する。このため、1999年に集団安全保障条約が更新期限を迎えると、ロシアとの間に距離を置こうとするアゼルバイジャン、グルジア、ウズベキスタンは延長を拒否して同条約を脱退していった。また、「永世中立」を掲げるトルクメニスタンは最初からCSTOには加盟していない。

・ウズベキスタンをめぐる混乱

このうち、ウズベキスタンは2006年にCSTOに再加盟しているが、これは2005年のアンディジャン事件（フェルガーナ盆地のアンディジャン市で大規模な反政府運動が発生し、政府の治安部隊がこれを鎮圧した事件）が人権侵害であるとして西側から強い非難を浴びた結果とみられる。これを機にウズベキスタンはロシアとの関係改善に転じ、CSTO再加盟を決めたものの、その後も重要な事項に関して拒否権を発動し、たびたび混乱を招いてきた。

CSTOの議決には全会一致（コンセンサス）方式が採用されているため、一ヵ国でも反対する国があれば何も決定できない仕組みになっているためだ。CISの場合は、あまりに加盟国の意見が食い違うため、問題ごとに関係国のみが小グループを作って投票を行うという方式を採用しているのに対して、CSTOでは全体の結束を優先し、敢えて不自由な全会一致方式を採用してきた。これによって、各国があまりに身勝手な主張を行えば全く身動きが取れなくなるという一種の抑止効果を期待していたわけだが、ウズベキスタンの独自路線はまさにそのような事態を招いてしまったことになる。

一方、ウズベキスタン側としても、2010年のキルギスタン政変で多くのウズベキスタン側住民が殺害されたにもかかわらず、何の対処も行わなかったCSTOに強い不信と不満を抱いてきたとされる。

・ウズベキスタンのCSTO参加「停止」の意味とは

こうした中で、2012年6月、ウズベキスタンは、CSTOへの参加の「停止」を事務局長に通告した。これは完全な「脱退」ではなく「参加停止」であるというのがウズベキスタンの言い分であるが、集団安全保障条約にはこのような規定が存在しないため、現在のウズベキスタンがどのような法的状態にあるのかははっきりしない。CSTOの公式サイトでは一時期、加盟国の旗をGIFアニメではためかせる一方、ウズベキスタンの旗だけは静止画とするという苦肉の策でこの微妙な状態を表現していたが、現在はウズベキスタンの旗も他国と同様に「はためき」の状態に変わったようだ。どう扱ってよいかわからない、というのが正直なところなのだろう。

参加「停止」の理由についての公式な理由は明らかにされていないが、ウズベキスタン外務省筋の情報として報じられたところによれば、CSTOの対アフガン政策や軍事協力の強化に関してウズベキスタンは賛同できないことなどが理由であるという。上記情報でも具体的なことはほとんど明らかにされていないが、ウズベキスタンは多数のウズベキスタン系住民がアフガニスタン国内に居住している関係からアフガニスタンに対しては独特の利害関係を持っており、CSTOの方針に縛られることを嫌ったのだと思われる（ウズベキスタンは中央アジア一の人口大国であり、タジキスタン、キルギスタン、アフガニスタンなどに多くの在外ウズベキスタン人が居住している）。

・米軍の軍事拠点提供か

一方、軍事評論家のリトフキンは、アフガニスタンから撤退する米軍の受け皿となることがウズベキスタンの狙いであると分析している。米国に中央アジアの軍事拠点を提供する代わりに、米軍がアフガン作戦で使用した武器の一部を払い下げてもらうという構図だ。また、ウズベキスタンはアンディジャン事件をきっかけに閉鎖された米軍のハナバード空軍基地（もともとはアフガニスタン作戦のためにソ連が建設したもの）の再開を画策していたとも伝えられる。これに対してロシアは最近、CSTO内の軍事的結束をさらに固めようとしており、2011年12月には、CSTO加盟国は他の加盟国からの承認なしに非加盟国の軍事基地を自国領内に設置することを禁止するとの決定がCSTO首脳会議で採択されていた。最初からCSTOに深くコミットするつもりがなく、むしろNATOとの関係を維持・強化したいウズベキスタンとしてはこれも不都合であったと思われる。

現在にいたるもウズベキスタンへの米軍再駐留は実現していないが、2014年末までに米軍主力がアフガニスタンから撤退したことにより、2015年1月には対地雷装甲車（MRAP）308両と戦車回収車20両が譲渡された。これは中央アジアに対して米国が行った武器移転としては最大規模のものではあるが、米国はウズベキスタンの人権問題について依然として懸念を表明していることから、これ以上の武器移転は行われていない模様である。

・ロシアからCSTO加盟国への武器供与

かといって、ウズベキスタンはロシアからもほとんど武器を購入していない。ウズベキスタンに金がないという事情もあろうが（ウズベキスタンの国防費は15億7000万ドルと中央アジアではカザフスタンに次ぐ第2位の国防費を支出しているが、兵力は中央アジア最大の4万8000人であり、装備更新に回す資金は圧倒的に足りていない）、それ以上に、武器供給をロシアに頼ることへの懸念があるとみられる。

こうした事情は他のCSTO諸国でも同様で、CSTO諸国の多くはロシアからほとんど武器を購入していない。ロシアは2006年、CSTO諸国には武器を国際価格ではなく（儲けを抑えた）ロシア軍向けの国内価格で供与する方針を打ち出し、2007年にはCSTO諸国もこれに同意していた。だが、ロシア製兵器の購入に積極的なのはカザフスタンとアルメニアくらいである。カザフスタンは最近になってSu－30SM戦闘爆撃機などの新型兵器をロシアから導入しているほか、アルメニアも前述の2億ドルを用いてロシアから多連装ロケットや電子妨害システム等の導入を決めている。

一方、キルギスタンやタジキスタンについては、ロシア製兵器の導入は低調である。これはウズベキスタンと同様、資金面の問題（キルギスタンとタジキスタンは中央アジアでも最貧国である）に加えて、ロシアの軍事的支配下に置かれることを警戒してのことと考えられよう。実際、ロシアはキルギスタンやタジキスタンに対して防空システムを無償供与することを提案しているものの、それでもなお両国はこの提案を受け入れていない。カザフスタンに対してもロシアは中古の防空システムを供与して合同防空部隊を設立することを2010年から提案し、合意自体は成立していたが、実現には5年を要した。さらにロシアはさまざまなCSTOの合同部隊を統合して単一のCSTO合同軍とすることなども提案しているが、その多くは実を結んでいない。

・忍び寄る中国の影響力

この間隙を衝いたのが中国である。２０１５年初頭、中国がウズベキスタンとトルクメニスタンにＨＱ－９防空システムを供与したとの中国発の情報が出回り、２０１６年４月にはトルクメニスタン軍の演習に同システムが参加していることが映像で確認された。ＨＱ－９はロシアのＳ－３００を参考にしたとされる広域防空システムであり、中国がこれほどの本格的なシステムを中央アジア諸国に供与したのは初めてのことである。しかも、供与先が中央アジアにおける非ＣＳＴＯ加盟国であったことは例外ではあるまい。一帯一路構想によって中央アジアへの進出を進める中国が、安全保障面でも影響力の拡大に出てきた端緒である可能性が高い。２０１６年６月にアルメニアを訪問したボルデュージャＣＳＴＯ事務局長が、ロシアを中心として各国と個別に設置されている防空システムを最終的にＣＳＴＯ加盟国全体に広げるとの構想を表明した背景の一つにも、中国の動きが考えられよう。

・ロシアとベラルーシの関係

同じような動きはベラルーシでもみられる。ベラルーシはＣＳＴＯ全体での安全保障協力に距離を置くばかりか、ロシアとＮＡＴＯの対立の矢面に立たされることを恐れ、ロシア軍基地の設置さえ原則的には認めてこなかった（例外は弾道ミサイル警戒レーダーや一部の通信システムのみ）。それどころか、ベラルーシはＣＳＴＯという軍事同盟に加盟していながら、憲法では「中立国」を謳っている。

ところが２０１３年、ロシアはベラルーシへの戦闘機供与の交換条件としてロシア空軍の戦闘機部隊をベラルーシに駐留させるよう要求し始めた。これに従ってロシア軍はベラルーシ西部にあるバラノヴィチ空軍基地に少数の戦闘機を展開させ始めたが、最終的には自前の基地をベラルーシに設置したいというのがロシアの狙いであった。

一方、これといった産業に乏しく、国防費も限られるベラルーシには空軍の戦闘機を更新する財政的余裕などなく、このまま空軍力が朽ち果てるに任せるか、「前線国家」化される危険を冒してロシア軍基地を置くかは難しい選択であった(10)。しかも、ベラルーシがロシアの前線国家化されることには政府レベルだけでなく国民感情のレベルでも強い反発があり、２０１５年10月にはロシア軍基地の設置に反発する抗議運動まで発生している。こうした国内の反発を受けて、ルカシェンコ大統領は同年10月、そもそもロシア空軍基地の設置の話など聞いていないと言い出した。

ルカシェンコ大統領は、バラノヴィチ基地にロシア空軍機が展開していることは事実であり、有事となれば多数のロシア空軍機がベラルーシ領内に展開してくるであろうことも「隠しはしない」としつつ、「現時点ではロシア空軍基地は必要ない」と明言したのである。

さらにルカシェンコ大統領は次のようにも述べている。

「今日、我々に必要なのは飛行機であって基地ではない。我々には将来の飛行士があり、軍及び民間のすぐれた飛行学校がある。なぜ基地を設置する必要があるというのか？　なぜ今、外国の飛行

(10)　ベラルーシは人口９４９万人の小国であり、ＧＤＰはわずかに７６１億ドル。１人あたりＧＤＰは８０４１ドルに過ぎない。国防費にいたっては４億８７００万ドルであり、ＣＳＴＯ加盟国に対する割引価格であっても装備更新を進めることは極めて難しかった。

機と飛行士をここに呼んでこなければならないのか？　それは自らやるべきことであるのに、だ」
（２０１５年10月の演説より）

ルカシェンコ大統領の以上の言葉からは、武器供与がロシアによる軍事的支配の道具となりかねないことへの懸念が強く読み取れよう。ただ、中国はベラルーシとの間でも多連装ロケット・システムの共同開発など軍事技術上の関係を築き始めており、武器供与の独占というロシアの重要なレバレッジが中長期的には中国によって切り崩される可能性も出てきた。

もっとも、旧ソ連諸国もただロシアと距離を取ろうとしているばかりではない。

旧ソ連時代以来の政治的・経済的・人的つながりが深く、ロシア語を共有する旧ソ連諸国にとっては、依然としてロシアの存在感は大きい。同盟としては機能不全であってもＣＳＴＯへの加盟を選ぶ国が依然としてあるのも、こうした広い文脈からロシアとの関係性を重視しているためであると考えられる。

また、第6章で触れるように、中央アジアにおけるイスラム過激派の脅威は一定程度のリアリティをもってとらえられていることは事実であり、麻薬流通や組織犯罪対策と合わせてＣＳＴＯの存在は無意味というわけではない（ＣＳＴＯは軍事同盟であるだけなく、こうした非軍事分野でも活発な安全保障協力を実施している）。ＣＳＴＯ自体についても、合同部隊による各種の演習や作戦を積み重ねることでごくゆっくりとではあるが実績を積み重ねており、今後についても合同航空部隊の設立などが決定している。

3．ミンスクに「礼儀正しい人」が現れる日

・旧ソ連諸国に君臨し続ける権威主義的な指導者たち

このように、旧ソ連諸国内には危ういながらも一応、ロシアとの協力関係を保っている国々が存在する。しかし、これらの国々に特徴的なのは、大部分の政権が公正な選挙によって選ばれたものではなく、ソ連崩壊当時ないしその直後に成立した権威主義的な体制がそのまま継続していることである。しかも、こうした権威主義的な指導者たちの多くは高齢を迎え、肉体的な限界を迎える日は確実に近付いていている。ウズベキスタンのカリモフ大統領にいたっては2016年8月末に脳溢血で倒れ、病院に運ばれており、一時は死亡説も流れた。

問題は、これまで多くの問題を抱えながらもロシアとの関係を維持してきた指導者が世を去る時、その後継政権がどうなるかであろう。2000年代前半に発生した一連の「カラー革命」では、ウクライナとグルジアに反露的な政権が出現し、NATOやEUへの加盟を志向するようになったことでロシアが勢力圏の維持に危機感を抱いた、という顛末は既にこれまで述べてきた通りである。その結果が2008年のグルジア戦争であり、2014年以降に続いているウクライナ危機であった。

その他の旧ソ連諸国でも権威主義的体制がソフト・ランディングに失敗した場合、新政権における権力掌握や国策の方向性をめぐって国内が不安定状況に陥ったり、あるいはナショナリズムの高まり

図8　旧ソ連諸国指導者の在任年数及び年齢（2016年時点）

国名	指導者	在任年数	年齢
アルメニア	セルジ・サルグシャン大統領	8年	63歳
アゼルバイジャン	イルハム・アリエフ大統領	13年	56歳
ベラルーシ	アレクサンドル・ルカシェンコ大統領	23年	62歳
グルジア（ジョージア）	ギオルギ・マルグヴェラシヴィリ大統領	3年	47歳
カザフスタン	ヌルスルタン・ナザルバエフ大統領	25年	76歳
キルギスタン	アルマズベク・アタムバエフ大統領	5年	60歳
タジキスタン	エマムアリ・ラフモン大統領	21年	64歳
トルクメニスタン	グルバングルィ・ベルディムハメドフ大統領	9年	59歳
ウクライナ	ペトロ・ポロシェンコ大統領	2年	51歳
ウズベキスタン	イスラム・カリモフ大統領	25年	78歳（※）

（外務省公式サイトより筆者作成）
（※）本書の脱稿後の2016年9月に死去。

によってロシアに望ましくない方向へと世論が一気に振れる可能性は少なくない。

・トルクメニスタンとベラルーシの場合

こうした事態を、ある意味でうまくマネージしたのはトルクメニスタンである。同国では、独立から一貫して権力の座にあったニヤゾフ大統領が２００６年末に死去したことに伴い、２００７年には現在のベルドゥイムハメドフ大統領へと平和裡に権力移譲を行うことができた。

だが、他の旧ソ連諸国でもそうであるとは限らない。トルクメニスタンの場合にはベルドゥイムハメドフ氏という有力な後継者がいたが（同人についてはニヤゾフ大統領の隠し子ではないかという説もある）、こうした後継者が十分に育っていない国も多いためだ。

たとえばベラルーシの場合、ルカシェンコ大統領は妻との間にできた2人の息子ではなく愛人との間にできた息子のニコライを寵愛しており、重要な会談や軍事演習などに常に同行させている。しかし、ニコライは２００４年生まれの弱冠12歳に過ぎず、彼が後継者になれるかどうかはルカシェンコ大統領の寿命次第ということになる。したがって、もしニコライが政治的な実力をつける前にルカシェンコ大統領がこの世を去った場合、ベラルーシ国内では権力闘争の激化や権威主義的統治に対する国民の反対運動が激化することは十分に考えられよう。

同様の構図は、カザフスタン、タジキスタン、ウズベキスタンなどの中央アジア諸国についてもあてはまる。

・ロシアの出方――ウクライナ型「ハイブリッド戦争」を仕掛けるか？

では、こうした事態に際してロシアはどう出るだろうか。ウクライナ危機以降、急速に注目されるようになったシナリオは、ウクライナ型のハイブリッド戦争をロシアが旧ソ連の同盟国ないし友好国に対して仕掛けるというものである。同盟国に対して戦争を仕掛けるというのは奇異に響くが、CSTOがロシアの勢力圏を維持する装置なのであるという前節での構図を念頭に置けば、むしろ自然な話であろう。ロシアにとっての脅威は、こうした国々で体制転換が発生し、勢力圏外へと離れていってしまうことであるからだ。

この意味で最も懸念を募らせているのはベラルーシである。すでに述べたルカシェンコ大統領の後継者問題に加え、同国とロシアは「連合国家」ということになっており、いざ国内で不安定状況が生じた場合には、「半国内問題」であるとしてロシアによる介入を正当化しやすい。また、ベラルーシ国民の8・3％がロシア系であることを考えると、クリミア占拠の際のように「ロシア系住民の保護」が名目となる可能性もある。

こうした中、ルカシェンコ政権が、自国内での「カラー革命」やそれに対するロシアの介入を恐れているという観測が近年、頻繁にみられるようになってきた。たとえばロシアの有力紙『ガゼータ』（2014年12月3日付）は、「『礼儀正しい人たち』を恐れるルカシェンコ」というそのものずばりなタイトルの記事を掲載している。この記事によると、ルカシェンコ大統領はロシアのウクライナ介入を見て自国にも同様の事態が起こる可能性を懸念しており、軍内からロシア系高級軍人を排除し始めているという。特にロシア生まれのロシア系であったシャドービン国防相やベロコネフ参謀総長が罷

図9　旧ソ連諸国の保有兵力（単位：人）

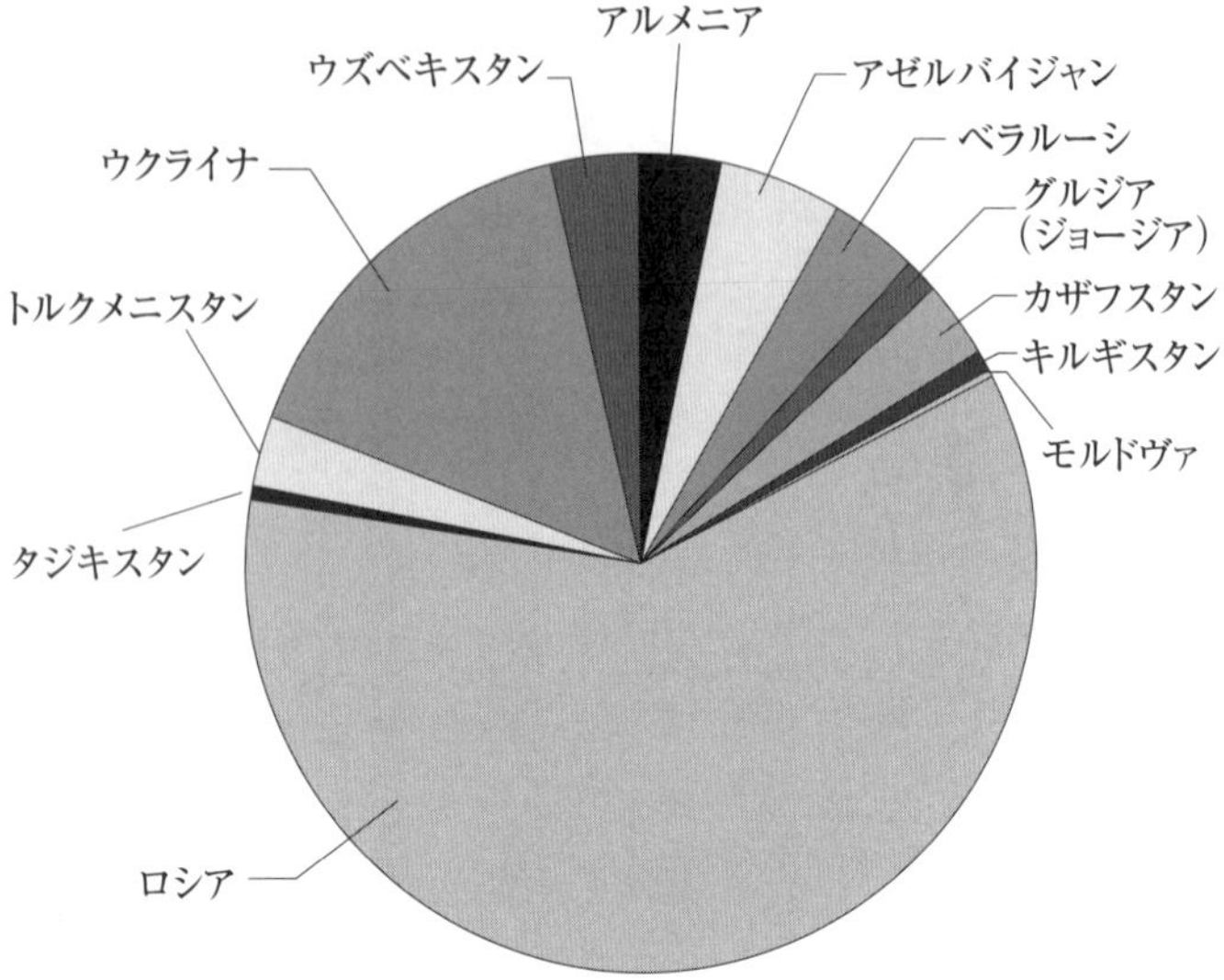

アルメニア	44,800
アゼルバイジャン	66,950
ベラルーシ	48,000
グルジア（ジョージア）	20,650
カザフスタン	39,000
キルギスタン	10,900
モルドヴァ	5,350
ロシア	798,000
タジキスタン	8,800
トルクメニスタン	36,500
ウクライナ	204,000
ウズベキスタン	48,000

※以上のデータは一律に『ミリタリー・バランス』2016年版から取っているため、ロシア軍の兵力などについては本書で言及した数字とやや異なる。

免され、いずれもベラルーシ系に交代されたことはその好例である。

ベラルーシに次いでロシアによる介入の標的になりうるとされているのがカザフスタンである。旧ソ連内でロシアに次ぐ国土面積を持ち、政治・軍事・経済などあらゆる面でロシアと深い関係にあるカザフスタンは、それゆえ勢力圏になんとしても留めなければならない国であると認識されている。しかも、同国は長期にわたる権威主義的政権、有力な後継者の不在といったベラルーシに似通った条件を持つ上、国土の北部を中心に人口の2割以上に相当するロシア系住民を抱える。「ハイブリッド戦争」の標的としては、蓋然性の面でも可能性の面でも有力な存在であると言えよう。

旧ソ連諸国の軍事力を考えると、このシナリオはさらに現実味を増す。第1章ではロシアの軍事力が質量ともにNATOに対して劣勢であることを論じたが、対旧ソ連諸国で考えれば、ロシアの軍事力はほとんど圧倒的といってもよい。

右の図に示すように、旧ソ連で10万人以上の兵力を有している国はロシアとウクライナだけであり、大部分の国々は5万人以下、国によっては1万人以下という極めて小規模な軍事力しか有していないのである。新型装備の保有率や訓練水準といった質の面を考えると、ロシアの軍事的優位はさらに広がる。

本書第1章の冒頭では、「ロシアは見かけほど強くはないが、見かけほど弱くもない」というビスマルクの言葉を紹介したが、これはNATOに対してだけでなく、旧ソ連諸国との関係についても当てはまるものといえよう。重要なことは、ロシアの軍事力を古典的な戦争を念頭に置いた軍事バランスのみから評価するのではなく、ロシアが軍事力に期待する役割からその効用を評価することである。

第5章

ロシアのアジア・太平洋戦略

本章では、ロシアから見たアジア・太平洋の位置付けと戦略について考えてみたい。ロシアは政治・経済上の重心をウラル山脈以西の欧州部に置き、プーチン大統領も「ロシアは基本的にヨーロッパの国である」と述べているが、その国土は極東にまで広がる「アジアの国」であることも忘れてはならない。特にロシアは近年、アジア・太平洋への参入を積極的に掲げているほか、中国との関係緊密化や北方領土をめぐる日本との関係など、「アジアの国」としてのロシアに注目が集まっている。その背景にあるロシアの認識と、そこでロシアが何をしようとしているのかが本章の焦点である。また、以上を踏まえた上で、極東におけるロシアの軍事力強化の動きについても触れることにしたい。

1．日中露の三角関係

・プーチンの極東政策

まずはロシアから見たアジア・太平洋地域の重要性について概観してみよう。

その第一は、ロシア自身の分裂を防ぐという点である。ロシアの極東部は約617万平方キロメートルと国土の36％を占め、最大の面積を誇るサハ共和国からカムチャツカ州まで7つの連邦構成主体を抱える。しかし、人口面で見ると、最盛期であったソ連末期でさえ800万人強であり、現在では620万人ほどまで減少してしまっている。全国土の36％を占める広大な土地に、全人口の4％ほどしか人間がいない計算だ。ことに7つの連邦構成主体のうち、4つ（カムチャツカ、チュコト、マガダン、サハリン）は人口が50万人以下の最過疎地域とされている（ロシア連邦統計庁のデータによる）。このような人口の希薄さは、極東における経済発展の停滞のみならず、いずれ極東をロシアの国土として維持できなくなるのではないかという深刻な懸念にもつながるものである。アジア・太平洋地域との関係強化なくしては、極東の衰退は止まらないだろう。

第二は、ロシアという国家全体の行く末と関連する。すでに述べたように、プーチン政権の基本的なアプローチは、ロシアの国力を強化することによって「強いロシア」を実現するというものであった。それには活発な経済交流を必要とするが、最大の貿易相手である欧州はすでに安定成長期に入っており、特に2009年のリーマン・ショック以降は1％台のゆるやかな成長が続いている。欧州は欧州でロシアにとって重要な経済的パートナーであることは間違いないが、まだこれから豊かにならねばならないロシアにとっては欧州だけでは十分ではない。

一方、アジア太平洋地域では、中国経済の減速がいわれつつも5％台の高成長（国連アジア太平洋委員会によると、2015年の同地域における経済成長率は5・8％であった）が続いている。ロシアが今後も経済成長を維持しようとするならば、アジア太平洋地域への経済的参入は必須である、というのが、ロシアがこの地域に寄せる期待である。

ロシア政府、特にプーチン大統領も極東政策には熱心である。前任のエリツィン大統領がAPEC（アジア太平洋経済協力会議）にはとうとう一度も参加しなかったのに対し、プーチン大統領はAPECを重視し、主要な会合にはほぼ毎回参加している。さらに2012年にはウラジオストクにAPECサミットを誘致し、これに合わせて一大インフラ整備事業が行われた。もともと、このサミットはサンクトペテルブルクで行われる予定であったが、プーチン氏の強い要請でウラジオストクが開催地とされ、突貫工事でインフラ整備を間に合わせたという経緯がある。さらにサミット開催時には米『ウォール・ストリート・ジャーナル』にプーチン大統領が自ら寄稿し、ウラジオストクを国際的な政治・経済のハブにしたいと語るなど、ロシア政府の「東方シフト」を強く印象付けた。

また、プーチン大統領は2005年に開催された東アジア首脳会合（EAS）の初会合にも非公式ながら参加しており[11]、この中で、アジア・太平洋地域における統合プロセスに参加することがシベリア・極東振興の条件になると述べた。ロシア全体のみならず、地域問題の観点からもアジア・太平洋地域が重視視されていることがここから窺われよう。2015年からはサンクトペテルブルク経済フォーラムの極東版として、東方経済フォーラムがウラジオストクで開催されるようになり、2016年9月2日には日本の安倍首相も参加した。

2012年には、極東開発を監督するための極東発展省が設置され、その本部がハバロフスクに置かれた。ソ連崩壊後のロシアで、中央省庁の本部がモスクワ以外に設置されたのは、これが初めてである。また、極東のアムール州ではカザフスタンのバイコヌール宇宙基地に代わる新たな主力宇宙基地ヴォストーチュヌィの建設が進んでおり、2016年4月には最初の打ち上げ試験にも成功した。今後、ヴォストーチュヌィはバイコヌールから有人宇宙飛行などの主要な打ち上げ業務を引き継ぐ予定で、新型打ち上げロケットのアンガラ・シリーズの運用も近く開始される予定である（ロシアの宇宙開発については第8章を参照）。

⑾ ロシアが公式の参加国となるのは2011年以降である。

その他、ロシア政府はさまざまな税制優遇措置などを導入しており、2016年には「極東で経済活動を行う者には余剰の公有地を1ヘクタール無償で貸し出す。5年間経済活動を継続した場合はそのまま自分の財産にしてよい」という法律「極東のヘクタール」が施行された。この法律については、北方領土が対象に含まれると報じられたため、日本では「対日牽制」といったトーンで取り上げられることが多い。もちろん、そのような側面は否定することはできないが、後述する北方領土での軍事力近代化などと同様、ロシアが極東で行うことを何でも「対日牽制」と理解することは危険である。ユーラシアの巨大国家であるロシアの振る舞いは、そう簡単に矮小化できるものではない。

やや脱線したが、ロシア政府がアジア・太平洋地域に少なからぬ期待をかけ、その足掛かりとして極東の振興に力を入れようとしていることはここまでからも読み取れよう。しかし、その成果のほどはあまりはかばかしいとはいえない。

筆者は経済の専門家ではないので深入りは避けるが、極東の人口が減少し続けていることが示すように、経済発展はあまり進んでいないのが現状である。極東での製造業振興を目指して誘致されたトヨタのウラジオストク工場も、2015年夏には撤退を決めている。結局のところ、人口が少ないということは市場が小さいということであり、かといって大消費地であるモスクワなどの大都市は数千km も離れた大陸の彼方ということになれば、極東での製造業は割に合わないということなのだろう。もちろん、すぐそばには巨大な人口を抱える中国東北部が望まれるが、中国向けの製造業ならば中国に工場を作った方がはるかに話が早い。かといって、ロシアの主力産業であるエネルギーについても、極東ではサハリンのガス田を除くと目立ったエネルギー産出地に乏しい。

・中露の「蜜月」か

こうした中で近年、注目されているのが中露関係の強化である。

冷戦期の中ソは互いを仮想敵とみなし、長大な中ソ・中蒙国境に100個師団もの地上兵力を配置して軍事的対峙を続けてきた。だが、1989年に中ソが関係正常化を果たすと、こうした関係の清算が急速に進む。ロシアは中国周辺のモンゴル、インドシナ、アフガニスタンから兵力を撤退させる一方、Su-27戦闘機など当時最新鋭の兵器を中国に売るようになった。

1996年と1997年には、旧ソ連のカザフスタン、キルギスタン、タジキスタンに中露を加えた5ヵ国で国境地帯の兵力削減や信頼醸成措置を盛り込んだ一連の協定も締結された。中露二国間では、1997年に「戦略的パートナーシップ」宣言を結ぶとともに4000㎞にわたる中露東部国境の98%で国境線が画定され、中ソ紛争以来の国境問題にも大きく弾みをつけた。2004年には、残されていた最後の軽装地点についても最終的な合意が成立し、中露の国境問題はついに解決をみた。

さらにプーチン政権下の2001年には、1980年に失効した中ソ友好同盟相互援助条約に代わる基本条約として中露友好善隣協力条約が締結され、相互に核兵器を使用しないことや、互いの安全を損なう軍事ブロックに加盟しないことなどが謳われた。ただし、中ソ友好同盟相互援助条約では単に一方の締約国が危機に瀕した際に「全力で支援する」としていたものが中露友好善隣協力条約では「協議する」としており、軍事同盟としての性格は注意深く排除されている。これが現在まで続く、「戦略的パートナー」としての両国関係の基礎となっている点は注意する必要があろう。

また、2001年には、旧ソ連5ヵ国（ロシア、カザフスタン、キルギスタン、タジキスタン、ウズベキスタン）と中国による上海協力機構（SCO）が結成されている。上海協力機構はテロリズム、過激主義、分離主義の「三つの悪」に対抗するとともに、社会・経済面での協力を幅広く行うことを謳った地域協力機構であり、2015年にはインドとパキスタンも正式加盟を認められている。アフガニスタン、ベラルーシ、イラン、モンゴルもオブザーバー国として参加している。安全保障面では、2002年にSCO対テロ・センター（RATs）が設立され、2004年にはウズベキスタンのタシケントに本部が設置された。これに合わせて軍事面での協力も開始され、2003年にはカザフスタンと中国で最初の合同軍事演習が実施されたほか、2005年以降は「平和の使命」と名付けられた合同演習が隔年で実施されるようになった。

さらにこの間、中露は経済的な結びつきを劇的に高めていった。今や中国はロシアにとって第1位の貿易相手国になっており、年間貿易額は875億ドル（2014年）にも達する。前述したロシアにとってのアジア・太平洋地域の意義を考えるとき、中国の巨大な経済力がロシアにとってもはや無視できないものとなっていることは明らかであろう。

・中国に引き込まれるロシア？

ことに2014年以降のウクライナ危機でロシアが西側諸国から政治・経済的に孤立傾向を強めると、中国の存在感はさらに大きくなった。

それまで、ロシアは中国を「戦略的パートナー」として遇しながらも、西側から中露が「同盟」関係を結んだと理解されることは注意深く避けてきた。たとえば前述の「平和の使命」演習第1回（2005年）では、中国側が台湾に近い浙江省で演習を実施するよう主張したものの、台湾海峡問題に巻き込まれることを恐れるロシアはこれを退けたとされる。その後の「平和の使命」演習が中露の陸上で実施されるようになったのも、同様の理由であるようだ。その後も中国はなんらかの形でロシアを自国側に有利な場所での演習に引き込もうとしたようだが、調整がつかず、2011年には予定されていた演習が実施されないままとなってしまった。

2012年からは「海上連携」と呼ばれる中露合同海上演習が実施されるようになった。当時、日中間では尖閣諸島の領有権をめぐる対立が先鋭化していたことから、中国は尖閣諸島や対馬海峡などでの実施をほのめかしたものの、結局は黄海（2012年）やウラジオストク沖（2013年）など係争海域から隔たった場所での実施に落ち着いている。また、2012年の演習後には、ロシア艦隊が南シナ海問題をめぐって中国と対立するヴェトナムに寄港し、中国一辺倒ではないことを示した（ヴェトナムとの関係については後でもう一度触れる）。

ロシアを引き込もうとする中国と、これに抵抗するロシア、という構図であるが、中国側にも同様の傾向はみられる。2008年のグルジア戦争後、ロシアがグルジアの南オセチアとアブハジアの独立を承認した際、中国がこれに続かなかったことなどはその好例といえよう。新疆ウイグルの独立運動を抱える中国としては、両地域の「独立」を認めることなど当然できなかった（そもそも上海協力機構では分離主義が「三つの悪」の一つに数えられている）。

同様の構図は南アジアから中央アジアにかけての地域でもみられる。たとえば南アジアでは、伝統的にインドとの友好関係を築いてきたロシアに対して中国はパキスタンの後ろ盾であり続けてきたし、中央アジアでは同地域を勢力圏とみなすロシアと、そこに進出したい中国の利益は合致しない。

要するに中露の関係とは看板通りの「パートナー」なのであって、協力の範囲はテロ対策や貿易など、自国の国益を損ねない範囲に限られてきた。別の言い方をすれば、安全保障などの機微な問題に関しては中露の国益には一致しない、あるいはバッティングする範囲が大きすぎ、共通の国益に基づいて協力するような「同盟」関係を結ぶことは難しい、ということになる。

しかし、２０１４年以降のウクライナ危機によってロシアが西側からの政治的・経済的孤立を強めると、こうした関係にも微妙な変化がみられるようになった。たとえば２０１４年５月に実施された３回目の「海上連携演習」では、東シナ海が初めて演習海域に選ばれた。これまで日中の領土問題に関与することを可能な限り避けてきたロシアとしては、これまでにない動きである。これに先立つ２月、中露は懸案であった長期天然ガス供給契約に調印しており、こうした動きとも連動していた可能性がある。

翌２０１５年５月には、さらに興味深い動きがみられた。ロシアでは毎年５月９日を対独戦勝記念日として大々的に祝うが、この年は戦勝70周年に当たっていることから、祝賀行事も一層盛大なものとなった。筆者も戦勝記念日の前後にモスクワに滞在していたが、勝利のシンボルである黒とオレンジの「ゲオルギーのリボン」やソ連時代の軍帽（ピロートカ）を一般市民から店員、メトロの職員までが身につけ、いたるところでソ連時代の軍歌が流れるなど、ウクライナ危機を反映してこれまでにない愛国ムードの高まりを感じたものである。

この節目に、ロシア政府は世界各国の首脳に招待状を発送したようだが、こうした状況下では式典への参加自体が高度に政治的な意味を帯びていた。その5年前、2010年の戦勝65周年式典では、NATO加盟諸国からもメルケル独首相が参加したほか、ヤグランドEU事務総長なども参加し、米国（76名）、英国（71名）、フランス（73名）、ポーランド（70名）の将兵が徒歩行進するなど、ソ連と西側がともに手を携えてナチズムを打倒したという側面が強調された。当時、米露は「リセット」によって急速に関係改善を図っているところであり、ロシア政府としても和解ムードを演出したのだろう。

ところが2015年には、G7首脳はロシア政府からの式典への招待を軒並み断った。クリミア半島を軍事力で併合し、今もウクライナ東部で非公然の軍事介入を続けるロシアの主催する記念式典には出席するわけにはいかないという配慮であったと思われる。日本の安倍首相はウクライナ危機の当事者ではないということで直前まで参加を検討していたようだが、直前で見送ったようだ。一方、ドイツのメルケル首相や米国のケリー国務長官は式典後に時間をずらしてモスクワを訪問するなど一定の配慮を示したものの、式典自体の顔ぶれはやや精彩を欠いたものであったことは否めない。

こうした中で存在感を示したのが中国である。記念日前日の5月8日に中国海軍のフリゲート2隻がクリミア半島の目と鼻の先にあるノヴォロシースク海軍基地を訪問（後に地中海でロシア海軍との合同演習を実施）したのに続き、国家指導者である習近平国家主席がモスクワを訪問し、中国が進める一帯一路構想とロシアのユーラシア連合構想を連携させることや、中国からロシアへの大規模投資、航空機の共同開発といった大型協力案件の合意を次々と結んだ。

5月9日の戦勝記念式典本番では、習国家主席はプーチン大統領と隣り合って着席し、主賓として遇された。特に注目されるのは、この際にプーチン大統領が行った祝賀演説において、ドイツのナチズムと並んで日本の軍国主義にも言及したことであろう。ロシアは日中の領土問題だけでなく歴史問題からも距離を置いてきただけに、このプーチン演説は大きな注目を集めた。

さらにこの記念式典では、人民解放軍から選りすぐられた儀仗隊約100名が赤の広場で行進を行った。これまでにも戦勝記念式典に中国の首脳が出席したことはあるが、人民解放軍の部隊が赤の広場でのパレードに加わったのはこれが初めてである。しかも、このパレードではほとんどの外国部隊がロシア語アルファベットの国名順に行進したのに対し、人民解放軍だけはこの並び順を無視してトリを飾った。明らかな特別扱いである。

同年9月、北京で抗日戦勝70周年式典が開催されると、今度はプーチン大統領が主賓待遇で迎えられた。この際もロシア軍の儀仗隊が外国部隊のトリを飾っており、中露が互いを特別扱いしたことは明らかであろう。さらにこの際、プーチン大統領は新華社通信のインタビューで「中露は第二次大戦の原因、歴史及び結果に関する似通った見方を有している。ナチズム及び軍国主義の復活及び拡散を阻止しなければならない」などと述べた上で、「アジアには第二次世界大戦の歴史を改ざんしようとする国がある」として暗に日本を批判するなど、再び歴史問題で中国寄りの姿勢を示した。

2016年3月には、最新鋭戦闘機Su－35Sの中国への輸出交渉が確定したと報じられ、国営武器輸出公社「ロスオボロンエクスポルト」のチェメゾフ総裁（序章参照）もこれを認めた。Su－35Sの輸出交渉は以前から続けられてきたものの、中国はロシアから導入したSu－27戦闘機をJ－11

Bとして勝手にコピーした上、輸出までしようとした「前科」があることから、どの程度の数をどのような条件で買うのかをめぐって交渉が難航していた。Su－35Sは傑作第4世代戦闘機として知られるSu－27の設計を一から手直しし、エンジン、レーダー、火器管制システム、武装などを一新した最新鋭機である。それだけにロシア側には中国への輸出に警戒感も強かったのだが（実際、当初の中国は技術サンプルとしてごく少数機を購入することを希望しており、その懸念は故なきものではなかった）、最終的は中国が24機というまとまった数を購入することや、ライセンス生産は認めないなどの条件がまとまり、合意にこぎつけたようだ。中露間では、やはり最新鋭兵器であるS－400防空システムの輸出に関して基本合意が成立しているほか、ラーダ級通常動力型潜水艦の輸出なども取りざたされており、今後、最新鋭兵器の対中供与が拡大していく可能性も出てきた。

2000年代半ばまでの中国はロシア製兵器の最大顧客であったが、前述の違法コピー問題などを機にロシア製兵器の調達は激減し、最近ではインドの方が顧客としてはるかに大きな存在感を発揮している。中国に対抗すべく軍事力近代化を進めるヴェトナムもロシア製兵器の導入を活発に進めており、近年ではほとんど中国に並ぶまでになった。だが、以上のような最新兵器の導入が始まるならば、中国は再びロシア製兵器の最大顧客に返り咲くかもしれない。

このように、中露は、ウクライナ危機と同時並行するように急速な接近を遂げてきた。それ以前から中露は互いの関係を重視し、2013年には訪露した習近平国家主席（これは同人の就任後、最初の外遊であった）が「中露関係は過去最良の状態」にあるなどと述べたことが注目されたが、最近では「蜜月」という表現も目立つ。

中国への輸出が取りざたされる最新鋭戦闘機Su-35S（著者提供）

・同床異夢としての中露関係――ロシアは日本に何を求めるのか

ただし、ことはそれほど単純ではない。中露はあくまで「パートナー」であり、「同盟」となるほどには利害関係を経ても共有できていないことはすでに指摘した通りである。そして、その基本的な構図はウクライナ危機を経ても変化していない。

ロシアにしてみれば、中国との連携を強化することは、経済制裁や原油価格下落による経済的ダメージを緩和するとともに、「政治的孤立」という国際的イメージを払拭する有力な手段であるといえる。一方、中国にとっては、歴史・領土問題での協力、中央アジア進出の承認、エネルギー資源・武器の調達などさまざまな側面で有利な条件を引き出す好機ということになろう。いずれにしても、中露はそれぞれの思惑で互いを利用しているに過ぎず、自国にとって都合の悪い領域に踏み込むつもりがないことは従前と変わりはない。２０１５年５月に黒海入りした中国艦隊が、ロシア黒海艦隊の母港であるクリミア半島のセヴァストーポリではなく、補助基地であるノヴォロシースクに入港したのも、中国はクリミア併合問題で表立ってロシア側に立つことができないためである。グルジアのアブハジア、南オセチア問題と同様、そんなことを認めようものなら新疆ウイグルや台湾海峡問題でも中国は不利な立場に立たされかねないし、そこまでの危険を冒してロシアを擁護するメリットはない。これはロシアにとっても同じことで、現在の中露関係は「蜜月」というより「同床異夢」と表現した方が正確であろう。

しかし、ここで問題になるのが中国とロシアの力関係である。

端的にいえば、中国が国力においてロシアを大きく上回っているために、「同床異夢」は中国側に有利な局面が多い。今や中国のGDPは約11兆ドル（2015年、名目値）であり、1兆3000億ドル（同）ほどでしかないロシアをはるかに引き離している。ロシアにとって今や中国が最大の貿易相手国となったことはすでに述べたが、中国から見ると対露輸出は全体の2・3%、輸入は2・1%であり、ロシアの存在感はさほど大きなものではない。

このような状況下では、中露が互いを「利用し合う」というより、ロシアが一方的に利用されることを懸念し始めるのは自然なことであろう。実際、これまで述べてきた日中の領土・歴史問題や中央アジアへの中国進出など、ここ数年のロシアはもっとも避けたかった領域へと引きずり込まれつつあるようにも見える。

この意味では、日本はロシアのアジア・太平洋戦略の中で大きな意義を持つ存在である。

第一に、日本は中国に次ぐ世界第3位の経済大国であり、経済的パートナーとしては申し分ない相手である。加えて、高速鉄道技術など、ロシアが産業近代化のために必要とする技術力は総じて中国よりも高い。

第二に、日本は中国との間に歴史認識問題や領土問題を抱えており、日本との接近は中国に対する一定の牽制となりうる。これはロシアがインドやヴェトナムなど、中国と一定の緊張関係にある国々との間で「戦略的パートナーシップ」を結び、中国の影響力をなるべく相対化しようとする戦略と同様に理解することができよう。

第三に、日本はG7の中で唯一の非NATO加盟国であり、ウクライナ危機に関する当事者性が薄い。このため、西側との関係改善を進める上で、対日関係は最も「弱いリング」、すなわち有望な突破口とみなされている。加えて、安倍政権という比較的安定した保守政権が成立し、長期にわたって政権を維持している今こそが、領土問題や平和条約問題に道筋をつける上での好機である、という見方は日露の双方にみられる。

ただし、以上のようなロシアにとっての日本の意義が日露関係の改善に直結するとは限らないし、現にそうなってはいない。

まず理解しておく必要があるのは、「ロシア的交渉術」とでも呼ぶべき行動様式であろう。ロシアは、なんらかの取引を行う前に態度を硬化させ、合意の「値段」を釣り上げる行動に出ることが多い。ロシア的な理解における「パートナーシップ（パルトニョールストヴォ）」とは、友情や相互献身というよりも互いを利用し合う関係というニュアンスが強く、したがって自国をなるべく高く売りつけようとすることは当然であるともいえる。何しろ、ロシアはウクライナ危機によってNATOとの関係が悪化してもなお、当該同盟を「パートナー」と呼び続けている。ロシア的用語法における「パートナー」という語はそれほどに幅広い意味を持っており、それだけに油断ならない関係性なのである。

日露関係についていえば、近年、安倍政権下でロシアとの関係改善に大きな期待が寄せられる一方、ロシアは北方領土の軍事力近代化を進めたり、オホーツク海でのサケ・マス流網漁業を禁止する法律を施行するなど、日本に対する牽制も忘れてはいない。もっとも、こうした対日牽制策については、少し距離をとって考える必要もあろう。「極東のヘクタール」法について述べたように、ロシアが極東で行うことの背景にはより広範な視点が隠れている場合もあるし、省庁間の思惑もさまざまである。したがって、極東で起こることのすべてを対日牽制という観点に矮小化すれば、却ってロシアの意図を見誤る可能性があろう。

ロシアの意図を見誤る可能性のもう一つは、ロシア側の言い分を鵜呑みにしすぎることである。たとえばロシア側は、極東で行う軍事行動を「第三国に向けたものではない」と必ず言いつくろうし、サケ・マス流網漁業禁止のような措置についても「水産資源保護のために地元の漁業組合から要請があった」と正当化する。そして、これらはいずれも間違いではない。大抵の国は軍事演習の際に仮想敵を名指しはしないし、漁業組合がサケ・マス流網漁業の規制を訴えてきたこともロシアの新聞アーカイブを遡れば事実であることがすぐにわかる。

しかし、こうした動きが持ち上がったタイミングや、他の出来事との連動性は考えておく必要があろう。たとえば、サケ・マス流網漁業の禁止を主に訴えてきたのはカムチャツカの漁業組合で、これはカムチャツカ半島に遡上してくるはずのサケやマスが沿海州や日本の漁船によってオホーツク海で捕獲されてしまう、という不満を背景としていた。だが、彼らの声が２０１５年になって法律に反映されたのはなぜなのか。沿海州の漁業組合との間で国内パワー・バランスが変化したのか、やはり日本に対する牽制なのか……？　といったことまで考える必要がある。

さらにいえば、ロシアが自国を「売り付ける」相手は日本であるとは限らない。対中関係上、日本の存在感が大きいということは、歴史・領土問題などでロシアが中国側に立つことの「値段」がそれなりのものであることを示している。仮に北方領土問題の解決にロシアが大きな利益を見出さない場合、中国への傾斜をさらに強める可能性はあろう。逆に、ウクライナ問題等をめぐる西側との対立が緩和され、特に2014年以降の経済制裁が解除された場合には、ロシアの対中依存度は低下し、日露関係にもプラスの影響を与えることが予想される。

こうした複雑な日中露の三角関係を考える上で、2016年6月に発生した尖閣諸島接続水域への中露艦艇進入事件は格好の材料である。

接続水域というのは、領海（内水の基線から12カイリの領域）のさらに外側12カイリに設定されるもので、領海そのものではないが、税関や入国管理など国家の管轄権が及ぶとされる。公海であるので軍艦の通行は認められているが、中国がこの海域に軍艦を進入させるのは初めてのことであり（国家海警局の巡視船などは頻繁に進入させている）、しかもロシアと一緒であったということで、日本の朝野は大きなショックを受けた。首相官邸では安倍首相を長とする国家安全保障会議（NSC）が開催され、海上警備行動の発令寸前にまでいたっていたとも伝えられる。

この出来事ついては現在もいくつかの見方が存在しており、真相ははっきりしない。一つの見方は中露が連携してこうした行動に出たというもので、中国側のメディアではこの説が流布されているようだ。事実であるとすれば、ロシアが自国を「売り付ける」先として中国を選んだことになるが、ロシア政府やメディアは事件後、この件に関してほとんど沈黙を通した。

一方、我が国の政府や自衛隊は、ロシアと中国は連携していない見方を早い段階から示していた。ロシア艦が尖閣接続水域を航行することは珍しいことではなく（すでに述べたように、軍艦が接続水域を航行することには国際法上の問題はない）、6月の事案でも東南アジアでの対テロ演習の帰途に接続水域を通過したに過ぎなかった。そこへ中国艦が介入してきた、というのが日本政府の描くシナリオであるようだ。この事案が発生した当日、日本政府は深夜2時に中国大使を呼びつけて抗議を行ったのに対し、ロシアに対しては外交ルートを通じた注意喚起に留めたのも、このような認識が存在したためと思われる。

もっとも、日本政府の対応だけを以てロシア側に政治的意図はなかったと決めつけるのも早計であろう。ロシア艦が尖閣接続水域をこれまでも航行していたらしいことはすでに述べた通りだが、我が国の統合幕僚監部はその動きをほとんど公表してこなかった。海上自衛隊は日本近海を航行するロシア海軍艦艇の動きを艦艇や航空機を使用して常時モニターしており、特に対馬・津軽・宗谷の三海峡についてはほぼすべての動きが統合幕僚監部のプレスリリースで明らかにされる。尖閣接続水域がそこから外れていたのは、領土問題でロシアが中国寄りであるかのような印象を与えることがないようにとの配慮があったのではないか。

ただし、2016年6月の件以前にも、統合幕僚監部は一度だけ、尖閣接続水域におけるロシア艦の動きを公表したことがある。2015年11月、ロシア太平洋艦隊の巡洋艦ワリャーグ以下4隻の艦隊が「南西諸島周辺海域で、数日間にわたる往復航行、錨泊、一部我が国接続水域内での航行等の活動」（2015年11月20日、統合幕僚監部発表）を行った事案である。2016年6月の事案についても、ロシア艦はウラジオストクへの最短航路を取るのではなく、不審な変針を行ったことから海上自衛隊の護衛艦が追尾していたと報じられている。

このようにしてみると、ロシア側は尖閣諸島問題について何の政治的意図も持っていない、という言い分もやや疑ってみる必要があろう。全面的に中国側につくわけではないにせよ、そのそぶり程度はしてみせることで日本への牽制を図っている可能性は依然、排除できない。

ちなみに、日本政府がロシアに対して行った「注意喚起」の内容は非公表とされている。しかし、共同通信が複数の日露関係筋の証言として報じたところによると、不用意に尖閣周辺海域を航行することは「日中間の問題に巻き込まれる恐れがある」というものであったという（共同、2015年6月22日）。日中問題にロシアを引き込みたい中国と、それを阻止したい日本という構図がここでも見て取れよう。もちろん、ロシアはこのような構図を十分に承知した上でさまざまな行動に出ている。

このように、少しでも自国の「値段」を吊り上げようとするロシアとの関係は、常に緊張感を孕んだものとならざるを得ない。ロシアと旧ソ連諸国との関係（第4章参照）からも、この点は明らかである。したがって、今後、ロシアとの北方領土問題や平和条約問題が大きく前進したとしても、こうした「油断ならないパートナーシップ」は続いていくことになろう。

2．極東ロシアの軍事力

・進む北方領土の軍事力近代化

では続いて、軍事面に目を向けてみたい。日本から見て最も注目されるのは、北方領土における軍事力近代化であろう。

現在、北方領土に展開しているロシア軍の主力は、択捉島のガリャーチエ・クリュチーに司令部を置く陸軍第18機関銃砲兵師団（18ＰulＡＤ）という部隊であり、択捉島と国後島に合計３５００人ほどが配備されているとみられる。機関銃砲兵師団とは増援が到着するまで担当地域で遅滞防御を行うための二線級部隊であり、現在は北方領土にしか存在していない。このほかには、空軍の独立ヘリコプター飛行隊1個と海軍の小規模な地対艦ミサイル部隊が択捉島に配備されている。

ただし、現在の北方領土で進んでいるのは、軍事力そのものというよりも軍事インフラの近代化であると理解したほうが正確であろう。北方領土のロシア軍施設は１９９４年の北海道東方沖地震で大きな被害を受け、その後も老朽化などにより深刻な状態にあった。このため、ロシア国防省が２０１1年に北方領土の軍事力近代化計画を策定した際、その当面の重点は、軍事力そのものというより軍事インフラの近代化に置かれることとなったのである。

しかも、その歩みは決して早いものではなかった。当初の計画では、択捉島及び国後島の5箇所に分散している軍事施設を合計2箇所（各島1箇所）に集約して合理化するとともに、所在地も市街地に近い場所として軍人の生活水準を改善するなどとしていたが、いずれかの時点でこの計画は放棄されたとみられる。代わって現在の計画では、もともと駐屯地が置かれていた場所で代替施設の建設を進めるということになったようだ。衛星写真で国後島及び択捉島のロシア軍駐屯地を「偵察」してみると、既存の施設が解体されたり、新たな施設の建設が行われている様子が観察できるが、そのペースは極めて遅い。土台まではできているのに、その上の建屋がいつまでも建設されていないといった工事のちぐはぐさも目立つ。

そもそも、2014年には国防省系の連邦特殊建設庁（スペッストロイ）が行った工事入札によると、択捉島の新軍人施設は2015年11月までに完成していなければならなかった。だが、スペッストロイのプレスリリースを見ると、択捉島及び国後島で本格的な工事が始まったのは2015年6月のことであり、かなり時間を空費してしまっている。また、このプレスリリースでは、冬季でもコンクリートの凍らない暖房付生コン製造設備を現地に建造したと述べているが、おそらくこの時点で冬前に工事が終わる見込みは全く立っていなかったということであろう。

工事に遅れが生じた事情ははっきりしないものの、自然環境の厳しさに加え、汚職によって資金が適切に利用されていなかったという事情も地元紙などでは指摘されている。ソチ・オリンピック、北極圏での軍事基地建設、極東での新宇宙基地建設…など、ロシアの巨大プロジェクトでは、必ずといってよいほどこの種の汚職問題が発生してきた。筆者は2013年に択捉島を訪問し、完成間近のイトゥルップ空港の建設現場を見学したことがあるが、立ち話をした建設労働者は「話が違うんだ。給料が契約通りに入ってこないんだよ」とぼやいていた。「ではその金はどこへ行ってしまったのか？」

と訊くと、彼は脇腹をぱんぱんと叩いて「役人のポケットさ」と答えた。

やや脱線したが、こうした訳で北方領土の軍事施設建設は大幅に遅れている。こうした中で、2015年6月、北方領土を訪問したロシアのショイグ国防相は、軍事施設建設を「倍の速度で進めるように」と発言した。日本のマスコミでは、これが「対日牽制」というトーンで報じられることが多かったようだが、どちらかというと、一向に進まない工事にしびれを切らしての発言であったように筆者には思われる。もっとも、このように国防省高官が度々訪れては発破をかけていることもあり、2016年の春以降には既存施設の代替にはある程度目途が立ってきたようだ。

さらにスペッツストロイの最新アナウンスによると、択捉島には新たに兵站用の軍用港湾施設が設けられるという。これは、択捉島及び国後島に空港施設が完成したことと合わせ、有事の増援展開能力を強化するものとして注目されよう。すでに述べたように北方領土の地上部隊は基本的に遅滞防御部隊であり、どれだけの規模の増援を迅速に投入できるかが北方領土の防衛体制を考える上での鍵となるためである。

その一方、ロシアがフランスから購入して太平洋艦隊に配備する予定であった2隻のミストラル級強襲揚陸艦については、ウクライナ危機以降の対西側関係の悪化で引き渡しが遅延し、最終的には購入契約自体がキャンセルされた（建造された2隻はエジプトが引き取った）。ロシアは今後、国内で同種の揚陸艦を建造するとしているものの、依然として具体的な建造計画は固まっておらず、北方領土への逆上陸能力は当面、大きく増強される見込みは低い。

装備面では、K－300Pバスチョン地対艦ミサイル及びバール地対艦ミサイルを配備する方針を打ち出している。前述のように、択捉島には以前から小規模な地対艦ミサイル部隊が置かれていたため、バスチョンないしバール（またはその両方）が後継として配備される可能性は高い。

・要塞化されるオホーツク海

本章では、ロシアの極東における振る舞いを「対日」に矮小化して理解すべきではないということを繰り返し述べてきた。北方領土の軍事力近代化に関しても同様である。北方領土が日本との係争地域である以上、そこに配備される軍事力が日本を念頭に置いていることは当然であるが、それがすべてではない。少なくともオホーツク海を中心とするロシアの極東部全体における軍事力配備という観点から北方領土の位置付けを考えてみる必要があろう。

第1章で見た通り、近年のロシアが通常戦力面で注力しているのは、米軍の接近を阻むための「接近阻止・領域拒否」すなわちA2／AD能力である。これまでその中心は黒海及びバルト海であったが、近年、オホーツク海周辺地域でもA2／AD網の建設が活発になってきた。というのも、オホーツク海は太平洋艦隊の弾道ミサイル搭載原潜（SSBN）が潜伏するパトロール海域であり、核抑止力（特に核攻撃を受けた後の第二撃能力）を担保する上で戦略的な重要性を帯びているためである。ことに2015年以降は新型のブラワー潜水艦発射弾道ミサイル（SLBM）を搭載した最新鋭のボレイ級SSBNの配備が始まっており、その重要性は従来にも増して高まっている。

また、オホーツク海は欧州とアジアを結ぶ新航路として注目される北極海航路の南端に当たる。北極海航路の重要性が高まるのに合わせて、ロシアは北極圏を担当する北方艦隊を「北方艦隊統合戦略コマンド」に指定し、域内の陸海空軍部隊を統一指揮する体制を2014年から発足させたほか、軍事インフラの建設や部隊配備も進めている。一方、北極圏のノヴォシビルスク諸島以東は太平洋艦隊の担当とされていることから、オホーツク海の防衛体制強化は北極圏防衛ともリンクした動きであると理解されよう。

たとえば2014年に実施された東部軍管区大演習「ヴォストーク（東方）2014」では、極東のブリヤート共和国や沿海州の空中襲撃部隊（ヘリボーン部隊）が長距離機動を行って北極圏のチュコト半島に緊急展開する訓練が実施されるなど、極東ロシア軍は北極圏防衛部隊としての性格を有するようになっている。しかも、「ヴォストーク2014」において、択捉島はチュコト半島やカムチャツカ半島に長距離展開する際の中継点として使用されており、北方領土はこうした北極圏防衛の前進基地としての意義も有するようになったと考えられよう。

北極圏防衛とのリンクに関してもう一点注目されるのが、中国の北極海進出である。中国は北極探査船「雪龍」による北極探査や北極圏諸国との関係強化、北極圏における資源開発への参画などを通じて北極圏へも勢力圏を広げようとしており、これがロシアの懸念を呼んでいると考えられる。さらに中国海軍は2015年に5隻の艦艇をベーリング海に進出させたほか、2016年には海軍の艦艇としては初となる272型砕氷艦を就役させるなどしており、今後は中国海軍が活発な北極海進出を進める恐れも出てきた。

こうした中でロシアは中国海軍のオホーツク海通航を牽制する動きをこれまでも度々見せている。たとえば、2011年7月にオホーツク海で実施されたロシア海軍の大規模演習においては、ロシア太平洋艦隊が「雪龍」の航路にあたる宗谷海峡を相次いで通航し、さらに「雪龍」の航路上でミサイル発射演習が実施された。2013年には「海上連携」演習に参加した中国艦隊がウラジオストクから宗谷海峡経由で太平洋へと抜けるルートを取ったのに対して、ロシア太平洋艦隊がその前後を挟むようにして航行を行った。2014年にも「雪龍」の北極探査と時期を同じくしてカムチャツカでのミサイル発射演習や東部軍管区抜き打ち演習が実施されている。

具体的なA2／AD能力構築の動きについて見てみると、ロシアは極東の二大海軍拠点であるウラジオストク周辺とカムチャツカ半島のペトロパブロフスク・カムチャツキー周辺に最新鋭のS－400防空システムや新型戦闘機から成る防空網を展開しており、地対艦ミサイルや戦闘爆撃機による長距離対水上攻撃能力も強化されつつある。このうち、地対艦ミサイルについてはウラジオストク周辺にバスチョン及びバールが配備されているが、ショイグ国防相はクリル諸島にも同様のミサイルを配備するとしている。おそらくはもともと地対艦ミサイル部隊のいた択捉島とシムシル島が配備先となろう。バスチョンは射程300㎞に及ぶヤホント超音速対艦ミサイルを発射可能な移動式ミサイル・システムで、これを択捉島及びシムシル島に配備すると、ほぼ千島列島全域をカバーすることができる。

艦艇戦力については、潜水艦が主体となる。潜水艦は探知が難しく、有力な敵艦隊に対しても少数で大きな抑止効果を発揮するためである。現在、ロシア太平洋艦隊は通常動力型潜水艦8隻、攻撃型原潜6隻、巡航ミサイル原潜6隻という有力な潜水艦部隊を保有しており、今後は黒海艦隊向けと同じ636・3型通常動力型潜水艦6隻を太平洋艦隊向けに建造する計画である。

さらにロシアは、旧式化Ⅱ－38洋上哨戒機を近代化したⅡ－38Nや水平線以降の目標を探知できるコンテイネール超水平線レーダーの配備によって警戒・捜索能力の強化を図っているほか、「ムルマンスク」広域電子妨害システムによって米海軍や航空機のC4ISR能力を妨害する能力の獲得を図っている。

２０１６年5月には、ロシア海軍が千島列島北部のマトゥワ島に小規模な宿営地とヘリパッドを開設したことが明らかになった。これに先立つ3月、ショイグ国防相は千島列島に艦艇の拠点を開設すべく調査団を派遣すると発言しており、その結果、マトゥワ島が選定されたものと思われる。現在、ロシア海軍はウラジオストク周辺（水上艦艇、通常動力型潜水艦）とカムチャツカ半島（原子力潜水艦）にしか拠点を有していないが、今後は小規模といえども千島列島に艦艇部隊が常駐するようになるのかもしれない。

このように、ロシアはオホーツク海の要塞化を進めている最中であり、北方領土の軍事力近代化もそのような文脈から理解する必要があろう。このような見方に立つならば、ロシアは「対日牽制のために北方領土の軍事力近代化を進めている」というよりは、「オホーツク海防衛のための軍事力近代化を対日牽制に利用している」という方が実態に近いように思われる（もちろん、オホーツク海防衛自体がある程度、日本を仮想敵としたものではあるが）。

第6章

ロシアの安全保障と宗教

第5章までは、主に伝統的な国家間関係に焦点を当ててロシアの軍事・安全保障政策を読み解いてきた。一方、本章では、宗教という切り口からロシアの安全保障を考えてみたい。宗教と安全保障というテーマは結びつき難いようにも思われるが、安全保障とは人間の認識や行動規範を大きく規定する以上、両者の関係は決して浅くない。しかも、宗教の否定されていたソ連社会が、ソ連崩壊によって「宗教の復興」という波にさらされたことで、そこには複雑なポリティクスが生じている。

1．宗教をめぐるポリティクス

・多宗教国家ロシア

ロシアといえば正教の国、というイメージが強い。だが、本書でも繰り返し触れてきたように、ロシアは一つの惑星にも匹敵する巨大な国家であって、そこにはさまざまな人種・民族・宗教の人々が暮らしている。次頁の表は、人口調査機関「アレーナ」が2012年に行った全国規模の宗教別人口調査の結果をまとめたものであるが、ロシアには実に多様な宗教が存在することが読み取れよう。

このうち、ロシア国民の中で自らを明確に正教徒と位置付けているものは6100万人強であり、1億4000万人強のロシア国民のうち約40％程度でしかない。一方、イスラム教徒は合計で940万人であり、明確な宗教的自認を有するグループの中では正教に次ぐ勢力であることがわかる。イスラムはロシア第二の宗教なのである。以下、正教以外のキリスト教徒（約634万人）、先祖崇拝・自然崇拝等（170万人）、仏教徒（70万人）と続く。

図10　ロシアの宗教分布

何らかの信仰あり	神（上位の存在）を信じるが特定の宗教は持たない			3600万人
	キリスト教	正教	ロシア正教会	5880万人
			古儀式派	40万人
			それ以外	210万人
		プロテスタント		30万人
		カトリック		14万人
		いかなる宗派も自任しない		590万人
	ユダヤ教			14万人
	イスラム教	スンニ派		240万人
		シーア派		30万人
		いかなる宗派も自任しない		670万人
	先祖崇拝・自然崇拝等			170万人
	仏教			70万人
	その他の東洋宗教（ヒンドゥー等）・スピリチュアリズム			14万人
無神論				1860万人
回答困難				790万人

（「アレーナ」の資料より筆者作成）

ロシアに仏教徒が70万人もいるというのはやや意外であるかもしれない。しかし、ロシア連邦の領域内には、カルムィク、トゥバ、ブリヤートといったアジア系民族を主とする連邦構成主体があり、仏教はこうした地域で信仰を集めている。特にカルムィクなどはカスピ海に面した北カフカス地方に位置しており、モスクワまでは1000㎞もない。仏教は、ロシアの心臓部から意外と近い場所に根付いているのである。また、本書に度々登場するショイグ国防相もトゥバ人の父親を持ち、仏教徒である（はずなのだが、最近になって興味深い変化が見られた。これについては第7章で触れる）。ただし、ロシアで信仰されている仏教は基本的にチベット仏教であり、我が国でイメージされるそれとはやや異なる点には注意する必要があろう。

無神論者が人口の約14％にも達していることも興味深い。もちろんこれは社会主義時代の名残であるが、ソ連時代には大部分の国民が無神論者ということにされていたのを考えれば、むしろその割合は大幅に減少している。一方、扱いに困るのは、「神（上位の存在）を信じるが特定の宗教は持たない」という3600万人である。その多くは、無自覚にそれぞれの所属する社会の多数派宗教を肯定している人々と考えられ、前頁の表に掲げた各伝統宗教の実質信徒数はもう少し大きくなるだろう。

もちろん、このような状況は宗教が抑圧されていたソ連時代には考えられなかったものである。比較的優遇されていたロシア正教会でさえ、教会は国有財産とされ、布教や教育などの社会活動を禁じられていた。その一方、ソ連憲法では「反宗教宣伝の自由」が認められ、これを根拠として教会に対する激しい政治的攻撃が加えられたばかりか、レニングラードのイサーク寺院などは「無神論博物館」として使用されていたというアネクドートのような話まである。カトリック、ユダヤ、イスラム、仏教といったその他の宗派・宗教は、総本山が外国にあるということで反革命の疑いをかけられ、ロシア正教会以上に厳しい監視と弾圧の対象となった。

ただし、こうした状況下でも人々は信仰を完全には捨てなかった。ロシア人のお年寄りと話をしていると、ソ連時代にもこっそり教会に通っていたという人は意外と多いことがわかる。もちろん、苛烈な宗教弾圧が行われた革命期や1943年以前のスターリン政権期、後のフルシチョフ政権期には命とりになっただろうが、いったん政府による弾圧が和らぐと、人々はまたひっそりと教会へ通い続けたのである。

そして1980年代末期にソ連体制が動揺し始めると、ソ連政府はついに宗教との和解に向けて動き始める。この動きが象徴的に示されたのが、1988年4月にロシア正教会の総主教が初めてクレムリン宮殿でゴルバチョフ書記長と会談したこと、そして同年6月に「ルーシ正教千年祭」が大々的に祝われたことである。「ルーシ正教千年祭」というのは、988年、当時のキエフ大公国の大公であったウラジーミル1世が正教を国教として選び、洗礼を受けたことに因むものであるが、この和解の動きが少しでも遅れていればソ連でこのような行事が行われることはなかっただろう。

さらに決定的であったのは、1990年に施行された「信仰の自由及び宗教団体に関する法律」である。同法では、信教の自由を改めて確認するとともに、宗教団体が公的に布教や教育活動を行うことが初めて認められた。

翌1991年にソ連が崩壊すると、抑圧されていた宗教は急速に息を吹き返した。特にソ連崩壊後のロシアで勃興したのは正教会で、ソ連時代に放置されてボロボロになっていた教会の修復運動や、市民の募金による教会の建設運動などが活発になった。

もっとも、信教の自由は諸刃の剣でもあった。共産主義イデオロギーを失った上、深刻な社会・経済的混乱に見舞われた1990年代のロシアでは、伝統宗教だけでなくさまざまなカルト宗教が跋扈《ばっこ》することにもなったためである。神経剤サリンによる化学兵器テロを引き起こし、日本社会に大きなショックを与えたオウム真理教がロシアでも多くの信者を集め、ヘリコプターや小銃などの武器を大量に調達していたのはその一例であろう。

また、ロシア正教会は、カルト宗教以外のさまざまな伝統宗教との競争をも強いられることになった。それまでのロシア正教会は、ソ連政府から弾圧を受けながらも他宗教に比べると優先的な地位を与えられていたが、そのような構図が失われることになったためである。しかも国外から来た正教以外のキリスト教諸派は、潤沢な外貨を基に活発に宣教活動を行い、資金難にあえぐロシア正教会にとり深刻な脅威となっていた。

こうした状況下で強い危機感を抱いたロシア正教会からの働きかけにより、ゴルバチョフ時代の「信仰の自由及び宗教団体に関する法律」が1997年に改正された。この改正法では、ロシアを「世俗国家」と位置付ける一方、「ロシアの歴史、その精神及び文化の形成と発展における正教の特別な役割」を認めることが謳われており、正教は事実上、ロシアの国教と位置付けられた。ただし、同法では正教以外のキリスト教、イスラム、仏教、ユダヤ教等も「ロシアの伝統的宗教」としての地位を認められている。

その一方、宗教団体の認定には厳しい制限が設けられた。特に外国市民は法人格の有無にかかわらずロシアで宗教団体を設置することは禁止され、ロシアの宗教団体内に支部を設置することだけが認められた。もっとも、当初は正教以外のキリスト教も制限対象となる「外国宗教」に含まれていたのだが、これに対してローマ教皇や米国が猛反発を示したため、対外関係を懸念するエリツィン大統領の権限で正教以外のキリスト教も「伝統宗教」に含まれたという経緯がある。

ソ連時代の宗教弾圧を改めつつも、そこに一定の歯止めをかけようとしたのが1990年代のロシアであるといえよう。

・プーチンとロシア正教会

プーチン政権は、ロシア正教会とのつながりを重視した。スターリン時代に破壊されたモスクワの救世主ハリストス（キリスト）教会がプーチン政権下で再建されたことは、その顕著な現れである。ソ連崩壊後のロシアがなかなか見出せずにいた新たな国家的アイデンティティや、依然として混乱していた社会の統合の役割が引き続いて期待されたのである。

本書の主要テーマである軍事に関しても、このような傾向がみられた。たとえば1999年に始まった第二次チェチェン戦争では、非公式の身分ながら延べ2000人もの従軍司祭が戦地へ送られ、兵士たちの心のケアを担当したとされる。そして2009年には、メドヴェージェフ大統領（当時）の大統領令によって従軍司祭制度が正式に復活した。ソ連崩壊後のロシア軍では共産党による監視システムが消滅し、綱紀が著しく弛緩したという事情はすでに紹介したが、その際、共産主義のイデオロギーに代わる軍人たちの心の拠り所として導入されたのが宗教だったわけである。

ロシアが初めて従軍司祭という制度を設置したのはピョートル大帝時代の1706年のことで、当時は連隊以上のレベルに従軍司祭が置かれていた。1840年のロシア軍カフカス軍団を例にとると、同軍団だけで47人もの従軍司祭が「精神的奉仕」の任務に当たっていたという。この制度は革命後の1918年に廃止されてしまうが、約90年を経て現代のロシア軍で蘇ったのである。

といっても、復活当初の従軍司祭は合計20名ほど（2011年の数字）に過ぎず、一般の兵士たちにはそれほど馴染み深い存在ではなかったと思われる。しかし、2016年6月にロシア正教会の軍・治安機関シノド（教会会議機関）が発表したところによると、すでに従軍司祭は160人以上に達しており、今後は250人まで増加させる予定であるという。ロシア帝国時代のように連隊単位で従軍司祭を置くというレベルにはまだいたらないが、ロシア軍の中でその存在感は確実に高まっているといえよう。たとえば最近では軍の駐屯地内に聖堂が設置されていることはさほど珍しくなくなっているし、ロシア海軍が保有する唯一の空母アドミラル・クズネツォフにも、艦内聖堂が設置されているという。精鋭の空挺部隊も例外ではなく、輸送機から空中投下可能な移動式聖堂に加え、パラシュート降下資格を持つ従軍司祭までいるという徹底ぶりである（逆に空挺部隊の兵士が司祭としての資格を得る場合もある）。

・旧ソ連諸国と正教会の関係

もう一つの側面として、旧ソ連諸国に対するソフト・パワーとしてもロシア正教会は無視できない存在である。それだけに、正教会をめぐる問題はときに高度に政治的な様相を帯びるようになる。特に顕著なのは、旧ソ連諸国とロシア正教会の関係である。

本来、正教会は一民族につき一教会が設置されるものであり、アルメニア正教会、グルジア正教会、ブルガリア正教会といった具合に国別の正教会が置かれている場合が多い。ところが、ベラルーシ、ウクライナ、モルドヴァ、バルト三国ではこのような体制になっておらず、いずれもロシア正教会（モスクワ総主教庁）の一部とされている。ロシア正教会側の考え方では、ロシア、ベラルーシ、ウクライナは単一の「ルーシ」として扱われるためであるという。

ベラルーシには通称「ベラルーシ正教会」と呼ばれているものはあるが（ちなみに2015年の調査ではベラルーシ国民の59％が正教徒とされている）、実際には独立の正教会ではなく、モスクワ総主教庁の「教区」の一つという扱いでしかない。ベラルーシ側は「自主管理教会」の地位を与えるようモスクワ総主教庁に対して度々要請しているが、今のところ実現に向けた具体的な動きは見られないようだ。ただし、この要請を取りまとめたミンスク府主教に対して、モスクワ総主教庁は勲章を与えるなど、要請に応えないことによる反発を躱そうともしている。

さらにベラルーシのルカシェンコ大統領はベラルーシの正教組織をロシア正教会から完全に独立させて「ベラルーシ正教会」化するのではないかという観測も以前は見られたが、近年では影を潜めている。ベラルーシがロシアの介入を受ける可能性が高まった場合（第4章参照）には、このような選択肢が再び顧みられることもあろうが、最近のルカシェンコ大統領は「国家と正教会は一体である」として正教組織への手厚い援助を行う一方、「ベラルーシの正教はロシア正教会の一部である」として独立論を否定している。

一方、以前からロシアと距離を置いてきた国々では事情はさらに複雑である。たとえばラトヴィアとモルドヴァにはモスクワ総主教庁の管轄下で「自主管理教会」が設置され（ただしモルドヴァではルーマニア正教会が設置した教区との間で紛争が起きている）、「教区」以上「自治教会」未満の自律的地位が認められてきた。

・三つの正教会が併存するウクライナ

ウクライナ正教会もまた、自治教会に限りなく近い権限を持つ「自主管理教会」の地位を有しており、ベラルーシに比べると格段に自律性が高い。ところがソ連崩壊後のウクライナでは、これとは別に独自の「キエフ総主教庁」が設置され、「キエフ総主教庁・ウクライナ正教会」が成立した。同教会は他の正教会からは正式に承認されていないものの、ウクライナ国内で700万人以上もの信徒を得ているとされる。さらにウクライナには、ロシア革命当時に創設された独立正教会の流れを汲むと主張する「ウクライナ独立正教会」（これも未承認）が存在しているため、都合三つの正教会が併存していることになる。

2004年の「オレンジ革命」によって成立したウクライナのユーシェンコ政権は、これら三つの正教会を統合しようとしていたとされる。ユーシェンコ政権が目指していたのは、政治的にはEU加盟、安全保障上はNATO加盟を目指すことによって西側の一員入りを目指す一方、統一ウクライナ正教会をロシア正教会から独立させ、ウクライナを精神的にもロシアの影響圏から離脱させることであった。

しかも、ウクライナ正教会の独立は同国のNATO加盟に向けた動きとほぼ並行しており、2008年にはその両方が実現しようとしていた。この年はブカレストでのNATO首脳会談においてウクライナ及びグルジアへの加盟行動計画（MAP）が発出される見通しであったことに加え（序章参照）、前述したルーシの洗礼から1020周年に当たっていた。

もちろん1020周年というのは極めて中途半端な節目であるし、20年前の1988年にはソ連体制下で1000周年記念行事が開催済みであったことはすでに述べた通りである。だが、ユーシェンコ政権は、これを機に全正教の中でも最も高い格を持つコンスタンティノープル総主教（ただし、あくまでも形式的な「格」であって、他の正教会に対する実権を有しているわけではない）を洗礼の地であるキエフに招き、ウクライナ正教会をロシア正教会から独立させることへの承認を取り付けようとしていたとされる。

もっとも、実際にこのような挙に出れば、ウクライナ国内の正教徒に大分裂を招く可能性があった。ウクライナの正教徒も決して一枚岩ではなく、ロシア正教会の一部であることに対しては否定から肯定までかなりの温度差がある。さらにこの場合、モスクワ総主教庁がコンスタンティノープル総主教庁との関係を断絶し、正教世界内に断絶が生まれる可能性もあったし、それがロシアとトルコの政治的な対立につながっていた可能性も高い。ウクライナ正教会の独立はそれほど機微な問題であった。

この結果、コンスタンティノープル総主教はキエフを訪問はしたものの、ウクライナ正教会の地位変更について言及することはなく、同じくキエフを訪問したモスクワ総主教アレクシー2世とともに洗礼1020年周年を祝うにとどめたのである。これより3ヵ月前の4月には、NATO首脳会談での加盟行動計画（MAP）発出が見送られていたため、ユーシェンコ政権によるロシアの影響圏脱出の試みは、安全保障面でも精神面でも失敗したことになる。

ところが、2014年にウクライナ危機が発火すると、ウクライナ正教会の独立に向けた機運が再び高まってきた。中でも2016年4月、ウクライナのポロシェンコ大統領が三つのウクライナ正教会の統合を再び提案するとともに、「統一ウクライナ正教会はいかなる国からも独立していなければならない」と主張したことは注目に値しよう。ユーシェンコ政権時代への回帰路線である。さらに2016年6月には、ウクライナの国会である最高会議（ラーダ）が、ウクライナ正教会の独立を認めるようコンスタンティノープル総主教に対して要求する決議を可決した。これは「ウクライナ正教会が侵略国（ロシア）からの独立を得る動きを加速するもの」であるという。

ただし、このような動きがどこまで実現性を帯びたものであるかは、本書の執筆時点では明らかでない。2008年と同様、ウクライナ正教会の統合とロシア正教会からの独立はあまりに多くの政治的混乱をもたらしかねないためである。

一点、大きく異なっているのは、2015年11月に発生したトルコ空軍機によるロシア空軍機撃墜事件でトルコとロシアの関係が先鋭化した点であろう。これを機にウクライナはトルコへの接近を強めており、2016年にはウクライナとトルコの国防当局が軍事政策の立案、軍改革、教育・訓練などについての包括的協力協定に調印したほか、トルコ向け偵察衛星の開発にウクライナが協力するなど、両国は安全保障上の協力関係にも踏み出していた。こうした中で、コンスタンティノープル総主教庁がウクライナ正教会の独立を認めやすい環境が生じている、とウクライナ側が計算した可能性はある。ちなみに2008年のルーシ洗礼1020周年に際してコンスタンティノープル総主教がキエフで行った演説では、ウクライナ正教会の独立には触れなかったものの、コンスタンティノープル総主教庁をウクライナ正教会の親教会と位置付け、コンスタンティノープルにウクライナ正教会の地位変更に関する権限があることは示唆していた。

また、2016年6月には、全世界の正教会の代表者を集めるべく「正教聖大会議」がギリシャで開催されたが、アンティオキア総主教庁、ブルガリア正教会、グルジア正教会、ロシア正教会は直前になって欠席を決めていた。これはコンスタンティノープル総主教庁が取り組んでいるエキュメニズム（カトリック、プロテスタント、正教など教派を超えた結束を目指す教会一致促進運動）をめぐって異論が出た結果とされるが、ウクライナ議会による要請は、このロシア正教会不在のタイミングを狙った可能性が高い。

しかし、2016年6月にはトルコのエルドアン大統領が撃墜事件について謝罪する内容の書簡を送り、「関係改善のためにあらゆることを行う」と述べたことは、またもウクライナ正教会の独立を難しくする要因であると考えられよう。さらに軍のクーデターに直面し、これに対して過酷な国内弾圧を加えたことで西側諸国との関係も悪化したエルドアン政権は、ロシアへの接近傾向をさらに強めている。ロシア正教会との距離をどの程度とるかについても、ウクライナの諸正教会で意見は合致しておらず、短期的な解決も見通し難い。

一方、実際に武力紛争の最中にあるロシアとウクライナの関係が容易に改善し難いであろうことを考えれば、ウクライナは今後もロシアの影響圏を逃れる試みをやめようとはしないと思われ、したがってウクライナ正教会の独立論もくすぶり続けることとなろう。

2. ロシアの安全保障と「イスラム・ファクター」

・ロシアにおけるイスラム

前節では主にロシア正教会とロシアの安全保障との関わりに焦点を当てたが、今度はロシア第二の伝統宗教であるイスラムと安全保障の関わりについて見てみたい。

崩壊前のソ連は、イスラム教徒すなわちムスリムの多い中央アジア及び南カフカスをその版図に含んでおり、最末期の1991年には2億9300万人の人口のうち、約4分の1にあたる7000万人前後がムスリムとされていた。これは非イスラム国家としては最大のムスリム人口であったばかりか、その人口増加率はスラヴ系住民を大きくしのいでいたため、いずれソ連がイスラム化するのではないかという議論さえ存在したほどである。人口に富むこれらのムスリム地域は軍事力の源泉でもあり、1980年代末の時点でソ連軍兵士の約4割はムスリム地域出身者によって占められていた。ソ連が1979年に開始したアフガニスタン戦争でも、中央アジア出身者で構成され、現地の言語や習慣に精通した特殊部隊「ムスリム大隊」が介入の尖兵として投入されている。

もっとも、『ソ連がイスラム化する日』（中央公論社、1986年）という著書で知られるフランスのイスラム専門家ヴァンサン・モンテイユが指摘したように、宗教が抑圧されていたソ連には宗教別の人口統計というものはそもそも存在せず、ここでいう「ムスリム」とは、伝統的にイスラムを信仰としていた民族の数を指す。したがって、この数だけを見て「ソ連がイスラム化しかかっていた」とまで述べることはやや早計であろう。

また、ソ連においてはイスラム教もまた抑圧の対象であったことにも注意する必要がある。１９４３年、当時のスターリン書記長は、対独戦への国民の動員のために正教やイスラム教の部分的な復権を認めたが、あくまでもこれは便宜的なものに過ぎなかった。

特にスターリン書記長が恐れていたのは、ムスリムがドイツによる侵攻を「ロシア支配からの解放」ととらえ、ソ連から離反する可能性であったとされる。たとえばロシア帝国が北カフカスを征服したのは19世紀半ばのことに過ぎず（これはシベリアや中央アジアの征服よりはるかに遅い）、独ソ戦が始まった１９４０年の段階では1世紀も経っていなかった。そして、第二次世界大戦が始まると、北カフカスでは反ソ暴動が続発し、ドイツ軍がアゼルバイジャンの油田を求めてカフカスに侵攻した１９４２年にはこれがピークに達した。これに対してソ連政府は、50万とも70万ともいわれる北カフカスの全住民を中央アジアへ強制移住させるという強硬手段を導入し、この過程で劣悪な環境に置かれた17〜20万人が亡くなったとされる。中央アジア出身の兵士からもドイツ側に寝返るものが続出しており、当時のソ連指導部の目には、ドイツの侵攻がムスリムの離反を招く可能性はかなりリアルな脅威と映っていたと思われる。スターリン書記長によるイスラムの「部分的復権」と強制移住は、対独戦という特殊な環境下におけるアメとムチであったといえよう。

１９９１年にソ連が崩壊したことで大部分のムスリム地域は独立国となったが、イスラムはロシアにとって依然、安全保障上の大きなファクターであり続けている。というのも、独立したロシアの領域内にも依然としてムスリム地域は存在しているためである。北カフカスのチェチェン、ダゲスタン、イングーシ、カバルディノ・バルカル、カラチャイ・チェルケシアや、ヴォルガ川流域のタタールスタン及びバシコルトスタンといった諸共和国にはムスリムが多く、その数が1000万人近くに及ぶことはすでに述べた。さらに神は信じるが特定の宗教を持たないとする人々の中にもイスラム教に肯定的な人々が含まれることを考えると、実際のムスリム人口はもっと多いとする見方もある。たとえばピュー財団の2011年時点における推定によると、1990年時点でソ連内のロシアに居住していたムスリムは1363万人あまり（全人口の9・2%）であったのに対して、2011年にはこれが約1638万人（同11・7%）と推定されていた。

さらに、ムスリム人口の増加率がスラヴ系のそれを上回るという傾向は現在も続いている。現在、ロシア人の平均出生率は女性1人当たり1・7であり、モスクワの正教徒女性となると1をわずかに上回るという程度でしかない。一方、ムスリム女性に限ってみると、出生率は2を超えており、ムスリム人口は増加傾向にある。特に北カフカス地域では人口増加が顕著で、スラヴ系の多い欧州部が軒並人口減に見舞われているのに対し、チェチェンやイングーシでは人口増の傾向が見られる。加えて、ソ連崩壊後のロシアにおいてはソ連時代よりもはるかに信仰が自由化され、ムスリムとしての自覚を持つ人々が増えていることを考えれば、ロシアでも「イスラム化」がある程度進んで行くことは十分に想定されよう。前述のピュー財団の推定では、ロシアのムスリム人口は2030年に1855万人あまりまで増加するとされている。

・緊張の火種――非白色人種に対する敵意

こうした膨大なムスリム人口の存在は、それ自体が民族・人種・宗教間の緊張の火種となりうる。たしかにソ連は現在のロシア以上に多くのムスリム人口を抱えていたものの、信仰としてのイスラムが前面に出ることは少なく、しかも居住の自由が制限されていたために、イスラムと非イスラムは基本的に混じり合うことなく暮らしていた。

筆者は、ソ連時代を記憶している世代のロシア人から、「当時のモスクワではそもそも白人以外の姿を見かけることなどほとんどなかった」という話を聞かされたことがある。ソ連はたしかに多民族国家ではあったが、それは国家の統制の下における「家庭内別居」なのであって、顔を突き合わせて同居していたわけではなかった。しかし、現在のモスクワでは北カフカス人種や中央アジア人種の姿を見ることは珍しくなく、それゆえに人種間の緊張が顕在化することも多い。特に１９９０年代のチェチェン戦争を経てカフカス系人種に対する敵意が生まれたことは無視できない要素であろう。

筆者の体験を一つ挙げてみたい。２０１０年12月のある日、クレムリンの向かいにあるアジア・アフリカ諸国大学（ＩＳＡＡ。モスクワ大学の付属大学とされ、その校舎は今もモスクワ大学の名に冠されているロモノソフ公爵がロシア初の大学として建設したものである）に所用があった筆者は、地下鉄トヴェルスカヤ駅を降りて地上へ出た。

トヴェルスカヤ駅は、モスクワの目抜き通りであるトヴェルスカヤ通りがクレムリン前のマネーシ広場にぶつかる地点にある。周辺には高級ホテル「ナツィオナーリ」や国会議事堂があり、普段は華やかな場所である。ところが、その日のトヴェルスカヤは、一帯が内務省の治安部隊である特別任務機動隊（ＯＭＯＮ）によって取り囲まれ、普段はひっきりなしに車が行き交う通りでは覆面で顔を隠したスラヴ系の若者たちの群れが興奮して何事か叫んでいるという異様な空気に包まれていた。よく見ると、道の向こう側にあるマネーシ広場からは白煙が上がり、発煙筒らしい赤紫の炎がきらめいている。明らかに尋常な空気ではない。

若者に話しかけるのは危険だと思われたので、騒ぎを見物している野次馬の老女に「何が起こっているのですか？」と尋ねたが、「わからないのよ」という返事で、とにかく身の危険を避けるために早々に地下鉄に戻った。駅構内でも、警察の詰所前に多数の若者が詰めかけて警察官ともみ合いになっており、これは本格的に危ないかもしれないと冷や汗をかきながら自宅まで戻ったのを覚えている。

後になってわかったのは、これがサッカーファン同士のいさかいに端を発する人種間紛争であったということだった。この前日、サッカーチーム「スパルタク」のサポーターであったロシア人青年がカフカス系の青年たちと口論になり、射殺されるという事件が発生していた。筆者が出くわしたのは、この事件に激昂した極右的なスラヴ人青年たちの暴動だったのである。

こうしたフーリガン同士の衝突に端を発する人種間紛争はそれまでになかったわけではない。もともとロシアのサッカーファンの中にはネオナチなどの過激思想が浸透していることは知られており、筆者が２００９年に日本の外務省から配布されたロシア滞在の手引きにもサッカーの試合がある日にはスタジアム周辺になるべく近付かないこと、などの注意が記載されていた。だが、このときモスクワで発生した暴動は特に大規模なものであり、しかもサンクトペテルブルクなどの他都市にも飛び火したという点で注目すべきものである。

そして、こうした事例は決して最後ではなく、ますます過激化する様相さえ見せている。2015年にロシアの人種差別監視団体「サヴァ・センター」と国際人権監視団体「フェア・ネットワーク」が共同で発表した報告書『行動を起こすとき：ロシアのフットボールにおける人種差別事例』は2012年5月から2014年5月の間にサッカーに関係して発生した人種差別的事件を収集したユニークな資料である。同報告書によると、ロシアにおける人種差別的犯罪は1990年代から増加傾向を辿っており、そこでは人種差別思想に駆られたサッカーファンたちが大きな役割を果たしていたという。こうしたファンたちはスパルタク、ツィスカー（TsSKA）、ディナモ、ゼニットといった主要なサッカーチームのほとんどすべてに存在し、人種差別的思想を核として組織化されている。その標的の多くはカフカス系人種だ。

こうしたファンたちは、試合中に人種差別的なスローガンを叫んだり、北カフカスの共和国旗を燃やしたりといった行動から、贔屓のサッカーチームが北カフカス系人種の選手と契約を結ぶことに激しく抗議するなどさまざまな形で人種差別的行動を繰り返してきた。ネオナチ思想との親和性も高く、試合中やスタジアム周辺でナチスの鉤十字旗が掲げられることも日常化している。アンジやテレクといった北カフカスに本拠を置くチームの選手や黒人選手に対しても差別的な言動や嫌がらせが相次いでいる。同報告書の対象とした期間に関しては、人種差別的なシンボルの掲示や言動、集会といった事案は99件、反差別団体やカフカス系人種に対する襲撃事件は21件に及ぶという。こうした暴力はサッカースタジアムの周辺だけにとどまらず、2012年に発生した「白い列車」運動に見られるように、電車内で非白色人種をサッカーファンが集団で暴行する事件も発生している（ここでいう「白い」は白人を意味する）。

このような人種差別、特に北カフカスなどのムスリムに対する差別が、ロシア社会に対する重大な脅威であることはいうまでもない。それは社会の安定性に対する脅威であるばかりか、北カフカスやタタールスタンといったロシア国内のムスリム地域の離反を招きかねないためである。後述する北カフカスでのイスラム過激主義の伸長は、こうした日常的な人種差別を一つの背景としていると考えられよう。

・国家的・社会的安全保障に対する脅威

イスラム過激主義組織の動きについては次節で述べるとして、ここではそれが国家安全保障上の脅威とみなされていることを押さえておこう。たとえばロシアの安全保障政策文書である『国家安全保障戦略』では、「国家的・社会的安全保障」に対する脅威として「ロシア連邦の統一及び領土的一体性の毀損、国家の内政的・社会的状況の不安定化のために民族主義的・宗教的な過激イデオロギーを用いる原理主義的な社会的連合体・グループ、外国・国際非合法組織、金融・経済組織、個人の活動」や「ファシズム・過激主義・テロリズム・分離主義のイデオロギーを拡散・プロパガンダすること、市民の平穏・社会の政治的・社会的安定を毀損することを目的として情報通信技術を使用することに関連する活動」が挙げられている。

さらに『国家安全保障戦略』はこうした脅威に対抗するための伝統宗教や教育の役割を強調してい

モスクワにオープンした巨大なモスク（ロシアのイスラムポータルサイト「islam.ru」より：http://www.islam.ru/news/2015-09-04/40702）

るが、そのシンボルといえるのが2015年にモスクワに建設された欧州最大のモスクである。2万平方メートルもの面積を誇るこのモスクはロシア連邦政府の予算によって10年をかけて建設され、開所式典にはプーチン大統領やトルコのエルドアン大統領も出席した。ロシア政府を「イスラムの擁護者」と位置付け、多宗教国家であるロシアの統合を象徴するものといえる。

・愛国心の高揚装置

ただし、ロシアでこれほど人種差別主義的な思想が蔓延したこととロシア政府とは無関係ではない。というよりも、ロシア政府はこうした差別や憎悪をある面では巧妙に利用してきた節がある。たとえばプーチン首相（当時）が指揮した第二次チェチェン戦争は、チェチェンのバサーエフ司令官らによるダゲスタン侵攻に直接の原因があるとはいえ、ロシアによる介入の口実となったのは1999年にモスクワで発生した連続アパート爆破事件であった。この事件は捜査当局によってただちにチェチェン過激派の犯行であるとされたものの、実際にはロシアの情報機関による関与が濃厚であると指摘されている。そしてこのとき、「便所まで追い詰めてやる」などと汚い言葉（俗にいう「刑務所語」）を使って一躍国民の人気を集めたのが、当時のプーチン首相であった。

また、プーチン政権は愛国心の高揚による支持固めを狙って極右団体とも親密な関係を持っているとされ、愛国バイカー集団「夜の狼」の集会にはプーチン大統領もハーレーに乗って登場したことがある。

軍や治安機関もムスリムに対しては友好的な存在とは言い難い。特にチェチェンを含む北カフカスの対テロ戦では、軍や治安機関の兵士による現地住民への差別的な扱いや暴行が相次いでおり、二度のチェチェン戦争では掃討戦の名の下に多くの住民が理不尽に殺害・拷問・レイプなどの被害に遭ってきた。

イスラム過激主義のテロに怯えるロシア人と、差別に憤りを募らせるムスリムとが互いに憎悪を募らせ合っているのが現在のロシアであるといえよう。

・不安定化する「柔らかな下腹部」――中央アジアにおけるイスラム過激派

旧ソ連の勢力圏内、特に中央アジアにおいてもイスラムは安全保障上の重要なファクターである。カフカスから中央アジアにかけての一帯は、かつてソ連の「柔らかな下腹部」と呼ばれた。宗教や人種が複雑に入り組むこの地域が多くの不安定要因を胚胎し、ソ連にとっての弱点になっているという意味である。実際、ソ連崩壊の前後には、この地域ではいくつのも内戦や動乱が発生し、著しい不安定状況が生まれた。第4章で扱ったアルメニアとアゼルバイジャンのナゴルノ・カラバフ紛争や、北カフカス及び中央アジアでのイスラム過激派の活動などはその最たるものである。

このうち、北カフカスについては次節で詳しく扱うとして、ここでは中央アジアについて取り上げてみたい。

中央アジア諸国は、ソ連崩壊後の早い段階からイスラム過激主義の脅威に晒されてきた。これらの諸国ではソ連崩壊後も共産党時代の現地有力者が大統領に就任して権力を握っていたケースが多く、したがってその大部分が世俗政権の形を取った。しかし、イスラム過激派はこれを不満とし、各国の政府を攻撃対象としてきたのである。

特に大きな脅威となったのは、ウズベキスタンのジュマボイ・ホジエフが作り出したイスラム過激主義グループである。ソ連軍空挺部隊の隊員としてアフガニスタン戦争に従軍したホジエフは、同地での過酷な経験からイスラム過激主義へと傾倒し、ソ連崩壊後、フェルガナ盆地の故郷ナマンガニでタヒール・ユルダシェフらとともにイスラム過激主義組織「アドラート（公正）」による活動を展開するようになった（同組織についてはソ連崩壊以前から小規模な活動を開始していたともいわれ、正式な活動開始の時期ははっきりしない）。後にホジエフがジュマ・ナマンガニと名乗るようになったのは、故郷の名を取ったものである。

「アドラート」は1992年に始まったタジキスタン内戦で反政府勢力「タジキスタン・イスラム復興党」側に立って参戦し、ロシアとウズベキスタンが内戦に介入すると、ウズベキスタン駐留ロシア軍へのテロ攻撃も展開した。また、この時期にはユルダシェフがアフガニスタンや中東諸国を回り、アフガニスタンのタリバンや、同地を拠点としていた国際テロ組織「アル・カーイダ」とも関係を築いたとみられる。

1997年、タジキスタン政府側と反政府勢力の間に停戦合意が成立すると、イスラム復興党の弱腰に失望したナマンガニらは、イスラム復興党内の過激分子などを「アドラート」と糾合し、アフガニスタンのカンダハルを拠点に「ウズベキスタン・イスラム運動（IMU）」を結成した（結成については1996年、あるいは1998年との説もある）。1998年、IMUは、世俗政権の打倒とイスラム国家樹立を目指してウズベキスタンのカリモフ政権に対してジハード（聖戦）を宣言し、ウズベキスタン政府や軍に対するテロや襲撃を開始した。

彼らの攻勢が特に激しくなったのは、1999年から2000年にかけてである。まず、1999年2月、ウズベキスタンの首都タシケントでカリモフ大統領を狙った連続爆破テロが発生した。これは6台の自動車爆弾を使用した大規模な同時爆破テロで、うち1台はカリモフ大統領から150mの距離で爆発したものの、大統領自身は難を逃れている。しかし、同年7月から8月になると、IMUはフェルガナ盆地に位置するキルギスタンのバトケン州に1000人ほどの戦闘員を侵入させ、キルギスタンのオシュ市市長や日本人の鉱山技師などを拉致したほか、キルギスタン及びウズベキスタンの軍・治安部隊と激しく交戦した。この際、ウズベキスタンは戦闘爆撃機まで投入してIMUの拠点に空爆を加えている。

フェルガナ盆地というのは、キルギスタン、タジキスタン、ウズベキスタンの国境が入り組んだ地域で、中国の新疆ウイグルやアフガニスタンにも程近い。土地が肥沃なことで知られ、かつてはシルクロードの中継拠点としても栄えた。このため、フェルガナ盆地は現在でも中央アジア有数の人口密集地帯であるが、ソ連成立初期に引かれた国境線は各民族の居住地域に合っておらず（ソ連は分割統治のために意図的にこのような国境線を導入したといわれる）、ソ連崩壊後にはさまざまな民族が国境を越えて分布することになった。この結果、フェルガナ盆地では国境線をめぐる各国間の争いや緊張が絶えず、しかもその不安定な国境や峻険な山岳地形がウイグルからアフガニスタンにいたるイスラム過激派組織の通路にも隠れ家にもなってきた。

IMUの場合はフェルガナ盆地からタジキスタンのガルム渓谷を経てアフガニスタンへと通じる一

種の回廊を作り出そうとしており、1999年のバトケン侵攻では特にバトケン州内にあるウズベキスタンの飛び地ソフが標的となった。ソフというのはキルギスタン領内にあるウズベキスタン最大の飛び地で、キルギスタン南西部を南北に横切る細長い土地である。IMUはこの地域を掌握することで、その南方にあるアフガニスタンへのルートを確保しようとしていた。IMUがキルギスタンに侵入したにもかかわらず、ウズベキスタン空軍が空爆を行ったのは、そこがウズベキスタンの飛び地であったためである。

IMUは翌2000年8月にもフェルガナ盆地に侵入したが、このときは戦闘員を数十人ずつの小グループに分けて分散浸透させる方法を取り、前年以上に激しい戦闘がキルギスタンやウズベキスタンの軍・治安部隊との間で繰り広げられた。

2001年、米国同時多発テロ事件を機に対テロ戦争が始まるとIMUはタリバン側に立って参戦した。だが、IMUは米軍及び北部同盟に対して苦戦を強いられ、2001年秋には指導者ナマンガニの戦死に到る。そこでIMUは、拠点をパキスタンの部族直轄地域（FATA）にある北ワジリスタンへ移し、パキスタン政府に対する武装闘争を展開するようになった。ワジリスタン戦争と呼ばれるこの戦いは2009年まで4次にわたって続き、2014年からはパキスタン軍による大規模掃討作戦も実施されている。この戦いでは、ユルダシェフが米軍の無人機攻撃で戦死した。

しかもこの間、IMUはタリバンとも対立し（その背景には、タリバン内における親パキスタン勢力の台頭、IMUによる犯罪行為への反発、教義の解釈に関する対立、経済利権など多くの問題が存在したとみられる）、戦闘にまで発展した。この内紛だけでもIMUは構成員の約5分の1にあたる200人を失ったとされ、上述の掃討作戦による損害とも合わせて、その勢力は大幅に弱体化したとみられる。しかし、その後もＩＭＵは消滅してしまったわけではなく、パキスタン領内のパキスタン・タリバン運動（ＴＴＰ。パキスタン国内のタリバン支持派を糾合して２００７年に設立されたとされる）などと連携してどうにか命脈を保ってきた。２０１４年にパキスタンのカラチ国際空港で発生した襲撃事件は、ＴＴＰとＩＭＵの協力によるものであるともいわれている。

・ロシアにとっての新たな脅威

このように、米国同時多発テロ事件以前から中央アジアから南アジアにかけての地域ではイスラム過激主義による活発な武装闘争が展開されてきたわけだが、これを強く懸念していたのがロシアである。

中央アジアの「柔らかな下腹部」にアフガニスタンにおけるタリバンのようなイスラム過激主義政権が成立する可能性は、まさにロシアにとっての悪夢であった。米国同時多発テロ事件後、プーチン大統領が中央アジアへの米軍駐留を認めた背景にも、対米関係の改善だけなく、イスラム過激主義勢力の脅威を西側の軍事力によって押さえ込ませるという狙いが存在していたとみられる。

しかし、15年に及んでアフガニスタンに駐留した米軍は、イスラム過激派を根絶することはできなかった。アフガニスタン戦争からの出口戦略を最重要課題として掲げたオバマ政権も、２０１４年までにアフガニスタンから完全撤退するという当初の目標をあきらめざるを得なくなり、２０１６年には小規模ながらアフガニスタン駐留部隊の増派さえ認めている。

しかも、これと並行して中東で「イスラム国」（ＩＳ）が台頭してくると、その影響力は中央アジアにも及んできた。ＩＭＵも２０１４年９月にＩＳ支持を表明しており、２０１５年１月にＩＳが「ＩＳホラサン州」の設立を宣言すると、同年８月にはこれに合流した。

一方、ＩＭＵの構成員すべてがＩＳに忠誠を誓っているというわけでもない。ＩＭＵがＩＳに合流した際もアル・カーイダへの忠誠を誓う一部の構成員はこれを拒否したほか、２０１６年１月には、ＩＳに合流した旧ＩＭＵ勢力の一部が再独立を宣言している。アル・カーイダやタリバンとの協力を目指す方針とみられる。

中東と南アジアの双方から影響を受ける位置にあるだけに、中央アジアにおけるイスラム過激派の動向は近年、ますます複雑化している。

3．「イスラム国」とロシア

・独立闘争からイスラム革命闘争へ

旧ソ連にルーツを持つイスラム過激派が「イスラム国」（ＩＳ）の傘下に入るという現象は、ロシア領内の北カフカスでも起きている。簡単にこれまでの経緯をまとめておこう。

当初、チェチェン民族の独立運動として始まったチェチェン戦争は、次第に北カフカス全体へと波及していった。第一次及び第二次チェチェン戦争において、ロシア軍はチェチェン主要部を比較的速やかに制圧したものの、これに対してチェチェン独立派組織「チェチェン・イチケリア共和国」の戦闘員たちは北カフカス内の他の共和国へと逃れ、あるいは現地の勢力と合流して、独自の武装闘争を展開し始めたのである。特に2000年代に入ると、当時のチェチェン大統領であったアフマド・カディロフの暗殺（2003年）やチェチェンの首都グロズヌィの市庁舎爆破（2002年）などの自爆テロ戦術、モスクワ劇場占拠事件（2002年）やベスラン学校占拠事件（2004年）といった人質立て籠もり戦術も多用されるようになった。1990年代が「チェチェン戦争」の時代であったとすれば、2000年代はより戦域が拡大した「北カフカス戦争」の時代であったといえよう。

もともと北カフカスでは、政府機関職員の汚職や、治安機関による過酷な弾圧、マフィアの跋扈といった公共領域の腐敗が深刻であった。こうした社会・経済領域の不満が、ロシア帝国に対する抵抗の歴史、スターリン時代の過酷な弾圧の記憶、より鮮明な2度のチェチェン戦争（と、その後、北カフカス中で行われた悪名高い掃討作戦）と結びついた結果が、北カフカス中への武装闘争の広がりであったと考えられる。

この過程でもう一つ特筆すべきは、闘争が次第にイスラム過激派色を帯びていったことである。チェチェンにおける独立の気運と、ソ連崩壊前後に始まった宗教復興はたしかに密接な関連を帯びていたが、これはそのままイスラム過激派の台頭を意味したわけではない。『チェチェンで何が起こっているのか』（高文研、2004年）は、我が国のジャーナリスト2名が戦時下のチェチェンで潜入取材を行い、人々の暮らしやロシア政府による残虐行為を生々しく描き出した名著であるが、本書で描かれる2000年代初頭までのチェチェンでは、イスラム過激派の影は希薄である。

また、ロシア側の報道によると、次のようなエピソードさえ伝わっている。

1990年代初頭、「チェチェン・イチケリア共和国」の初代大統領となったジョハール・ドゥダーエフは公開の場で「我々はアラーを敬愛しており、日に3度祈る用意がある」と述べた。イスラム教の礼拝は、本来1日に5回である。横で聞いていたヤンデルビエフ（後の「チェチェン・イチケリア共和国」第2代大統領）が慌てて「5回だ、ジョハール、5回だよ！」と訂正すると、ドゥダーエフ大統領は「必要なら5回祈ろうじゃないか」と平然と答えたという。宗教が復興してきたといっても、当初はこのように長閑なものであった。

しかし、この間、イスラム過激主義が台頭する下地は着々と整っていた。第一次チェチェン戦争の前後から北カフカスに根を下ろし始めたサラフィー主義がそれである。ワッハービズムともいわれるこの思想は、イスラム教スンニ派の一派と位置付けられるものの、ムハンマドがイスラム教を創始した当時の言行やコーランを厳格に守ることを主張し、後世のさまざまな解釈を曲解であるとして排除する。サラフィー主義は必ずしもイスラム過激主義と同義ではないが、こうした厳格なイスラム教の解釈に合致しない宗派や異なる宗教を実力で排除しようとする過激派を生みやすいことはこれまでにも指摘されてきた。

ただ、現代のサラフィー主義は19世紀のエジプトに直接の源流を持つとされ、したがって北カフカスにとっては外来の思想である。もともと北カフカスでは、イスラムの法典シャリーアの形式的な墨守を批判し、神秘主義的な傾向を持つスーフィー主義が強い影響力を持っていた。19世紀に北カフカスの諸民族を糾合してロシア帝国と戦ったイマーム・シャミールらがバックボーンとしたのもスーフィー主義である。

しかし、第一次チェチェン戦争に加勢するために北カフカスへとやってきた中東のムジャヒディン勢力（たとえばサウジアラビア出身のイブン・アル・ハッターブ）や、ソ連崩壊後に中東への巡礼や留学に向った北カフカス出身者らを通じて、北カフカスではサラフィー主義が次第に浸透してゆく。中でもダゲスタンやイングーシではその浸透が目覚しく、1990年代末に現地行政当局から活動を禁止された後も地下組織化して活動は続いた。

こうした中で、サラフィー主義者の一部はロシアの支配から北カフカスを解放し、シャリーアの支配を導入することを目指すようになる。1997年、ダゲスタンを拠点とするサラフィー派指導者のバガウディン・ムハンマドらはダゲスタン共和国政府を「敵」と認定し、これに対する聖戦の開始を宣言した。さらにムハンマドらはこれを機に拠点をチェチェン（ロシアとの停戦協定発効により、事実上の独立状態にあった）へと移し、バサーエフらの有力野戦司令官やチェチェンで戦う中東出身のムジャヒディンなどとの関係を深めていった。

つまり、武装闘争自体はチェチェンから北カフカス全域へと拡散していったが、イスラム過激主義という点で見るとチェチェンは周辺の北カフカスから影響を受ける立場にあったといえる。独立闘争と宗教イデオロギーが複雑な相互作用を起こした結果が、「北カフカス戦争」であったといえよう。

・「カフカス首長国」の成立

2005年、「チェチェン・イチケリア共和国」のマスハドフ大統領がロシアの連邦保安庁（FSB）による掃討作戦で殺害されると、同人の腹心であったアブドゥル・ハリム・サドゥラエフが後継者の地位に就いた。サドゥラエフが着手したのは、北カフカスの各地域に設立された多様な武装組織を「チェチェン・イチケリア共和国軍」として統合し、厳格なヒエラルキーに基づく統一組織へと再編することであった。

それまで「チェチェン・イチケリア共和国」の軍事力は、東部、西部、北部、グロズヌィの4つの「戦線」から構成されていたが、サドゥラエフの決定により、ダゲスタン戦線及びカフカス戦線（チェチェンとダゲスタン以外の北カフカス地域を担当する）が設置された。各戦線はいくつかの支部から成っており、上記6戦線の下にある支部の総数は合計で35支部にのぼったとされる。また、サドゥラエフは2006年3月、北カフカス全体の「脱植民地化」路線を打ち出し、こうして北カフカスの紛争からはチェチェン独立戦争という様相がさらに薄まることになった。

ところが、その直後の2006年6月、サドゥラエフもまた連邦保安庁の掃討作戦によって殺害される。代わって新たな「チェチェン・イチケリア共和国」大統領に就任したのがドク・ウマロフであった。ウマロフは、さらなる拡大路線を取った。北カフカス域外のウラル及びヴォルガ地域にも戦線を設置し、北カフカスの域外でも武装闘争を強化する姿勢を示したのである。

ウマロフの路線変更は、戦域の拡大に止まらなかった。当時、北カフカスの武装闘争において問題となっていたのは、多数の民間人を巻き込む無差別テロが北カフカス内外での支持離れにつながっていた点である。当初はチェチェンの独立運動に同情的であった欧米も、米国同時多発テロ事件や上記の無差別テロ事件を機に、急速に態度を変えつつあった。また、2003年に米国がイラクに侵攻したことで、イスラム社会からの援助はイラクに集中し、北カフカスへの支援は手薄になっていた。

そこで、サドゥラエフ時代には無差別テロを抑制し、もっぱら北カフカス域内にあるロシアの政府施設や軍・治安機関に対する襲撃といった方法がとられるようになっていた。一方、ウマロフの方針はこれと大きく異っていた。第一に、チェチェンや北カフカスの独立という要素をさらに薄め、自らの戦いを「イスラムを守るジハード（聖戦）」と位置付けることでイスラム世界との国際的な連帯が強調されるようになった。その実態はともかくとして、言説としてはグローバル・ジハード的なものが台頭してきたのである。

方法論も大きく変わった。厳格なヒエラルキー構造を捨て、個々の武装組織を自立性の高い小規模な「細胞」に分割して、組織全体が一挙に壊滅させられることを回避する戦略が採用された。それぞれの「細胞」はイデオロギーによって結び付き、インターネットを通じて活動を調整しながらも、与えられた目標に対する攻撃戦略は自らが立案し、実行するというスタイルである。これはアフガニスタン戦争後のアル・カーイダのような国際テロ組織が採用したのと同じ戦略であった。

戦術面でも、優勢な正規軍や治安部隊との正面切った戦闘は避け、IED（即席爆発装置）を用いた待ち伏せテロや、有力な指導者等に対する自爆テロ戦術が多用されるようになった。しかも、ウマロフは、ロシアの支配を黙認する一般の国民や自らの解釈するイスラムの教義に合致しないイスラム教徒、その他の異教徒も同罪であるとして、攻撃対象を無差別とすることも宣言した。

そして2007年、ウマロフは「チェチェン・イチケリア共和国」の廃止と「カフカス首長国」の設立を宣言する。ここにおいて、北カフカスでの武装闘争からは当初のチェチェン独立運動という性格がほぼ一掃され、北カフカス全域におけるジハードへと名実ともに変質を遂げたといえよう。これに対して旧「チェチェン・イチケリア共和国」内にはウマロフの路線を非難する声も上がったが、大きな広がりを見せるにはいたらなかった。

前述のように、「カフカス首長国」は多数の細胞から構成される組織であるために、その全体像を把握することは難しい。ロシアの特捜部に相当するロシア捜査委員会（ＳＫＲ）のバストルィキン委員長が述べたところでは、その勢力は北カフカス全体で１５００人ほどと見積もられていた。これらの戦闘員たちは数十人のグループに分かれて険しい北カフカスの山中を移動し、当局の手を逃れているとされるが、少なからず現地住民からの援助を受けている形跡もあるという。これまでにも述べたように、北カフカスでイスラム過激派が支持を集めた背景には歴史的な記憶や日々の社会・経済的不満が存在していたのであり、直接的な戦闘員の数だけを見てもその潜在力は推し量り難いものがある。

これに対してロシア政府は、北カフカス全域における大規模な掃討作戦を展開するとともに、テロで暗殺されたアフマド・カディロフ前チェチェン大統領の息子、ラムザン・カディロフを中心とする強権的な統治体制を敷くことでチェチェンの安定化を図った。また、前述のようにチェチェン内外での大規模なテロ事件が相次いだことから、２００６年には『テロ対策法』が施行され、治安機関や情報機関だけでなく、軍、政府機関、地方自治体などを含めた包括的なテロ対策が打ち出された。その司令塔として設置されたのが国家対テロ委員会（ＮＡＫ）で、連邦保安庁（ＦＳＢ）長官が書記を兼任し、平時のテロ対策立案や有事における指揮・調整を担当する。

このような一連の施策の結果、イスラム過激派の活動は抑え込まれたかに見えた。２００９年４月16日には、国家対テロ委員会がチェチェンの「対テロ作戦地域」指定を解除することを決定し、10年に及ぶチェチェン戦争が公式に終結した。また、２００９年10月にはテロ対策の方針を定めた「テロ対策概念」が安全保障会議によって策定され、テロリズムを助長する社会・経済的状況の改善という根治策が打ち出された。これに沿って２０１４年には北カフカス発展省が設置され、北カフカスの開発を本格的に進める方針も示された。

・復活した大規模テロ

だが、チェチェン戦争の終結が宣言された２００９年は、まさに「カフカス首長国」が本格的なテロ活動を開始した年であった。対テロ戦の終結宣言からわずか2ヵ月後の２００９年6月、ダゲスタン共和国の内務大臣が殺害されたのを皮切りに、「カフカス首長国」は北カフカスの政府機関や要人に対する襲撃事件を繰り返すようになったのである。これ以前に「カフカス首長国」が目立った活動を行っていなかったわけではないが（たとえば２００８年6月に北オセチアで発生した自爆テロ事件など）、２００９年半ば以降の活動は際立って活発化していく。政府機関や要人ばかりでなく、鉄道や通信などのインフラ施設、アルコールを売る商店、ギャンブル施設、異教徒の葬儀など、幅広い対象に対する攻撃がこの時期から北カフカス域内で激増し、多くの犠牲者を出したばかりか、政府機関の活動や経済にも深刻なダメージを与えるようになった。

「カフカス首長国」の攻撃対象は北カフカス域内にとどまらず、しかも無差別であった。２００９年にはモスクワとサンクトペテルブルクを結ぶ長距離列車「ネフスキー・エクスプレス」、２０１０年にはモスクワ市内の地下鉄2箇所（うち1箇所は連邦保安庁〈ＦＳＢ〉の本部があるルビャンカ駅が標的となった）、そして2011年にはモスクワ郊外のドモジェドヴォ国際空港が「カフカス首長国」の爆弾テロ攻撃を受け、多数の死傷者を出した。「ネフスキー・エクスプレス」を除くとこれらの事件では自爆テロ戦術が使用され、実行犯には女性も含まれていたことはロシア社会に大きな衝撃を与えた。

「カフカス首長国」の攻撃はイスラム教徒にも向けられた。過激な主張を行わず、ロシア社会と同化することで「ユーロ・イスラム」と呼ばれたタタールスタン共和国では、こうした姿勢を「背信的」と見る一部の過激派が「カフカス首長国」に合流し、2012年には現地のイスラム教指導者が殺害される事件が発生している。翌2013年にはタタールスタンの首都カザンで旅客機が墜落し、多くの犠牲者を出したが、現地のFSB支局長やタタールスタン大統領の息子が犠牲者に含まれていたことから、この事件についてもテロ説がある。

このような凄惨なテロ事件を引き起こす「カフカス首長国」は、しかし、決して狂信者の集団として片付けることはできない。北カフカスのイスラム過激派組織の研究で知られるエレーナ・ポカロワは、こうしたテロ攻撃が冷徹な計算に基づく行動であることを指摘している。

ポカロワによれば、これらのテロ攻撃はロシア政府や国民に対して最大限の効果を上げるよう綿密に計算された心理作戦である。直接戦闘ではロシア軍に勝てない「カフカス首長国」は、ロシアが北カフカスを支配し続けることが計算に合わないと考えるにいたるだけの犠牲と恐怖を植え付けるためにテロを計画し、実行している。したがって、テロ戦術も割に合わないとなれば一時的に停止することもあるし、やり方には微修正が加えられることもある。

たとえばポカロワが挙げるのは、２０１２年2月、ウマロフが突如としてロシア国民に対するテロ攻撃を手控えるようインターネットを通じて命じた事例である。その前年の12月、ロシアでは下院選の不正選挙疑惑が持ち上がり、翌年の初頭にかけて大規模な反政府運動が巻き起こっていた。「カフカス首長国」としては、このタイミングで大規模なテロを起こしてもロシア政府への支持を高めるだけであり、むしろテロを手控えることで国民の間に北カフカスでの治安戦に対する厭戦気分を引き起こすほうが得策であるという判断があったと思われる。

もっとも、この反政府運動は春になると急速に尻すぼみになり、5月にはプーチン大統領が復帰したことで、テロの抑制はほとんど無意味になった。前述のタタールスタンにおけるテロはこうした情勢下で起きたものである。また、２０１３年になると、「カフカス首長国」は翌年のソチ・オリンピックに対する妨害を戦略目標に据えた。同年7月、ドク・ウマロフはオリンピックを妨害するためにあらゆる手段を取るように呼びかけ、これに呼応して同年12月にはソチからほど近いヴォルゴグラードの鉄道駅とバスで合計3件の同時自爆テロが発生した。

ポカロワがもう一つ指摘しているのは、ウマロフら「カフカス首長国」指導部がグローバル・ジハード的な言説を繰り返す割に、実際にはそこから巧妙に距離を置いているという点である。特に２０１０年代の「アラブの春」では、中東のムジャヒディンに対して精神的な連帯を示しはしても、「カフカス首長国」の戦闘員が実際に中東へ向うことには消極的であった。北カフカスにおける武装闘争のために戦力を分散させたくないという思惑に加え、欧米から敵視されることを避けたいという計算もあったと思われる。

・「ISカフカス州」へ

ところがISがカリフ制の復活を宣言した2014年以降、「カフカス首長国」の一部指導者や野戦司令官が離反し、ISに忠誠を誓うという動きが見られるようになった。「カフカス首長国」は7つの地域から構成されることになっているが、現在までに南部の少なくとも4地域の指導者がISへの忠誠を表明している。これらの地域では依然「カフカス首長国」に忠誠を誓う指導者も併存しているものの、両者は競合関係にあるため、相対的に「カフカス首長国」の影響力は低下しているといえる。

さらに2015年6月、ISはこの離反勢力を「ISカフカス州」として正式に承認した。2015年8月にIMUが「ISホラサン州」に合流したことはすでに述べたが、その少し前には、ロシアの領域内にもISの「領土」ができていたわけである。さらに同年9月、「ISカフカス州」はダゲスタンのロシア軍施設に対する攻撃を自らの犯行であると認め、それ以降も北カフカスにおける襲撃や自爆テロを繰り返している。これに対してロシア側も掃討作戦を強化しており、すでに「ISカフカス州」とロシア治安部隊との交戦も幾度か発生している。

「カフカス首長国」に代わって「ISカフカス州」が台頭してきた背景の一つとして考えられるのは、前者の指導部における混乱であろう。「カフカス首長国」はドク・ウマロフをアミール（首長）とする自称「国家」ではあったが、実際には複数の武装勢力の連合体であった。そして各勢力は必ずしも常に協調的であったわけではなく、「カフカス首長国」内でも資金や武器などの配分をめぐる争いが度々起こっていたとみられる。また、これら野戦司令官たちは、自分たちの声に耳を貸そうとしないドク・ウマロフとの間でも確執を抱えていたという。

それが如実に現れたのが、ウマロフによる2010年8月の「引退宣言」とその後の混乱であった。同1日、「カフカス首長国」が運営するWebサイト上に掲載された映像の中で、ウマロフは首長の地位を退き、有力野戦司令官出身の副首長であったアスランベク・ヴァダロフを新たに首長に任命すると自らの口で語った。これ以前にウマロフはヴァダロフを自らの後継者として指名してはいたが、ウマロフが実際に首長の座を退くという表明はこれが初のことであった。ところが、この数日後、ウマロフはこのビデオが偽造されたものであるとして引退を否定し、後継者であるとされたヴァダロフやこれに同調する野戦司令官との間で分裂状態に陥ったのである。

翌2011年4月、この分裂劇を仕掛けたうちの一人とみられる野戦司令官のムハンマドがロシア内務省の掃討戦によって戦死した。こうした中で、ヴァダロフらは同年7月、ドク・ウマロフに再度忠誠を誓い、「カフカス首長国」も「分裂状態は解決された」と宣言したものの、実際には組織内には大きなしこりが残ったとみられる。また、一部の野戦司令官はウマロフに再度の忠誠を誓ったヴァダロフらには同調せず、「アラブの春」に揺れる中東へと渡って行った（後述）。

さらに2013年9月には、ウマロフが死去する。ロシア治安機関による毒殺であったとされるが、このことは、「カフカス首長国」のさらなる指導力低下を招いた。その後継者も選ばれるたびに掃討戦で戦死しており（2015年には連続で3人の「首長」が殺害された）、混乱が続いている。こうした指導部内における混乱は、「カフカス首長国」退潮の原因の一つと考えられよう。

図11　北カフカスにおけるテロや戦闘の犠牲者の数

	2010年	2011年	2012年	2013年	2014年	2015年	2016年（第1-3四半期）
死者	749	750	700	529	341	209	118
負傷者	956	625	525	457	184	49	75

（「メモリアル」公式サイト「カフカスのもやい」〈http://www.kavkaz-uzel.ru/〉より筆者作成）

もう一つの大きな要因とみられているのは、グローバル・ジハードの思想に共鳴する若い世代の支持離れである。「カフカス首長国」が実際には北カフカスに注力する戦略を取っていたことはすでに述べたが、こうした姿勢は、より先鋭化した若者たちにとってはどっちつかずなものと映った。「カフカス首長国」に忠誠を誓うグループの中にもシリア内戦に参加している者もあり、この意味では「カフカス首長国」もグローバル・ジハードと無縁の存在ではないが、カリフ制を再興したと主張するＩＳはより大きな求心力を持ったものと考えられる。

・ＩＳに身を投じる人々の増加

ちなみに２０１５年に連邦保安庁（ＦＳＢ）が発表したところでは、ロシアや旧ソ連諸国からＩＳに身を投じた人数は７０００人（うちロシア国民２０００人とされる）にも上る。「カフカス首長国」側はＩＳが「正しいシャリーアに則っていない」としてこれを認めない姿勢を示しているが、「カフカス首長国」の影響力の衰退傾向は止まっていない。

ロシア政府が懸念しているのは、北カフカスや中央アジアのイスラム過激派に対してＩＳが影響力をさらに拡大し、グローバル・ジハードの波がロシアを含む旧ソ連圏にも及んでくることである。「ＩＳカフカス州」がさまざまなテロ活動や攻撃を展開していることは既に述べた通りであるし、２０１５年10月にエジプト上空で発生したロシアの旅客機爆破事件は「ＩＳシナイ州」（エジプトにおけるＩＳ支部）による犯行とされている。また、２０１６年６月にトルコで発生したアタチュルク空港爆破事件の実行犯もＩＳと関係を持つチェチェン、キルギスタン、ウズベキスタン出身であったことが判明するなど、ロシア（及び旧ソ連諸国）とＩＳの関係は無視できない広がりを見せつつある。

ただし、本書を執筆している２０１６年半ばの時点において、「ＩＳカフカス州」によるテロや攻撃の規模は最盛期の「カフカス首長国」ほどにはいたっていない。たとえば北カフカスにおけるテロ事件などを監視するＮＧＯ「メモリアル」が公式サイトで公開している統計によると、北カフカスでのテロや戦闘で犠牲になった人の数（ここには一般人だけでなく、武装組織の構成員や治安部隊の隊員などすべてを含む）は、統計を取り始めた２０１０年から一貫して減少し続けている。これは「ＩＳカフカス州」が創設された２０１５年以降も同様である（表を参照）。

その背景としては、「カフカス首長国」が弱体化する一方、「ＩＳカフカス州」は設立されたばかりであり、どちらも大規模なテロや攻撃を行う能力に乏しいという点が挙げられよう。また、すでに述べたように「ＩＳカフカス州」の構成員は必ずしも北カフカスを戦場に選ぶとは限らず、その分、戦力が分散されているとも考えられる。

一方、ＩＳ側は北カフカス出身者の受入れにはそれほど熱心でないようにみえる。「ＩＳカフカス州」が成立する前の２０１５年4月、ロシア出身の有力ＩＳ幹部であるアブ・ジハード（グルジア出身のＩＳ「国防相」で２０１６年春に戦死したウマル・アル・シシャニの側近とされる）は、「やむを得ない場合以外は、自らの故郷でロシア軍や背教者へのジハードに努めよ」とのメッセージを、ＩＳに忠誠を誓った北カフカスのシンパに対して送っていた。ＩＳが求めているのは、北カフカスや旧ソ連諸国の出身者を中東に呼び込むというよりも、これらの国々にシンパを増やし、影響力を拡大することにあるのだろう。

したがって、中東においてＩＳの脅威は自国の安全保障に直結する問題なのである、というロシア政府の言い分も、単なるシリア介入の方便とはいえまい。たとえばシリアに渡った北カフカス出身者がロシアへと戻り、そこでテロを行うというケースは「ＩＳカフカス州」の成立以前から見られたパターンであった。「ＩＳカフカス州」の成立により、こうしたシリア帰還兵やロシア国内のＩＳシンパの活動がさらに活発になる可能性はある。

ただし、こうしたイスラム過激主義の脅威に対して、軍事力がどれだけの役割を果たしうるかはまた別の問題として考えなければならない。ロシアの猛烈な空爆は、たしかにＩＳやその他の反アサド勢力に深刻な打撃を与え、一時期は風前の灯とみられたアサド政権はパルミラなどの要衝を奪還することにも成功した。さらに２０１５年12月、プーチン大統領は「使用されないことを望む」としつつ、シリア攻撃に用いられている巡航ミサイルには核弾頭を搭載することも可能であると指摘して国際的な注目を集めた。

しかし、北カフカスや中央アジア（さらにいえば中東や東南アジアといったイスラム世界全体）でイスラム過激主義が求心力を持ち得たのは、そもそも近代国家による暴力的な支配への反発が根深く存在し、それが日々の貧困や腐敗、抑圧によって増幅されたためであると考えられる。その行き着いた先が近代国家を否定するＩＳであったことを考えれば、掃討作戦や空爆は短期的にジハーディストを制圧できたとしても、その記憶自体が新たなジハーディストを再生産する可能性が高い。

この意味では、ロシアは今後も「柔らかな下腹部」に不安定性を抱え続けることになると予想されよう。

第7章

軍事とクレムリン

モスクワは東京と同じく、中心に古い城塞を持つ街である。ただ、皇居が天皇という「象徴」の住居であるのに対して、クレムリンは生々しい政治の中心部である。クレムリン内部は一般市民も見学することができ、常に多くの観光客であふれているが、大統領府の置かれた一角には立ち入ることができず、黒い丸屋根には巨大なロシア国旗が翻っている。

軍事や安全保障が政治の不可分な一部である以上、その動向はクレムリンの内部で繰り広げられている権力闘争とは無縁であるということはない。そこで以下では、軍や情報機関をめぐる政治とクレムリンとの関係について見ていくことにしよう。

1.「シロヴィキ」の台頭

・クリミア介入を決めた「4人組」

報道によると、2014年2月のクリミア介入は、たった4人で決定されたという。その4人とは、プーチン大統領、イワノフ大統領府長官（当時）、ボルトニコフ連邦保安庁（FSB）長官、そしてパトルシェフ安全保障会議書記である。

この4人には、一つの共通点がある。全員がソ連時代のKGB（国家保安委員会）出身者であるという点だ。たとえばプーチン大統領がKGB第一総局の情報要員として東ドイツに駐在し、情報収集活動に当たっていたことは有名な話だが、イワノフ大統領府長官は英国やフィンランドといった非社会主義国での活動歴が長い（英国ではスパイ容疑によってペルソナ・ノン・グラータ＝好ましからざる人物として国外退去処分も受けている）。一方、ボルトニコフ長官やパトルシェフ書記は同じＫＧＢでも防諜（スパイ取り締まり部門）の出身である。

いずれにせよ、こうした重大決定がＫＧＢ出身者たちだけで下されたという事実は極めて興味深い。何しろ、ここには介入の主体となる軍の関係者、たとえばショイグ国防相さえ含まれていないのである。

もちろん、ショイグ国防相もプーチン大統領の最側近の一人ではある。ショイグ氏が国防相に就任したのは政権と軍の緊張が頂点に達していた時期であり、このようなタイミングで国防相を任されたこと自体、プーチン大統領の信頼の篤さを物語っている。このほかにも、対外政策の指導者であるラヴロフ外相や軍需産業を統括するロゴジン副首相など、プーチン首相の周辺には安全保障政策上の重要メンバーが何人かおり、彼らはプーチン大統領を中心とするインナーサークルを形成しているとされる。このような非公式サークルは、かつてのソ連共産党中央委員会における最高意思決定機関であった政治局（ポリトビューロー）にしばしばなぞらえられてきた。

だが、このクリミアへの介入決定のエピソードは、インナーサークルの中にさらに小さなサークルがあり、その門がＫＧＢ出身者だけに開かれていることを示しているのである。

プーチン政権の成立後、ロシアのマスコミで多用されるようになった言葉に「シロヴィキ」というものがある。この言葉はロシア語で「力」を意味する「シーラ」を語源としており、旧ＫＧＢ系の公安機関や、内務省・検察等の司法・治安機関、そして軍といった軍事・安全保障関連の省庁（「力の省庁」とか「武力省庁」と呼ばれる）の関係者あるいはその有力ＯＢといった意味で使われることが多い。

1999年末に大統領代行に就任したとき、プーチンが依拠したのはまさにこうした「シロヴィキ」たちであった。というよりも、当時のプーチンにはほかに拠って立つ基盤が極めて乏しかったといったほうがよいだろう。

序章でも触れたように、プーチンがKGBを退職したのは1991年のことであり、最終階級は中佐に過ぎなかった。その後、レニングラード大学時代の恩師でサンクトペテルブルク市長となったアナトリー・サプチャクの顧問に就任し、一時期は副市長にまでなるものの、サプチャクが再選に失敗したことで1996年に失職。大統領府総務局のボロディン局長の誘いで同局次長の職を得たのは実に1997年5月のことであった。要するに、プーチンがモスクワでのキャリアを歩み始めてから大統領代行に就任するまで、ほとんど2年半しか経っていない。この間、エリツィン大統領（当時）に見込まれたプーチンは連邦保安庁（FSB）長官や国家安全保障会議書記、そして首相などの要職を歴任しているものの、中央政界に確固たる基盤を築くには明らかに時間不足であった。国民の目から見ても、ウラジーミル・プーチンという人物はほとんど突然登場し（たいていの国民は安全保障会議書記の名前など知らない）、第二次チェチェン戦争を指揮したことでごく短期間で支持と知名度を上げたに過ぎない。

こうした状況下で、プーチン大統領が頼みにできた権力基盤は大きく分けて二つあった。サンクトペテルブルク市庁時代の人脈と、出身母体であるKGBの人脈である。

前者についていえば、サンクトペテルブルク市庁の同僚であったイーゴリ・セーチンはその筆頭であろう。のちにセーチンは大統領府副長官、副首相を経て、現在は国営石油企業ロスネフチの総裁を務めている。長らく財相を務め、経済面でプーチン政権を支えたアレクセイ・クドリンもサンクトペテルブルク市庁ではプーチン氏の同僚で、ボスであるサプチャク市長の再選キャンペーンではともに選挙対策に奔走した仲である。後に大統領となるメドヴェージェフは法律顧問という役回りであった。

プーチンのサンクトペテルブルク人脈といえば、ダーチャ（別荘）村の隣人たちのこともよく知られている。ロシアのダーチャ村は会員制のところが多く、管理人付きの柵の中で親密な人間関係が築かれることが多いが、「オーゼラ（湖）」と名付けられたこの別荘村は当時のプーチンらが共同で立ち上げたものであり、最初からある程度のサークルのようなものができていたようだ。それだけに、コムソモリスク湖に面したこの別荘村からは、プーチン政権下で重要な役割を担う人物が数多く出ている。たとえば、のちにロシア国鉄（ＲＺｈＤ）総裁となるウラジーミル・ヤクーニン、ＴＶ局「第一チャンネル」や大手紙「イズヴェスチヤ」などを傘下に収めることになるユーリー・コヴァリチューク、教育・科学大臣となるアンドレイ・フルセンコなどがここには含まれる。

また、前述のようにプーチン氏を大統領府総務局に引き入れてくれたのは当時のボロディン局長だったが、そこには同じくサンクトペテルブルク出身のボリシャコフ第一副首相の口添えがあったとされる。大統領になる過程でも、なった後も、サンクトペテルブルク人脈はプーチン大統領の重要なバックボーンであったといえる。

・エリツィンの「分割統治」

シロヴィキ人脈もまた、これに劣らず重要な働きを示した。特にプーチン大統領が重視したのは、自らの出身母体である旧KGB出身者たちである。

「旧」というのは、ソ連崩壊に先立つ1991年12月3日にKGBは解体されていたためだ。1991年8月に発生したモスクワでのクーデター未遂事件は、当時のクリュチコフKGB議長らが主導したものであり、これに対してロシア共和国大統領（当時）であったエリツィンは反クーデター勢力を率いてゼネストを呼びかけるなど、クーデター勢力と激しく対立した。このような経緯から、エリツィン大統領はKGBを構成していたいくつかの総局や局を独立の省庁に分割し、その弱体化を図ったのである。たとえばプーチンも所属していた対外インテリジェンス機関であるKGB第1総局は対外課報庁（SVR）、国内保安機関である第2総局は保安省（MB）を経て連邦防諜庁（FSK）、国境警備隊は連邦国境庁、という具合であった。

人事面でも「非KGB化」が進められた。対外課報庁（SVR）長官にはKGBの解体を主導した非KGB閥のエフゲニー・プリマコフ（共産党の機関紙『プラウダ』を経て世界経済国際関係研究所〈IMEMO〉所長などを務めた人物で、のちにソ連最高会議議長を務めた）、連邦防諜庁（FSK）長官には内務省出身のセルゲイ・ステパーシンが据えられた。

一方、エリツィン大統領が重用したのは内務省である。1991年8月のクーデターや1993年10月のモスクワ騒乱、1994年に始まった第一次チェチェン戦争といった重要な契機において、内務省はエリツィン支持に回った。ロシアの特殊機関に詳しいソルダートフに言わせれば、こうした事態においても軍や情報機関がなかなかエリツィンのために動こうとしないときでも、真っ先に手を挙げたのが内務省であった。この結果、内務省は旧ＫＧＢ系機関に比べて予算上の優遇を受けるとともに、旧ＫＧＢの対テロ特殊部隊「ヴィンペル」や「アーリファ」、組織犯罪対策局などを移管され、強い権限を有するようになったのである。

例外は、要人警護を担当していたＫＧＢ第9総局出身のアレクサンドル・コルジャコフであった。同人は長らくエリツィン大統領のボディガードを務め、エリツィン氏がモスクワ市共産党書記だった時代にゴルバチョフ書記長と対立して失脚してもテニスの相手を務めるなど、忠誠心を失わなかったことが評価されたといわれる。この結果、コルジャコフが第一副総局長を務めていた警護総局（ＧＵＯ。旧ＫＧＢ第9総局）は予算面での優遇を受けるだけでなく、通信傍受を担当する連邦政府情報通信局（ＦＡＰＳＩ）を傘下に収めるなど、「ミニＫＧＢ」と呼ばれるまでになった。

だが、これは特異例であり、総じていえばエリツィン政権下での情報機関は「分割統治」によって大幅に弱体化していた。これを象徴していたのが、1995年6月にロシア南部のスタヴロポリ州ブジョンノフスク市で発生した病院占拠事件である。この事件は第6章でも触れた「チェチェン・イチケリア共和国」の有力野戦司令官バサーエフ以下のゲリラ部隊が引き起こしたもので、1600人以上もの市民が人質に取られた。この直前、エリツィン大統領は連邦防諜庁（ＦＳＫ）の能力を強化する形で連邦保安庁（ＦＳＢ）の設置を命じる大統領令に署名したばかりだったが、弱体化していた当時のＦＳＢはこの事件の予兆を全く察知することができず、事件の発生を許したばかりか、それまで拒否していたチェチェン独立派との交渉を余儀なくされたのである。

・プーチン政権を支えるKGBコネクション

プーチン政権の成立後、このような構図は大きく変化する。端的にいえば、これはエリツィン政権下で分割されていた旧KGB機関を連邦保安庁（FSB）の下に統合するとともに、安全保障政策におけるFSBの役割を強化するものであった。前者に関して最も目立った動きは、2003年、国境警備隊を管轄下に置く連邦国境庁がFSBに再編入されたことであろう。国境警備隊は現在でも約18万人の人員を擁する大規模な武装組織であり、冷戦時代にはKGBの指揮下で中ソ国境の守りにもあたっていた。これがFSBの傘下に編入されたことで、FSBは自前の軍事力も取り戻したわけである。

また、同年には通信傍受や暗号を担当する連邦政府情報通信局（FAPSI）が解体され、その主要部局がFSB傘下となった。FAPSIの総人員は5万人ともいわれ、政府機関用の保秘通信システムの運用やインターネット監視、通信傍受、電波・信号情報収集、果ては新聞・雑誌の収集・分析から、選挙の投票集計システム「ブイボル」の開発・運用まで、極めて幅広い情報・保安活動を担当していた。したがって、FAPSIの主要部分を傘下に収めたことは、FSBの能力と権限を大幅に高めるものであったといえる。

ただし、FSBに再編入されなかった機関も少なくない。すでに述べた対外諜報庁（SVR）や、警護総局（GUO）の後継機関である連邦警護庁（FSO）がそれである。その理由は公式には明らかにされていないものの、当時の報道によると、両者はすでに大きな政治力を有しており、再びFS

Bの管轄下に入ることに抵抗したというのが真相のようだ。

たとえばSVRの前身であるKGB第1総局は膨大な対外インテリジェンス要員を抱える巨大組織であり、SVRとして独立した後も、FSBのほぼ倍もの予算を与えられていたとされる。FSOもGUO時代に得た強力な権限に加え、大統領府の莫大な資産を管理する利権の巣窟であったことから、FSBの傘下に入ることでこれを失うことを恐れていたという。プーチン大統領が旧KGB系組織の再編に着手した時点でKGB解体から10年以上が経過しており、その完全な再統合はもはや容易なことではなくなっていた。また、後述するように、プーチン大統領は敢えて旧KGB系機関を完全には統合せず、シロヴィキ同士の間にバランスを保とうとしていた節もある。本書の原稿を脱稿した後の2016年9月、ロシアではFSB、SVR、FSOの合併構想が報じられた。さらにプーチン大統領はフラトコフSVR長官を解任してナルィシキン下院議長を新長官に任命しており、旧KGB系機関の大再編が行われる可能性が出てきた。

旧KGB機関の中でFSBに再統合されなかったもう一つの組織としては、大統領特別プログラム総局（GUSP）がある。これはKGB第15総局の後継機関で、有事のための政府機関用シェルターの建築・維持・運用や戦時動員の管理などを司るとされている。モスクワの地下に存在するといわれる政府専用秘密地下鉄「メトロ－2」（「システマ－D6」とも）を運用しているのも、このGUSPであるという。この組織もなぜかFSBには統合されずに独立の地位を保っているが、長官には代々FSB出身者が就任していることから、事実上はFSBの強い影響下にあるものと考えられる。

さらにこれと並行して、プーチン大統領はKGB人脈を要所に配し、自身を中心とする「垂直的権力構造」の強化を図った。この点に関してよく引用されるのはロシア人の政治学者であるオリガ・クルィシタノフスカヤの研究であろう。同氏はプーチン政権下で登用されたエリートの研究を通じ、ロシア政府上層部におけるシロヴィキの比率が急速に高まったことを明らかにした。この研究によると、プーチン政権成立前ロシア政府上層部におけるシロヴィキの比率は13％ほどであったが（したがって、シロヴィキはもともとエリート層の中に一定の比率を占めていたし、プーチンもその一人であった）、これが２００３年には25％、２００８年には42％にも及んだとされる。

たとえばこの章の冒頭で紹介した「４人組」のひとりであるイワノフが２００１年に国防相に任命されたことは第１章で触れた。ロシアの国防相といえば軍出身者と相場が決まっており、情報機関出身者が就任するのはスターリン時代のブルガーニン（同人は戦前、ＫＧＢの前身である非常事態員会［チェーカー］に所属していた）以来である。

一方、内相のポストには当初、国会議員のボリス・グルィズロフが据えられた。グルィズロフは無線技術者出身で正式にはＫＧＢ閥ではないが、当時のパトルシェフＦＳＢ長官とは小学校の同級生であり、それ以降も深い関係を有していたとされる。特に同人がソ連崩壊後に立ち上げたいくつかの会社にはパトルシェフをはじめとするＫＧＢ人脈が名を連ねており、ソ連時代からＫＧＢの協力者だったのではないかという疑惑もある。その後、グルィズロフは２００３年に国会議員に戻ったため、後任にはＫＧＢ／ＦＳＢ出身のラシド・ヌルガリエフが就任した。

一方、連邦保安庁（ＦＳＢ）長官だったパトルシェフは２００８年に国家安全保障会議書記に任じられ、国家対テロ委員会（ＮＡＫ。第６章参照）議長も兼ねるようになった。これにより、安全保障政策の策定や、冷戦後のロシアにとって喫緊の課題となった対テロ作戦の調整権限がＦＳＢ系人脈へと委ねられたわけである。対テロ戦についてもう少し述べておくと、対テロ委員会は各連邦管区のレベルにも設置されるが、その議長となる連邦管区全権代表は前述のようにＫＧＢ出身者が多く、副議長には各地域のＦＳＢトップが就任する。さらにＦＳＢは２００１年以降、内務省に代わってチェチェンでの対テロ作戦指揮を担当したが、これは情報機関が対テロ作戦の指揮権を握った初めての事例であった（もっとも、それだけにＦＳＢの手際はよいとはいえなかったらしく、２００３年には再び内務省へと掃討戦の指揮権が戻されている）。

また、公式にＫＧＢに属したことがなくても、ＫＧＢと関係を持っていたといわれる人物も多い。たとえば本書の中ですでに登場した人物の名をあげるだけでも、チェメゾフ（「ロステフ」総裁）、ヤクーニン（元国鉄総裁）、セーチン（「ロスネフチ」総裁）らはこうした非公式ＫＧＢ人脈に数えられているし、ナルィシキン下院議長についてもＫＧＢの協力者であったとの報道が見られる。グルィズロフのＫＧＢ人脈については先に述べた通りだ。

それどころかセーチンなどは公式には一度もＫＧＢに所属したことがないにもかかわらずシロヴィキ人脈に強い影響力を有し、「シロヴィキの総帥」とまで呼ばれる。１９７０年代にレニングラード大学でポルトガル語を学んでいたセーチンは、在学中と卒業後にアンゴラとモザンビークにソ連軍事顧問団の通訳として派遣されていたが、このような任務を与えられたのは平素から大学内でＫＧＢの協力者であったためであるというのが大方の見解である。同時期にレニングラード大学に学んでいたプーチンも在学中からＫＧＢに協力していたとする見方がある。

ＫＧＢは公式に別の身分を持つ人物をリクルートしたり、ＫＧＢ要員を偽装身分で民間企業や外交機関で勤務させるという方法を日常的に用いていたため、公式なＫＧＢ勤務歴がなくても実質的にはシロヴィキだった、という人物は相当多数に上る。前述したロシアの政治学者クルィシタノフスカヤによると、こうした「非公式シロヴィキ」まで含めるとロシア政府上層部のシロヴィキ比率は約70％にもなる。

また、これら有力シロヴィキたちの顔ぶれを見ていると、武力省庁の出身者であるというだけでなく、レニングラード（サンクトペテルブルク）にゆかりのある人物が実に多い。特にセーチンをはじめとする非公式ＫＧＢ人脈ではこの傾向が顕著で、前述した別荘村「オーゼラ」の隣人もここには多く名を連ねる。プーチン大統領を支えるサンクトペテルブルク人脈とシロヴィキ人脈は別個のものではなく、密接に関わりあっていることが読み取れよう。

とはいえ、ここまで露骨に二つの人脈を優遇すれば、それが縁故政治につながることは想像に難くない。２０００年代のロシアではこんなアネクドートが生まれたものである。

地下鉄にて

「失礼ですが、あなたはサンクトペテルブルクのご出身ですか？」

「いいえ」

「では前はＫＧＢに勤務しておいでで？」

「違いますが」

「なら足をどけろ、この野郎。俺の靴を踏んでるんだよ！」

２０１５年末には、アネクドートを地で行くような事態が発生した。シロヴィキ達の多くは自らの権力を利用して息子を銀行や大企業に就職させており、20代や30代で役員になっていることも少なくない。セーチンも自らが会長を務めるロスネフチに息子のイワン・セーチンを入社させており、わずか25歳にして同社の大陸棚共同開発プロジェクト部副部長というポストまで与えていた。

どう考えてもコネ人事だが、ここまではロシアではそう珍しい話ではない。ところが同年12月にイワン氏が突如として叙勲されたことで、ロシア中の注目が集まった。プーチン大統領手ずから渡された勲章の名は二等勲章「国家への貢献」で、産業分野での多大な貢献又は祖国防衛の分野に関する献身に対して与えられるものとされている。イワン・セーチンの場合は、エクソン・モービルと合弁で進められていた大陸棚開発プロジェクトの功績が認められたということになっているが、叙勲された時点で同人はロスネフチに1年も勤務しておらず、「多大な貢献」などなかったことは明らかだ。

多少の縁故人事には慣れているロシア人にもさすがにこれは行き過ぎと映ったらしく、ネット上では一時期、叙勲を非難する声やこれを皮肉ったジョークが氾濫した。プーチン大統領の権力をがっちりと固めたかに見えるシロヴィキ人脈だが、その腐敗は早くも進んでいる。

2. シロヴィキをめぐる軋轢

・軍という「聖域」

プーチン政権下で台頭してきたシロヴィキだが、これは一種のマスコミ用語であって、シロヴィキに属する人々が一枚岩であるというわけでは決してない。特にシロヴィキという言葉を最大限広義に解釈した場合、そこには軍、内務省、旧KGB系諸機関、さらには検察など多様な省庁の関係者が含まれることになり、とても一律に扱えるものではない。

中でも特殊な地位を占めるのが軍である。ソ連時代から軍は強い権限を持ち、国防省内の主要ポストもほとんど制服組で独占するなど、一種の「聖域」を形成してきた。その一方、ソ連軍内部には軍政治総局が設置され、各部隊にいたるまで政治将校が配置されるなど共産党による一定のコントロールが存在していたが、ソ連崩壊後にはこのようなコントロールも失われてしまった。

ただし、ソ連/ロシア軍には、積極的に政治に容喙しようとするカルチャーは希薄である。ソ連軍はスターリン書記長による大粛清に遭ってもクーデターを起こさず、1991年8月のクーデターでも大部分の部隊は決起に同調しなかった。軍は政治の局外にいるべし、というのがロシア軍人たちの一種の伝統になっているようにもみえる。

一見するとこれは清廉な態度のようでもあるが、裏返すと軍人が非軍事の領域について極めて鈍感であるということでもある。ときとしてロシア軍首脳部が現在の政治・経済環境からしてひどく現実離れしたことを言い出す背景にも、こうしたカルチャーが存在している可能性はあろう。第1章で紹介したように、軍が経済危機下でも莫大な装備更新費用を要求して財務当局と対立した事例などはその一つに数えられる。ある研究者は、ソ連／ロシア軍には「経済的制約についての意識が薄く、経済が軍事に合せるべきだ」という思想が存在すると指摘している。

また、こうしたカルチャーは、政治が軍事に介入することを極端に嫌う、という現象にもつながる。その典型が、やはり第1章で触れた軍改革に対する抵抗であった。

いずれにしても、プーチン政権にとっては軍の掌握は重要課題であった。軍改革によってロシア軍の作戦遂行能力を立て直すとともに、自らの基盤である連邦保安庁（ＦＳＢ）に安全保障政策の中心を移す必要があったためである。

・軍にメスを入れたプーチン

そこで、特に後者の観点からプーチン政権下での軍改革を眺めてみると、焦点は常に参謀本部の地位にあったことがわかる。参謀本部はロシア軍の「頭脳」とも呼ばれ、情勢分析や計画立案など文字通りの参謀業務だけでなく、諜報活動を含めた広範な情報収集、ロシア軍のオペレーション全般に関する指揮、それらを全軍に行き届かせるための通信などを担う、事実上のロシア軍総司令部としての性格を有する。そして参謀本部がこうした広範な権限と能力を持っていることが、軍全体の政治に対する独立性にもつながっていたのである。

そこでプーチン大統領は自らが任命したイワノフ国防相を通じ、参謀本部から作戦指揮権限を取り上げて純粋な参謀組織に近付けようとした。つまり、「参謀本部の参謀本部化」である。具体的には、参謀本部の権限を軍事力整備に関する計画策定に限定する一方、それまではっきりしていなかった参謀本部と国防省の関係が２００４年の国防法改正で明確化され、参謀総長は国防相を通じてしか大統領に報告を行えないと規定された。セルジュコフ国防相の下ではこの路線がさらに推し進められ、参謀本部の中核組織である作戦総局の規模がほぼ半分に削減されたほか、参謀本部が握っていた装備調達関連の権限も、新たに設けられた連邦装備調達庁という国防省の外局に移管された。

このようにしてみると、プーチン政権下における軍改革とは、軍の運用体制のみに関するものではなく、軍という組織の政治的位置付けに関する改革でもあったことがわかる。ただし、それは中途半端にしか実現しなかった。当初のイワノフ国防相に関していえば、激しい軍の抵抗に遭遇したことに加えて、イワノフ自身が国防に関して比較的保守的な考え方を持っていたために、将軍たちに同調する場面が少なからず存在していた。また、イワノフ時代には、ロシア史上初の試みとして財務省の女性官僚であるリュボフ・クデーリナが国防省の財務担当次官に任命されたが、同人もまた軍事予算については極めて保守的な考え方をする人物であり、期待されたような軍の財政透明化はほとんど進まなかった。アウトサイダーはときとしてインサイダー以上にインサイダー的なのである。

一方、セルジュコフ国防相には国防に関する確固とした意見というものはなく、ひたすらにプーチン大統領の描いた軍改革プランを実現すべく反対派を排除していった。ただ、セルジュコフ国防相の下でさえ、「参謀本部の参謀本部化」が完全に達成されたとは言い難い。たとえばセルジュコフ国防相は当初、参謀本部のインテリジェンス機関である情報総局（ＧＲＵ）を国防省中央機構（日本の防衛省でいえば内局にあたる）側に移管しようとしていたが、結局はＧＲＵ隷下の特殊部隊を軍管区へと移管するだけで終わっている。

・ロシア軍の「目」と「神経」をめぐる闘い

本書でも度々登場してきた情報総局（ＧＲＵ）は、課報員としての訓練を受けた軍人たちのヒューミント（ＨＵＭＩＮＴ。人間による課報活動）に加え、偵察衛星や電子偵察機、情報収集船等を用い情報収集・解析をするインテリジェンス活動であるイミント（ＩＭＩＮＴ。画像）、エリント（ＥＬＩＮＴ。電子）、シギント（ＳＩＧＩＮＴ。信号）を行う対外インテリジェンス機関である。

ＧＲＵの課報員はもちろん我が国でも活動しており、古くは日本最大のスパイ事件を引き起こしたリヒャルト・ゾルゲから、１９９０年代に海上自衛隊の三等海佐に内部資料を渡させていたボガチョンコフなど、多くのＧＲＵ課報員が非合法な情報収集を行ってきたことが発覚している。最近では、元陸上自衛隊の東部方面総監が駐日ロシア武官のコワリョフ大佐に内部資料を渡していたことが発覚し、書類送検されるという事態も生じている（帰国後、コワリョフ大佐はこの資料などを基に『ジェイタイ』という本を出版した）。

このように強力なインテリジェンス能力を持つゆえに、ＧＲＵを誰が管理するかは大きな問題であったが、セルジュコフ国防相といえどもこれを完全に軍から取り上げることはできなかった。

また、参謀本部は通信総局も死守した。情報総局（ＧＲＵ）が全ロシア軍の「目」であるとするならば、通信総局は「神経」であり、両者を握っている限り、参謀本部は事実上の総司令部であり続けることができたためである。

・軍の逆襲――セルジュコフ国防相をめぐるスキャンダルの暴露

さらにセルジュコフ国防相が失脚すると、軍は逆に自らの地位を固めにかかった。

まず、2013年には国防法が改正され、参謀本部は国防相を経由することなく大統領に対して報告を行えることが盛り込まれた。2004年の国防法改正に完全に逆行する規定である。また、同年、プーチン大統領が発出した参謀本部の地位についての大統領令では、参謀本部が「軍の統一的な戦闘指揮」を担うとされた。第1章冒頭で取り上げた国家国防指揮センター（NTsUO）も、2013年の法改正によって規定された「参謀本部の総司令部化」を物理的に裏付けるインフラであるといえよう。

いずれにしても、セルジュコフ国防相の失脚劇はプーチン政権に相当のショックを与えたとみられる。というのも、これは軍や情報機関がかなり周到に仕組んだシナリオであった可能性が高いためだ。

当時の報道によると、内務省の捜査班がセルジュコフの愛人で汚職の中心人物とみられていた女の自宅に踏み込んだとき、そこにはバスローブとスリッパ姿のセルジュコフ自身もいたという。おそらくはセルジュコフが部屋にいるタイミングを狙うことで、汚職問題と愛人問題をいっぺんに暴露し、決定的な政治的打撃を与える作戦であったとみられる。だが、ロシアの国防大臣といえば大統領や参謀総長とともに核兵器の発射装置（いわゆる「核ボタン」）を与えられた最重要人物であり、公的な行事に出席しているとき以外、その居場所は厳重に秘匿されている。秘密裏に行われていた汚職の証拠を捜査当局が摑んでいたこととあわせて、軍や情報機関からの内通があったという見方は当時から存在していた。

ここでなぜ、情報機関が出てくるかといえば、セルジュコフ改革には情報機関にとっても面白くない部分があったとされるためである。たとえばセルジュコフ国防相の下では、軍の綱紀粛正を図るために軍警察（憲兵隊）が設置されたが、これは軍内部における情報漏えいなどを監視する連邦保安庁（FSB）の機能と一部バッティングするものであった。また、セルジュコフ国防相は自らの補佐官をFSBの公安局長に就任させるという人事をごり押しして通しているが、これも外部の人間を受入れることを極端に嫌うFSBの不興を買ったとされる。

もっとも、セルジュコフはプーチン大統領自身が任命し、自らの青写真に基づいて軍改革を推し進めさせた人物である。それだけに、セルジュコフを完全に見放すことはプーチン大統領の沽券に関わる問題であった。セルジュコフをめぐるスキャンダルが明るみに出てからプーチン大統領は2週間ほど沈黙を守っていたが、この間、クレムリン内部ではセルジュコフの処遇をめぐって大統領と軍との間で激しい応酬があったといわれる。結局、セルジュコフは罷免されはしたものの、訴追されることはなく、ほとぼりが冷めたところでチェメゾフの「ロステフ」で目立たない役員の地位を与えられた。その後もセルジュコフ訴追の動きは幾度か持ち上がったものの、すべてうやむやに終わっている。

一方、セルジュコフの分まで罪をかぶったのは、汚職の中心人物にして愛人であったエフゲニヤ・ワシリエワであったが、その後の彼女は非常な開き直り方を見せた。裁判中、自宅軟禁とされた彼女はツイッターに＠EVAHOMEALONE（「家でひとりぼっちのエフゲニヤ」）というアカウントを開設して手持ち無沙汰に描いた絵を公開したり、セルジュコフを皮肉るようなツイートを連発。しまいにはセクシーなボディースーツを着てモデルたちと踊るミュージックビデオまで製作し（このビデオは屋外で撮影されているため、自宅軟禁中の彼女がなぜ外出できるのかと大いに議論を呼んだ）、奇妙な人気を得るにいたった。もっとも、その彼女も２０１５年に懲役5年の判決を受けて服役中である。

・存在感増すショイグ

こうした経緯があるだけに、セルジュコフの後任となったショイグ国防相は、軍の扱いに相当気を遣っているようだ。上級大将の階級章を付けた制服姿で公の場に姿を表すのはその一つであろう。ショイグは技師出身で軍人ではないが、非常事態相であった当時は一種の名誉階級として上級大将の階級を与えられていた。非常事態省内には通常の消防やレスキュー隊と別に、軍事組織としての資格を有する民間防衛部隊が存在するので（というより、非常事態省はもともとソ連軍民間防衛部隊から発展した組織である）、その指揮官という位置付けである。それもモスクワ州知事に就任する際、もう軍事部隊を指揮することはないのだからということで返上していたのだが、急遽国防相就任が決まると上級大将の階級も「現役復帰」させられた。常に背広姿だったセルジュコフとは異なり、「同じ軍人である」という身内意識を狙っての演出ではないかと思われる。

ショイグ国防相のこの方針は、部下である国防次官たちにも及んでいる。現在、ロシア国防省には2人の第1国防次官（うち1人は参謀総長）と8人の次官がいるが、ショイグ国防相が就任して以来、文民の次官も軍服のような制服を着用するようになった。

2016年にモスクワ郊外で開催された軍事技術フォーラム「アルミヤ2016」で演説するショイグ国防相（著者提供）

さらにショイグ国防相は細かい軍事政策には口出しせず、軍人に任せるという方針をとっている。この結果、セルジュコフ時代の改革が巻き戻される傾向にあることは第1章でも触れたとおりである。

ショイグが軍をなだめにかかっているのは、もちろんセルジュコフ改革によって傷ついた政権と軍の関係修復という側面が大きい。ショイグは有能な政治家としてだけでなく、人格者としても知られており、この種の役割にはうってつけであろう。筆者はショイグが大臣であった当時の非常事態省を訪れたことがあるが、行く先々で同人の人柄を褒める声を耳にしたのが印象的であった。自分の故郷であるトゥバ共和国では両親を失った子どもたちの支援運動をやっているという話もこのとき聞いた。

ロシア国民の間でもショイグ人気は極めて高い。世論調査で「次期大統領にふさわしいのは？」や「信頼できる政治家は？」という質問があると、ショイグは大抵トップ3には入る。1位ということも珍しくはない。では、ショイグ自身はどうなのかというと、非常事態相であった当時には、そのような野心があったようには見えない。

また、非常事態相は、敵を作らず、常に「救済者」として振る舞えるポストである。ましてそのポストを能率的に切り回していれば、国民の好感度はたしかに高まるだろう。

・ショイグの変貌？

だが、セルジュコフの失脚という突然の事態によって国防相に任命されたことにより、ショイグの立場は大きく変わった。今やショイグはウクライナやシリアで戦うロシア軍を預かる立場であり、欧米に対して厳しいことも口にせねばならない。かつてはいかにも「実直」という表情だったが、最近の報道写真ではひどく恐ろしい顔をしていて驚くこともある。とはいえ、もしもショイグが首相や大統領といったポストを狙うのであれば、国防相として荒事を切り回す経験を積むことはプラスに働くだろう（そして今のところ、ショイグはそれを比較的うまくやっているようである）。

一方、彼がトゥバ人の父を持ち、純粋なスラヴ系ではないことはなんらかの障害となるかもしれない。ロシアは多民族国家であり、かつてグルジア出身のスターリンが書記長に、ユダヤ人であると噂されるメドヴェージェフが首相にもなれる国ではある。しかし、アジア系の国家指導者はこれまで例がなく、しかもショイグは仏教徒であるとみられてきた。

そこで注目されるのが、2015年5月9日の対独戦勝記念日におけるエピソードである。戦勝記念式典は午前10時ちょうどに始まり、モスクワの場合はまず、赤の広場に整列した兵士たちの前でオープンカーに乗った国防相が挨拶をすることになっている。ところがこの年、ショイグは、広場の入り口で待機するオープンカーの上で正教式の十字を切った。同人が参加したそれ以前の式典（2013年及び2014年）では見られなかった振る舞いだ。ショイグは2016年の戦勝記念式典でも十字を切ってから入場している。カメラの前で正教徒であることを明らかにした形だが、これが「全ロシア国民のリーダー」を目指すショイグの野心の表れであるという見方もある。

もうひとつの変化は、「人格者」、「清廉」というイメージのあったショイグの周辺にも何かとよくない噂が見られるようになってきたことだ。筆者がこれに気付いたのは、2016年の春頃、ロシア人の友人から「画像検索に『ショイグの別荘』って入れてみてください。笑えますよ」と教えられたときである。その通りにしてみると、出てきたのはまるで忍者屋敷のごとき東アジア風の豪邸であった。それも適当に似せてあるという程度ではなく、きちんと瓦が葺かれた立派なものだ。よく見ると、奥には赤い橋のかかった池もあり、この別荘全体が日本趣味で作られたらしいことがわかる。

この豪華な別荘の件は、2015年10月にロシアの汚職監視団体が暴露してからロシアのインターネット上で話題になっていたようだ。同団体の調査によると、この別荘は高級別荘地リュブロフカの中心部を占め、面積は約9000平方メートル。この土地は2010年と2011年に2度に分けて売り出されたが、最終的にそれらを購入したのはショイグの娘であるクセニア・ショイグだったことが登記文書から判明した。当時、彼女は弱冠18歳。土地と建物合わせて1800万ドル相当と試算される資金は一体どこから出てきたのだろうか。仮に彼女の父親が資金を出したのだとしても、法律に基づく収入公開によると、2010～2012年の期間におけるショイグ家の収入は合計1億7000万ルーブルほどに過ぎない。しかも、この間にショイグ家はタワーマンションまで購入している……清廉を売りにしていたショイグだが、セルジュコフと同様、役得に預かっていたことには変わりがないようだ。

ただ、ユコス事件に関しても述べたように、こうしたことを行っているのは一人ショイグばかりではない。ショイグの「役得」がどのくらいの規模に及んでいるのかは明らかでないが、閣僚や政府高官は多かれ少なかれこの程度のことはやっているだろうし、国民もそのことは承知している。したがって、ショイグの汚職疑惑も、それが国民に受け入れがたいレベルとまでみなされるかどうかが鍵になると思われるが、大きな広がりを見せていないところからすると、このくらいはロシア人にとって「想定内」なのだろう。

・ピノチェト・モデル

シロヴィキ同士の関係についても考えてみたい。前述した政治学者クルィシタノフスカヤは、シロヴィキ間関係を考える場合には顕微鏡的な視点と望遠鏡的な視点が必要であると述べている。つまり、顕微鏡を使って仔細に観察すれば、シロヴィキは互いに激しく競い、対立し、争っている。だが、遠くから望遠鏡で見ると、シロヴィキと呼ばれる人々やその所属官庁には一定の共通する行動パターンがある、というのである。

その共通性を筆者なりの言葉で要約すれば、国家主義、全体主義、保守主義ということになろう。クルィシタノフスカヤ自身はこれを「アンドロポフ流」、あるいは「ピノチェト・モデル」と呼んでいるが、要は権威主義的な政治体制と市場経済の混合体制である。

共産主義体制は経済を硬直化させ、技術的停滞や日常的なモノ不足をもたらした。この意味では、プーチン大統領を含むシロヴィキたちもソ連という体制が失敗であったことを認めている。しかし、厳格な上意下達のヒエラルキー、強力な軍事力及びインテリジェンス体制、国民の動員及び監視といったソ連の政治・社会体制については、彼らはそれほど悪い思い出を持っていない。というよりも、おそらく積極的に肯定している。やや単純化するならば、プーチン大統領を含むシロヴィキ達の国家像とは、経済システムだけを取り換えたソ連のようなもの、ともいえよう。クルィシタノフスカヤによれば、かつてこうした体制を実現したのがチリの独裁者ピノチェトであり、そのモデルを最もよく受け継いだのが現在の中国ということになる。

・シロヴィキvs.シロヴィキ

もっとも、「顕微鏡」的な視点もまた忘れてはならない。軍と連邦保安庁（ＦＳＢ）の微妙な関係についてはすでに触れたが、同じ保安・情報関係機関や有力シロヴィキ個人の間にもそうした関係は存在しているし、そこには一定の派閥のようなものもある。たとえば、ともに国内保安機関であるＦＳＢと内務省の間にはライバル関係が存在するし、後述する最高検察庁と捜査委員会は設立の経緯かららして敵対関係にある。また、人脈で見ると、大きく分けてセーチンとイワノフを中心として有力シロヴィキの二大派閥が形成されてきた。

こうした派閥の存在は、ときに激しい抗争にもつながる。中でも有名なのは、2000年代半ばに発生したパトルシェフvs.チェルケソフの争いであろう。当時、FSBのナンバー2である第一副長官の地位にあったチェルケソフは、ナンバー1であるパトルシェフ長官を追い落として自らがFSB長官になろうとしていたと伝えられる。しかし、この野望は結局叶わず、チェルケソフは2003年に新設された連邦麻薬取締庁（FSKN）の長官に任命された。

連邦麻薬取締庁（FSKN）は旧連邦税務警察（人員約4万人）を基礎として設立されたそれなりに強力な警察組織で、実際には麻薬に限らず違法な流通活動全般を監視していたとみられる。また、指揮下には麻薬取締専門の特殊部隊「グロム」を擁するなど、一定の武力を備えてもいた。FSBでの権力争いに敗れたチェルケソフに同庁長官の座が与えられたのは、プーチン大統領なりの温情主義とも、反感を抱かれないための宥和策とも考えられる。だが、チェルケソフはFSKN長官で収まっているつもりはなかったようだ。

2006年、大手輸入家具チェーンの「トゥリ・キター（3頭のクジラ）」をめぐるスキャンダルが発覚した。これはFSBの幹部が税関を抱き込んで外国製家具を密輸していたというもので、一度は証拠不十分であるとして検察が捜査を打ち切ったものの、後にプーチン大統領直々の指示によって捜査が再開された。これに伴い、パトルシェフFSB長官と同じくセーチン派に属していたウスチノフ検事総長は、勝手に捜査を打ち切った責任を取って法相に退き（ロシアでは検事総長よりも格下とされる）、代わりにチェルケソフ派の一人とされていたチャイカ法相が検事総長に昇進した。さらにチェルケソフ氏は連邦麻薬取締庁（ＦＳＫＮ）を使って「トゥリ・キター」をめぐる余罪の捜査を続けさせ、パトルシェフ陣営にさらなる打撃を与えようとしたとみられる。チェルケソフの背後にはイワノフ国防相兼副首相（当時）の存在があったとされ、この抗争にはイワノフvs.セーチンという側面もあったようだ。

これに対して、パトルシェフ側は２００７年から反撃に転じた。その第一歩となったのが、同年８月のバルスコフ逮捕である。バルスコフはサンクトペテルブルクの有力マフィア「タンボフ・ファミリー」のドンとされ、チェルケソフや、同人と親しいゾロトフ大統領警護局長（当時。後に、次節で取り上げる連邦国家親衛軍庁［ＦＳＶＮＧ］長官となる人物）とも昵懇の仲であったとされる。

続く９月には、捜査委員会（ＳＫ）なる組織が設立された。捜査委員会は最高検察庁の傘下機関ということになってはいるものの、その委員長は大統領が直接任命する事実上の独立機関であり、従来の最高検察庁が有していた捜査権限の多くを引き継いでいた。それどころか不逮捕特権のある国会議員に対しても捜査権限を持つなど、検察以上に強力な捜査機関であり、「ロシア版ＦＢＩ」などとも呼ばれる。委員長には、パトルシェフ派の一人で、レニングラード大学時代にはプーチン大統領と同窓であったバストルィキンが任命された。検事総長のポストをチェルケソフ派に奪われたため、パトルシェフ派が最高検察庁の骨抜きを図ったものと考えられる。

さらに同年、衝撃的な事件が発生する。ＦＳＢと捜査委員会（ＳＫ）の捜査員がモスクワのドモジェドヴォ空港で連邦麻薬取締庁（ＦＳＫＮ）の幹部を拘束したのである。その中にはチェルケソフＦＳＫＮ長官の右腕ともいわれるブリボフ運用局長が含まれており、両者は互いに銃を抜いて撃ち合い寸前にまでいたっていたという。後の裁判でブリボフが述べたところでは、同人はあの「トゥリ・キター」事件の捜査担当者であり、そのためにFSBに狙われたのだとしている。

しかも、捜査委員会（SK）の上位機関であるはずの最高検察庁がブリボフ逮捕は不当であるとして裁判所に公判取り消しを要請するなど、FSB対FSKNの対立が検察にも広がっていることが明らかになった。

ブリボフ逮捕で形勢不利に追い込まれたチェルケソフは、奇策に出る。10月9日、有力経済紙『コメルサント』に「戦士は商売人になってはならない」と題した公開書簡を掲載し、シロヴィキ同士の対立が発生していることを暴露したのである。ソ連崩壊後のロシアを救ったのはシロヴィキの団結であり、そのシロヴィキ同士が争ってはならない、シロヴィキ同士の戦いは国を危うくするばかりで勝者は存在しない、と問題の記事は主張していた。

だが、このような行いは、秩序を重んじるプーチンからは快く思われなかったようだ。それまでパトルシェフvs.チェルケソフの対立に沈黙を守ってきたプーチン大統領であったが、チェルケソフ氏の書簡が公開されるにいたって、「汚れた下着は表に干すな」と述べて不快感を示したのである。さらにプーチン大統領は問題の書簡にはそもそも目を通していないと切り捨てた上で（おそらく事実ではないだろう）、シロヴィキ間には抗争など存在しないとして、抗争説自体を否定した。さらにプーチン大統領はこの少し前にFSB本部を視察に訪れていたから、「汚れた下着」発言はチェルケソフ陣営の完全敗北を意味するものと考えられた。

・幕切れ

ところが、事態はさらに意外な展開を迎える。10月20日、プーチン大統領は国家反麻薬委員会（GAK）なる組織を設立するとテレビ番組出演中に明かし、チェルケソフFSKN長官をその委員長に任命したのである。身内の恥を暴露した格好のチェルケソフ氏をプーチン大統領が「昇格」させた背景ははっきりしないが、一方的にチェルケソフ陣営が不利になることでシロヴィキ内のパワー・バランスが崩れることを恐れたともいわれる。当時のロシアは2008年に大統領選を控えており、しかも憲法の三選禁止規定によってプーチン大統領は出馬しないことになっていた。こうした中で安定した政権移行を果たすためには、チェルケソフがあまり急速に失脚するのは望ましくないという計算もあったのではないか。

実際、大統領選が終わると、チェルケソフの影は急速に薄くなった。2008年5月、就任したばかりのメドヴェージェフ大統領はチェルケソフをFSKN長官から解任し、これと同時に同人は国家反麻薬委員会（GAK）委員長からも解任された（GAK委員長はFSKN長官が兼任すると設置法で規定されているため）。解任されたチェルケソフは連邦装備調達庁の長官を2年ほど務めたものの、この組織は事実上、チェルケソフの左遷先として設置されたものとみられており、後にセルジュコフ国防相が自らの直轄機関とするまではほとんど活動実態がなかったとされる。その後、チェルケソフはロシア共産党の下院議員へと転じており、完全に政治シーンから姿を消したわけではないものの、名実ともにシロヴィキの有力者ではなくなっている。チェルケソフ派の有力メンバーであったイワノフも、選挙後、第一副首相からヒラの副首相へと名目上は降格された。

一方、チェルケソフが連邦麻薬取締庁（FSKN）長官を解任されたのと同じ2008年5月12日、ライバルであったパトルシェフ氏は国家安全保障会議書記に任命され、FSB長官の後任には、同じパトルシェフ派と目されていたボルトニコフ（KGB／FSB出身）が就任した。さらに2011年には、形式的には検察の一部であった捜査委員会（SK）が独立してロシア連邦捜査委員会（SKR）となっている。

3．「国家親衛軍」をめぐって

・ゾロトフのリベンジ？

前節では、メドヴェージェフ政権誕生の前夜に起きたシロヴィキ間抗争とその帰結について見てきた。一見すると、この抗争はセーチン＝パトルシェフ派の優勢に終わったといえそうだが、それが完全勝利とまでいえなかったことは、この章の冒頭で挙げた「4人組」の顔ぶれからも明らかである。結局のところ、プーチン大統領にとって都合がよいのはシロヴィキ内での「勢力均衡」なのであり、いずれかの派閥が覇権を握ることは避けたいのだろう。この意味では、2012年5月に復帰したプーチン大統領がセーチンを副首相職から外し、「ロスネフチ」の会長に専念させたことは興味深い人事であるといえる。

さらに2016年4月、プーチン大統領は、「国家親衛軍」と呼ばれる新たな武力機関の設置を命じる大統領令に署名した（その概要については次節で詳しく触れる）。興味深いのは、この国家親衛軍を管理するために連邦国家親衛軍庁（ＦＳＶＮＧ）という内務省から独立した庁が設置され、その初代長官にヴィクトル・ゾロトフが据えられたことだ。ゾロトフについては前節でも簡単に触れたが、チェルケソフ派の一人とされ、２０００年代のシロヴィキ間抗争当時は連邦警護庁（ＦＳＯ）の大統領警護局長を務めていた人物。ＫＧＢ第９総局時代以来のボディガード畑出身で、かつてはコルジャコフとともにエリツィン大統領のボディガードを務めたこともある。

ところが２０１３年、ゾロトフは突如として内務省国内軍副司令官に任命された（２０１４年には同総司令官兼第一内務次官）。理由ははっきりしないものの、事実上の降格人事であったとされる。チェルケソフ失脚の余波にしては随分遅く、奇妙な人事だった。それが連邦国家親衛軍庁（ＦＳＶＮＧ）設立によってゾロトフは独立の庁を預かる長官ということになり、政治的地位は一気に高まった。

しかもＦＳＶＮＧの設立と同時に、プーチン大統領は安全保障会議のメンバーについて二つの興味深い決定を行っている。

その第一は、ＦＳＶＮＧ長官を安全保障会議の常任委員に任じるというものだ。だが、安全保障会議の常任委員といえば、外相や国防相などの重要閣僚クラスである。ゾロトフはシロヴィキの有力者ではあるが、政治的にはそれほど目立った存在というわけでもなく、そのような人物をいきなり安全保障会議常任委員とする人事は明らかに異例であった。その後、プーチン大統領はこの人事を訂正する大統領令を発出して、ＦＳＶＮＧ長官はヒラの委員ということにされたが、一度は決まった地位が短期間で覆されたというあたりにも何か政治的事情が潜んでいそうである。

第二に、元内相・下院議長でウクライナ問題に関する大統領特使に任命されていたグリズィロフが、ゾロトフと入れ替わるようにして安全保障会議のメンバーから外された。公式には「ウクライナ問題に専念するため」との説明であったが、ウクライナ問題は現在のロシアにとって最重要の安全保障問題であるはずであり、安全保障会議のメンバーから外れる理由として如何にも不自然である。むしろ、これまでの経緯をふまえるならば、旧チェルケソフ派であったゾロトフが不自然な昇進を遂げる一方、パトルシェフとの関係が深いとされるグリズィロフが左遷された、と見た方が構図としてはすっきりするように思われる。

また、そのように考えるならば、2018年の大統領選に向けてプーチン大統領がシロヴィキ間のパワー・バランスの再調整にかかっているとも見ることができよう。2016年8月に突如としてイワノフが大統領府長官を解任されたことも、こうした再調整の一環とみることもできるが、真相は明らかでない。

・「第2のロシア軍」

ところで、新たに設立された国家親衛軍とはいかなる軍事組織なのだろうか。この点に踏み込む前に、まずはいくつかの前提を押さえておきたい。

最も重要なことは、ロシアの軍事力とはロシア軍だけで構成されているわけではないということである。日本の軍事力といえば基本的に自衛隊のことであり、広義に解釈してもあとはせいぜい海上保安庁が入る程度であろう。だが、広大な国土にさまざまな人種・宗教を抱えるロシアや中国のような国ではそうはいかない。外敵の撃退だけでなく、国内における反乱や分離・独立運動、過激主義勢力

図12　ロシアの軍事力の構成

大分類	小分類	備　考
ロシア連邦軍	ロシア連邦軍	いわゆるロシア軍。 外的脅威への対応
その他の軍	ロシア連邦国家親衛軍	旧内務省国内軍。 内的脅威への対応
軍事編成	技術部隊	連邦特殊建設庁を指す。 国防省所属。戦略工兵任務 （軍事基地、宇宙基地等）
	道路・建設部隊	ロシア連邦軍道路部隊。 国防省所属。 戦略工兵任務（道路建設）
	軍事救難部隊	非常事態省民間防衛部隊（GO）。 戦時の民間防衛を担当する
機　関	対外諜報庁（SVR）	対外インテリジェンス （旧 KGB 第 1 総局）
	連邦保安庁（FSB）の諸機関	国内監視（在外ロシア人監視含む）、 通信傍受、テロ対策、国境警備等 （旧 KGB 第 2 総局、国境警備隊、 FAPSI 等有力部局を集約）
	国家保安機関	連邦警護庁（FSO）を指す。 旧 KGB 第 9 総局
	ロシア連邦政府の動員準備機関	大統領特別プログラム総局 （GUSP）を指す。 旧 KGB 第 15 総局

（筆者が独自に作成）

による活動を抑えるための軍事力が必要とされるのである。これはまた、軍事力をいくつかの武力省庁に分散しておき、クーデターを防ぐという意味もあった（実際、ソ連末期から崩壊後の一連の危機では、内務省の国内軍がクーデター勢力に対するカウンターバランスの役割を果たした）。

このため、国防政策の基礎である「国防法」は、ロシアの軍事力を極めて広く定義している。同法によれば、ロシアの軍事力を構成するのは、「ロシア連邦軍」、「その他の軍」、「軍事編成」、「機関」、「戦時における臨時編成」であるという。といってもロシア連邦軍以外は何のことだかわからない読者が大半であると思われるので、それぞれの用語が具体的にどの組織を指すのかを前頁の表にまとめてみた。

やや順番が前後するが、この中で「機関」とされているのが、これまで見てきた旧ＫＧＢ系組織のことである。最大の武力を擁しているのは、国境警備隊や対テロ特殊部隊を指揮下に置く連邦保安庁（ＦＳＢ）であるが、その他の情報・保安機関も軍事力の一翼を担うものとして理解されているのが興味深い。

「軍事編成」は、いずれも旧ソ連国防省内において参謀本部ではなく国防大臣が所管していた組織である。このうち、ロシア軍のための戦略工兵任務を担う連邦特殊建設庁（スペッツストロイ）や道路部隊は依然としてロシア国防省の傘下に収まっているが、戦時の民間人保護などを担当する民間防衛部隊（ＧＯ）は非常事態省（ＭＣｈＳ）の所属になっている。

ここで話を国家親衛軍に戻そう。国防法において国家親衛軍は「その他の軍」と位置付けられているが、従来の規定でこの地位を割り当てられていたのは、内務省の国内軍（ＶＶ）と連邦保安庁（Ｆ

SB）の国境警備隊であった。かつて、両者は戦車や武装ヘリコプターさえ保有する軍隊並みの重武装組織であり、平時には国内の治安や国境警備を担当するものの、有事となれば連邦軍の指揮下でともに外敵の撃退に当たる「第二の軍隊」とされていた。しかし、ソ連崩壊後、ロシアの国境警備隊は次第に軽武装化してゆき、現在では「その他の軍」ではなく「機関」の一部となっている。したがって、最近まで「その他の軍」に該当するのは内務省国内軍だけであった。

ところが2016年4月、プーチン大統領は、国内軍を基礎として新たに「国家親衛軍」と呼ばれる組織を設立するよう命じる大統領令を発出した。この大統領令によると、前述した連邦国家親衛軍庁（FSVNG）という庁が設置され、ここに内務省の国内軍、治安維持部隊である特殊任務機動隊（OMON。概ね我が国の機動隊に相当する）、対テロ特殊部隊「ズーブル」及び特別即応部隊（SOBR）「ルィシ」、特別任務航空隊「ヤーストレブ」、武器取り締まりセクション、そして内務省系警備会社の管理機構が移管されるという。これらを合計すると、連邦国家親衛軍庁（FSVNG）総人員は30～40万人にもなると見積もられており、長官に就任したゾロトフはかつてのチェルケソフよりもはるかに巨大な武力機関を手に入れたことになる。一方、かつてチェルケソフが率いた連邦麻薬取締庁（FSKN）はFSVNGの設立と同時に内務省に吸収されており、このあたりの動きからしてもFSVNGの背後にはかつてのシロヴィキ間対立の影がちらつく。

ただ、純粋に軍事組織としての観点からすると、このFSVNGこと連邦国家親衛軍庁という組織には今一つよくわからないことが多い。以上で挙げた諸機関のうち、従来の国防法で軍事組織（「その他の軍」）とされていたのは国内軍だけであり、それ以外は警察組織という扱いであった。これらをすべて国家親衛軍にまとめてしまうつもりなのか、FSVNGの管轄下で各組織が並存していくのかがまずはっきりしない。大統領令では、国内軍だけを国家親衛軍という軍事組織に改編してFSVNGに移管、その他の治安部隊はそのまま移管というふうに区別しているものの、移管後にどのような再編を行うかまでは定められていないためである。

第二に、軍事組織としての任務がどうなるのかがやはり不透明である。実は国家親衛軍（ナツィオナーリナヤ・グヴァルディヤ。「ナッグヴァルディヤ」）という名の組織を設置しようという話はこれまでにも幾度か持ち上がってきた。その動機や目的はさまざまであるが、いずれの場合においても内務省国内軍を大統領の直轄部隊とするか否かが焦点の一つであったことは共通している。この中にはほとんど怪情報のようなレベルのものもあれば、公式の改革案に近いものもあったが、国内軍の独立に関してはいずれも実現することはなかった。

・大統領選を睨んでの戦略か

では、2016年になって国家親衛軍が成立した背景は何であろうか。2010年代以降の国家親衛軍構想に関してよくいわれてきたのは、「プーチンの社会契約」の綻びと「アラブの春」がロシア政府に対内的安定に対する危機感を抱かせたという構図である。たとえばプーチンの大統領復帰を前にした2012年4月にも国家親衛隊構想が浮上したことがあるが、この際にも前年に発生した反政権運動や「アラブの春」との関連が取りざたされた。

実際に設立された国家親衛軍についても同様の見方がある。すなわち、プーチン大統領が2016

年秋の下院選挙（これは反政権運動が発生した2011年12月以来のものである）や2018年の大統領選を睨んで、国内の治安を固める必要性を認識したという見方である。

しかし、多くの専門家が指摘するように、いかに国民の不満が高まっているとはいっても、現在のプーチン政権がロシア国内で強力な武力鎮圧を必要とするほどの内政不安を抱えているとは思われない。また、反政府運動の鎮圧であればこれまでにも国内軍と内務省の鎮圧部隊（OMON等）が連携して実施してきたことであり、これまでに深刻な問題が発生しているわけでもない。

さらにロシアの安全保障やシロヴィキ政治に詳しいニューヨーク州立大のマーク・ガレオッティは、組織犯罪への対策を強化するために国家親衛軍を設立するというロシア政府の公式説明は矛盾していると指摘する。ガレオッティ教授によれば、国内軍やその後継組織である国家親衛軍は本質的に軍事組織であり、特殊任務機動隊（OMON）や特別即応部隊（SOBR）を内務省の捜査機関から切り離せばむしろ組織犯罪への対処能力は低下する可能性が高い。

このようにして見れば、国家親衛軍の設立は安全保障上の要請に対するものというよりは、シロヴィキ政治の反映と考えたほうがしっくり来るように思われる。そこにいかなる力学が働いたのかは現時点ではっきりしないものの、旧チェルケソフ派であるゾロトフに巨大な武力機関を任せることで、シロヴィキ内のバランスを図ることに主眼があったのではないか。

このようなバランス再編が2018年の大統領選を睨んだものである可能性は本節でも触れたが、そうであるとすれば、2006～2008年当時のような抗争が再燃する恐れも考えられないではない。たとえば2016年7月には、連邦保安庁（FSB）がロシア連邦捜査委員会（SKR）のモスクワ支局を家宅捜索し、その副支局長を拘束するという事件が発生した。同人が犯罪組織から多額の賄賂を受け取っていたというのがその容疑であるが、これが一過性のものなのか、本格的なシロヴィキ間の抗争につながるのか、今後の注目点となろう。

第8章

岐路に立つ「宇宙大国」ロシア

本書の最後は、宇宙とロシアの安全保障との関わりについて考えてみたい。世界初の人工衛星を打ち上げ、さらに世界で初めて人類を宇宙に送り出したソ連は「宇宙大国」という枕詞とともに語られることが多い。

しかし、ソ連が「宇宙大国」であったのは、巨大なリソースをそこに投入していたがゆえのことであった。ソ連崩壊後、経済的苦境にあえぐロシアは、ソ連時代の遺産を切り売りして「宇宙大国」の体裁をどうにか保ってきたが、それも限界に差しかかっている。プーチン政権下では、崩壊しかかった宇宙産業や宇宙活動の立て直しが叫ばれ、一部では成果も挙がっているが、それは実際にどの程度のものなのか。また、依然として残る数多くの問題は克服できるのか。

本章では、以上のような点について考えてみたい。

1．宇宙作戦能力の回復

・「宇宙大国」の失墜

2015年10月、ロシアは、同国史上初となる大規模巡航ミサイル攻撃をシリア国内の反体制派拠点に対して実施した。夜間、カスピ海上に展開したロシア海軍カスピ小艦隊の艦艇から次々と巡航ミサイルが発射される映像は、冷戦後に米国が行ってきた軍事介入を彷彿とさせ、極めて強い印象を残した。実際、この種の対地巡航ミサイルによる軍事介入を行ったのはこれまで米国及び英国だけであり、ロシアは両国に次ぐ3番目の「巡航ミサイル・クラブ」のメンバーということになる。さらにロシアは爆撃機からも巡航ミサイル攻撃を行ったほか、翌11月には潜水艦からも巡航ミサイル攻撃を行った。

このような長距離巡航ミサイル攻撃を行うのは簡単ではない。巡航ミサイルは音速以下の速度しか出ないが、代わりに地形を縫うようにして超低空飛行（これをNOE＝ナップ・オブ・ジ・アースと呼ぶ）し、敵の探知を避ける兵器である。このような複雑な飛行を行った上で数千㎞先の目標に正確に着弾するためには、人工衛星によって地形を電子マップ化し、これをミサイルのセンサーが照合しながら飛行したり、衛星航法システムを使用して自らの位置を適時に把握する方法が必要となる。また、米国のトマホーク巡航ミサイルの最新バージョン（ブロックⅣ）だと、衛星通信を介して飛行中に目標を変更することさえできる。このように、巡航ミサイルを運用するためには、測地・航法・通信など多様な人工衛星群が必要とされるわけだが、ソ連崩壊後のロシアはこのような衛星群を打ち上げ・維持するだけの資金力を欠いていた。

一例として、衛星航法システムについて見てみよう。

現在、世界各国では米空軍の運用するGPS（グローバル・ポジショニング・システム）が広く普及しており、前述したような兵器の誘導から艦艇・航空機・地上部隊の位置把握、自動車やスマートフォンのナビゲーション機能、測量などあらゆる場所で活用されている。軌道上に24基の航法衛星（NAVSTAR）を配置し、三角測量の要領で自分の位置を求めるというもので、目標のない砂漠や海上でも正確に位置を把握したり、兵器を精密に誘導できるため、現代の軍事作戦では必須の存在となっている（それだけに米国の仮想敵国はその妨害を考えるわけだが、これについては後述する）。

こうしたシステムの有用性についてはソ連も早い段階から気付いていた。１９８２年にはソ連版ＧＰＳであるグローバル航法システム（ＧＬＯＮＡＳＳ）を構築すべくウーラガン航法衛星の打ち上げを開始し、１９９６年には所定数である24基が軌道上に配備された。しかし、１９９８年の通貨危機などによって軌道上の衛星数は急速に減少し、２００２年までにわずか８基にまで減少した。当然、このような状態では実用的な航法衛星システムとしての運用は不可能である。

このような状況は偵察・測量・通信といった他の軍事衛星でも大同小異であり、ソ連崩壊後のロシアは軍事作戦に必要な宇宙作戦能力を欠いた状態が長く続いた。しかもこの間、西側ではＣ４ＩＳＲ能力の鍵として宇宙戦力の拡充・高度化が続いていたことを考えると、絶対的にも相対的にもロシアの宇宙作戦能力低下は顕著であったといえる。

・偵察衛星開発の遅れ

宇宙の軍事利用といった場合にすぐ思い付くのは偵察衛星であろうが、この面でもロシアの状況は惨憺たるものであった。米国などでは１９７０年代から電子光学デバイス（つまりデジカメ）で撮影した映像を地上に電送できるＫＨ－11「クリスタル」衛星が登場しており、このような能力を持つ長寿命の大型偵察衛星を軌道上に複数周回させておくことで、地球上のさまざまな箇所を常時監視できる体制がとられてきた。当初は分解能（二つのものがどれだけ離れていれば分離して見えるかを示す指標。いわゆる「画質」と考えてよい）の問題から、撮影した画像をフィルムに焼き付けてカプセルで地上に送り返す方式も併用されていたものの、現在では電子技術の進歩によって電子光学デバイスでも

10cm級の分解能を発揮できるようになったため、すべての偵察衛星が電子光学式となっている。2016年現在、米国はKH－11の改良型であるKH－12を4基展開しているほか、合成開口レーダーを使用して夜間・悪天候下でも偵察が可能なレーダー偵察衛星を7基（旧式のラクロスを3基、新型のトパーズを4基）も保有している。さらに電子情報収集衛星や弾道ミサイル警戒衛星までがここに加わることで、世界最大の地球監視網を構築しているわけである。

一方、ソ連では、電子技術の立ち遅れからこうした新世代の偵察衛星をなかなか実用化することができず、フィルム式の旧式衛星に長らく依存してきた。目標をフィルム式カメラで撮影し、これを耐熱カプセルに収めて大気圏に突入させて回収するわけだが、これでは情報を得るまでに時間がかかる上、入手の確実性も低い。

しかも、カプセルはそういくつも搭載しておけるものではないので、長くは運用できないという問題もある。ロシアが最近まで打ち上げていた「コバルト－M」型偵察衛星の場合、カプセルの搭載数は2個に過ぎず、衛星自体の寿命も100～120日とされる。これでは平均して50～60日に1回しか衛星画像を入手できない上、頻繁に交代の衛星を打ち上げないと監視に穴が空いてしまう。実際、ソ連は毎年大量の偵察衛星を打ち上げるという力技でこれをカバーしており、たとえば1985年には光学偵察衛星だけで年間24基も打ち上げたとみられている。

だが、ソ連が崩壊して軍事宇宙活動向けの予算が激減すると、このような大盤振る舞いは続けられなくなり、近年では年間1～2基の衛星を打ち上げるのが精一杯であった。これは刻々と変化する軍事作戦をリアルタイムで支える情報収集手段とはなり得ず、平時の戦略偵察手段や軍縮条約の履行監視などに使うのが現実的なところであっただろう。

一方、ソ連も電子光学式の偵察衛星を開発していなかったわけではない。しかし、実用化できたのはごく解像度の低いものだけで、２０００年を最後に打ち上げは停止されている。米国並みの高解像度・長寿命を持つ電子光学衛星もソ連時代から開発されてはいたものの、資金不足や技術開発の困難によって開発は遅れた。

２００９年には、分解能30㎝というフィルム式衛星並みの性能と長寿命（7年）を兼ね備えた大型電子光学衛星「ペルソナ」の1号機がついにプレセック宇宙基地から打ち上げられ、軌道に乗った。ところが、「ペルソナ」1号機はその直後に機能を喪失し、結局は運用をあきらめなければならなくなってしまった。報道によると、放射線シールド対策が十分でなかったため、宇宙線で電子機器が障害を起こしたのが原因であったという。少数の偵察衛星で広い範囲をカバーするため、地上７００㎞という偵察衛星としてはかなり高い高度（通常は２００～４００㎞程度）に衛星を投入したところ、予想以上の宇宙線に晒されたということであったようだ。

２０１３年には、夜間や悪天候時でも地表の偵察が可能な合成開口レーダー（ＳＡＲ）搭載衛星「コンドル」が打ち上げられたが、これも軌道上で何らかのトラブルがあったとみられ、正常に機能しているのかどうかがはっきりしない。２０１５年には「コンドル」の輸出仕様である「コンドル－Ｅ」が南アフリカ向けに打ち上げられたが、これも打ち上げ後にトラブルが発生しているようだ。

国際宇宙ステーション計画などの有人飛行分野や衛星打ち上げサービスではソ連崩壊後も大きな存在感を見せていたロシアであったが、軍事面に関する限りでは、かつての「宇宙大国」の地位は見る影もなくなっていたのである。

・プーチンの宇宙開発プロジェクト

このような状況に対してプーチン政権がまず手をつけたのが、前述したロシア版ＧＰＳであるＧＬＯＮＡＳＳの運用体制を回復することであった。衛星航法システムは軍事面だけでなく社会・経済面で幅広い用途が期待できる上、こうした重要インフラを米国に依存しないこと（さらには自国がそうしたインフラを提供する立場に立つこと）の政治・外交的メリットも考慮されたものとみられる。プーチン政権発足後の２００１年には早くも連邦特定目的プログラム「グローバル航法システム」が開始されていることからしても、このＧＬＯＮＡＳＳが宇宙分野での最重要プロジェクトとみなされていたことが読み取れよう（プーチン大統領個人もＧＬＯＮＡＳＳには強い関心を寄せていたとされる）。

ともあれ、国家による重点投資対象となったことで、軌道上のＧＬＯＮＡＳＳ用衛星はその数を次第に回復していった。また、衛星自体もより長寿命・高性能のものへと次第に置き換えられており、打ち上げ頻度も従来に比べるとずっと少なくて済むようになってきた。この結果、２００８年末にはロシア全土でＧＬＯＮＡＳＳの信号を受信することが可能となり、２０１０年には地球全土をカバーするだけの衛星群が揃うはずであった。

ところが２０１０年末、３基ものＧＬＯＮＡＳＳ用衛星を搭載したプロトン－Ｍロケットが打ち上げに失敗した結果、衛星群の完成は２０１２年までずれ込んだ。ロシアは２０１３年にもプロトン－Ｍの事故でＧＬＯＮＡＳＳ用衛星を３基いっぺんに失っており、ロシアの宇宙開発の信頼性に多大の不安を投げかけている。

それでも、GLONASSによって世界レベルの位置測定システムを運用できるようになったことの意義は大きい。身近なところでいうと、一世を風靡したアップル社のスマートフォン・iPhoneは、2011年にリリースされた4S型以降、GPSだけでなくGLONASSの電波も受信するようになっている。独自の衛星航法システムを保有するということは、こうした民生面でのプレゼンスにつながるのである。

・ロシア初の「宇宙戦争」

もちろん、当初の動機であった軍事面での意義は依然として大きい。巡航ミサイルの誘導にGLONASSが使用されていることは本節冒頭ですでに述べたが、このほかにもロシア軍はKAB‐500Sという衛星誘導爆弾をシリア作戦で初めて実戦投入した。目標の座標を入力しておくと、あとは爆弾の制御システムがGLONASSからの信号を頼りにコースを修正しながら落下し、命中するというものだ。動く目標に対しては使えないが、目標の座標さえわかっていれば地上からの誘導やレーザー照射がなくても精密攻撃を行うことができ、砂嵐などの天候にも左右されない（湾岸戦争の際、米英軍は誘導レーザーを妨害する砂嵐に悩まされた）。早くからGPSを実用化していた米軍では、こうした発想に基づいて衛星誘導爆弾JDAM（統合直接攻撃弾薬）を1990年代から配備しており、1999年のユーゴスラヴィア空爆で初めて実戦投入していた。ロシアも15年ほど遅れてこうした攻撃能力をついに獲得したことになる。空爆の主体は依然として無誘導爆弾であったにせよ、2008

年のグルジア戦争時に比べると長足の進歩である。

前述した電子光学偵察衛星「ペルソナ」についても、2013年に打ち上げられた2号機と2015年に打ち上げられた3号機は正常に機能しているらしく（2号機については不具合説があったが、現在は機能を回復している模様）、シリア作戦にも投入されているとみられる。ロシアはこのほかにも測量衛星や地球リモートセンシング衛星など軍民両用衛星も投入しており、合計すると人工衛星10基体制でシリア作戦を遂行しているという。グローバルな衛星航法システムとリアルタイムで情報入手が可能な電子光学衛星の支援を受けてロシア軍が軍事作戦を実施したのは、これが初めてである。

1991年の湾岸戦争は、米軍初の「宇宙戦争」といわれる。この戦争で米軍がGPSや通信衛星をかつてない規模で活用したことを示す表現だが、この意味ではシリア作戦はロシア軍にとって初の「宇宙戦争」であったともいえよう。

ただし、ロシアの実力が米国に遠く及ぶものではないという点もまた抑えておかねばならない。単純に軍事衛星の数で見ても、その性能で見ても、米国の優位は明らかである（図13）。

また、米空軍は2010年以降、X－37Bと呼ばれる無人軍用シャトルによる長期間の飛行ミッションを繰り返し実施しており、第3回目の飛行ミッションは2012年12月から2014年10月までの実に675日にわたった。これほど長期間にわたってX－37Bが軌道上で何を行っているのかは一切公表されていないものの、米国の軍事宇宙技術が新たな段階に入りつつあることを示す存在であるといえよう。

図13　米露の軍用地球観測衛星の数

	米国	ロシア
電子光学偵察衛星	4	2
レーダー偵察衛星	7	1
信号・電子情報収集衛星	14	3
弾道ミサイル警戒衛星	7	3
軍用気象衛星	2	0
軍用測量衛星	0	3
衛星監視用衛星	2	0

（Union of Concerned Scientists, USC Satellite Detabaseより筆者作成）

・宇宙攻撃能力を目指すのか

ソ連崩壊後の混乱期と比べた場合の絶対基準でははるかに回復してきたものの、米国など先進国と比べた場合の相対基準では依然劣勢、という構造は、本書の第1章で扱ったロシア軍の通常戦力に関する事情と共通する。そして、こうした状況下におけるロシアの選択が「非対称」アプローチである、という点も同じだ。つまり、米国と同じ能力を目指すのではなく、米国の能力発揮を妨害できればよいということになる。

では、宇宙におけるロシアの「非対称」アプローチとは如何なるものか。大きく分けるならば、これは敵の宇宙アセット（人工衛星等）そのものを破壊・損傷するハード・キル手段と、電子妨害等によって無効化するソフト・キル手段から成る。

対宇宙ハード・キル手法については、人工衛星を敵の衛星に接近させて自爆させる方法（いわゆる「キラー衛星」）がソ連時代から盛んに研究されてきた。ソ連は1983年に衛星破壊実験の一方的停止を宣言していたものの、実際には衛星攻撃システムの開発は継続されており、後には高度3万6000㎞に浮かぶ静止衛星を攻撃すべく、「ナリャート」という対衛星攻撃システムの開発も開始されたようだ。

ソ連崩壊後にはこうした兵器の開発や運用は順次縮小していき、1990年代末から2000年代前半までにはほぼ停止状態に陥ったとみられる。だが、2002年、プーチン大統領は「必要ならばナリャートの開発を再開する」と発言したほか、2009年には元宇宙部隊司令官のポポフキン国防次官（当時。後に連邦宇宙局長官となった）も、米中が衛星破壊実験を行ったことに触れて「これを座して見ているわけにはいかない。我々も同様の開発を行っている」「我々にはナリャートの蓄積が残っている」などと述べた。

・軌道上での奇妙な振る舞い

さらに2013年には、プレセツク宇宙基地から打ち上げられたごく小さな衛星が、世界の大きな注目を集めることとなった。同年12月25日、ロシア軍は3基の「ロートニク」という軍用通信衛星を打ち上げたが、その後、4つ目の物体が軌道上に放出されたことが米空軍などによって確認されたのである。

当初、この第4の物体は打ち上げの際に発生した何らかのデブリ（宇宙ゴミ）ではないかとみられていた。しかし、ロシア国防省が3基の「ロートニク」（コスモス2488、2489、2490）だけでなく4つ目の物体にもコスモス2491の識別名を与えたことで、これが単なるデブリでないことが明らかになった。しかも、このコスモス2491が明らかに軌道変換を行っており、Sバンドの電波まで発信していることが明らかになると、その正体に対する世界の関心は俄然高まった。衛星の詳細ははっきりしないものの、形式名が14F153であり、重量わずか50kgほどのごく小さな衛星であることは判明している。

14F153とみられる小型衛星は2014年5月23日にも打ち上げられており（コスモス2499）、こちらはさらにミステリアスな動きを示している。特に顕著なのは、11月8日のそれであろう。当時、軌道上には、コスモス2499は軌道を変更してこの残骸に接近し始めたのである。この日は最短で3kmほどの距離まで近付いたとみられるが、翌9日には760m、25日には526mという至近距離まで接近したという。14F153は2015年3月にも打ち上げられ、これもやはり自分を運んできたブリーズ-KM上段ステージに最短1・4kmの距離まで接近した。

ロシアが何を意図してこのような衛星を打ち上げているのかははっきりしない。ソ連時代に開発されていたキラー衛星の攻撃距離は1〜2kmほどであったので、14F153がキラー衛星の技術実証機であるとすれば（14F153自体はきわめて小さな衛星であるため、キラー衛星そのものとは成りえない）、十分な能力ということになる。その一方、敵衛星を平時に観察したり、あるいは何らかの妨害を実施するなど、衛星接近実験にはほかにもいくつかの理由が考えられるため、一連の14F153による奇妙な振る舞いをキラー衛星計画の再開と即断することは難しい。また、本稿執筆時点では、2015年3月を最後に14F153の打ち上げは行われていない模様である。

一方、ロシアは地上からミサイルを打ち上げて直撃させる方式の対衛星兵器を開発しているとみられる。米国の保守系メディア「ワシントン・フリー・ビーコン」は、ロシアが「ヌードリ」と呼ばれる地上発射型対衛星ミサイルの発射実験を幾度か実施しており、2015年11月には初めて成功した模様だと報じた。「ヌードリ」の詳細はほとんど明らかになっていないが、モスクワ防衛用の弾道ミサイル防衛システムA－235の一部を構成するものという位置付けであるようだ。ただし、このような兵器システムを実戦配備するつもりがあるのか、技術開発程度にとどめるのかは明らかでない。

・対衛星ソフト・キル手段

ソフト・キル手段とは、電子妨害などによって敵衛星の機能を妨害する手段であり、特にロシアは米国のGPSに対する妨害に関心を有しているとされる。有事にGPSを機能不全に陥れることができれば、米国の宇宙優勢を大きく揺るがすことが可能となるためだ。

実際、1990年代には、ロシアのアヴィアコンヴェルシアというベンチャー企業が軍事用GPS妨害システムを開発して売り出したことがある。これは強力な妨害電波によって半径数マイル以内のGPS信号を妨害するというもので、2003年には米軍の侵攻が間近と見たイラク軍がこのシステム6基を140万ドルで購入したという。

だが、蓋を開けてみると、このロシア製GPS妨害電波発信機（GPSジャマー）は全くの役立たずだった。米軍はイラク軍よりも一足早い2002年にアヴィアコンヴェルシア社と19万2000ドルの契約を結び、すでにGPS妨害システムの研究を行っていたためである。その結果判明したことは、力任せに強力な電波を発信するだけの妨害システムは容易に発見することができ、したがって排除も簡単であるということであった。実際、米空軍はイラク戦争の開戦劈頭にイラク軍のＧＰＳ妨害システムを逆探知で探し出し、空爆によって破壊する戦果を挙げている。イラク戦争当時、米中央軍（ＵＳ　ＣＥＮＴＣＯＭ）において部隊運用責任者であったリニュアート空軍少将によると、「実際、我々が破壊したＧＰＳジャマーの一つは、ＧＰＳ誘導兵器によって破壊されたのだ」というから何とも皮肉な話である。

その後、ロシアがこのようなＧＰＳジャマーの開発を続けているのかどうかははっきりしない。２０１１年にイランが米国の秘密無人偵察機ＲＱ－１７０を鹵獲《ろかく》した際には、ロシア製の１Ｌ２２２「アフトバーザ」電子妨害システムを使用して偽のＧＰＳ信号を送り込んだなどとされるが、当該システムにはそのような能力はないとされる。一方、ロシア空軍では偽ＧＰＳ信号を敵機に送り込む実験を２０１２年に実施したが、失敗に終わったらしい。

また、米軍では、妨害環境下でもＧＰＳを運用する方法やＧＰＳに代わる位置把握手段などの研究がすでに始まっている。ＧＰＳの妨害を目論んでいるのはロシアだけでなく中国も同様であり、したがって米国としては今後も軍事面での優越を保つためにＧＰＳの強靱化が必要となるわけである。こうしたいたちごっこは今後も続いていくことになるだろう。

また、これまではＧＰＳを追い回していればよかったロシアも、今度はＧＬＯＮＡＳＳに対する妨害を心配しなければならない。米統合参謀本部の作戦教範「宇宙作戦」は２００９年版から「宇宙コントロール」という概念を導入しているが、これは米国の衛星を保護するだけでなく、必要とあらば敵の宇宙能力を攻撃・妨害することまで含んだ攻撃的なものである。ロシアの宇宙作戦能力が回復するほど、米国等による攻撃的な宇宙作戦対する脆弱性は増すことになる。ロシア軍は近年、無人偵察機の電波乗っ取りやその対抗策などを軍事演習の一環に含めているが、ロシア版GPSであるグローバル航法システム（GLONASS）についてもこうしたシナリオは当然考慮されていると思われる。

もちろん、ロシアの対衛星ソフト・キル手段はGPSだけを目標としているわけではない。たとえばシリアにおけるロシア軍の拠点、アル・フメイミム基地には、クラスーハ－4と呼ばれる移動式電子妨害システムが配備されている。これは2013年から配備が始まった最新鋭システムであるが、大気圏内だけでなく低軌道を飛行するレーダー偵察衛星に対しても妨害が可能であるとされる。

システムの整備に莫大な費用を要し、ひとたび使用すれば大量のデブリをまき散らすハード・キルとは異なり、以上で述べたようなソフト・キル手段は、整備や運用にかかるコストが著しく低い上、平時と有事の別を問わない。これはロシアの「非対称」アプローチ、特にハイブリッド戦争の性質を考えた場合には非常に重要な特徴であろう。しかも、ソフト・キル手段は、ロシア自身の宇宙能力を脅かす宇宙ゴミを出さない。ロシアがハード・キル手段の整備にどこまで踏み込んでくるかは現時点で明らかでないものの、ソフト・キル手段については今後、相当に整備が進んでいくのではないかと思われる。

2. 宇宙産業の建て直しはなるか

・苦境に立たされるロシアの宇宙産業

ここで少し視点を広げて、ロシアの宇宙政策全体についても見てみたい。ソ連崩壊後、ロシアの軍事宇宙活動が危機的な状態に陥ったことはすでに述べたが、これは他の宇宙分野に関しても同様であった。

このように書くと、違和感を覚える読者もおられるだろう。ソ連崩壊後もロシアは国際宇宙ステーションの主要モジュールを打ち上げ、スペースシャトル退役後の西側諸国のためにソユーズ宇宙船による有人宇宙アクセスを提供し、さらに衛星打ち上げ市場では世界最大のシェアを長年占め続けてきた。たしかにこうした意味ではロシアのプレゼンスはソ連崩壊後も大きかったといえる。日本の宇宙飛行士や衛星がロシアのロケットで宇宙へ行くなど、日本人にとってロシアと宇宙の関わりが目に見えやすくなったことも大きく影響していよう。

だが、その陰では、ロシアの宇宙開発は深刻な課題を抱え込んでもいた。

最大の問題は、総合的な技術力や人材の質の低下である。前節ではロシアの偵察衛星をめぐる失敗事例をいくつか紹介したが、民生用衛星や科学衛星、惑星探査機といったほかの分野でも、軌道投入後に衛星が機能しないという事例が特に2000年代に入ってから目立つようになった。その原因を見てみると初歩的な設計ミスや部品の劣化などが多く、ソ連崩壊後の基礎技術力や品質管理能力の低下が窺われる。グローバル航法システム（ＧＬＯＮＡＳＳ）については、プロトンｰＭ型ロケットの事故による打ち上げ失敗事例が２回も発生したことを紹介したが、こちらはさらにお粗末で、最初の事故では燃料搭載量のミス、その次が加速度センサーを上下誤って装着していたこととされる。このほかにも、エンジンの不調で打ち上げそのものが失敗に終わるというケースが近年になってから特に増加しており、これまでは信頼性の高さを誇ってきたロシア製ロケットへの信頼も揺らぎつつある。

ロシアの主力ロケットであるプロトンｰＭに限っていえば、２０００〜２００９年の10年間で同ロケットは82回打ち上げられ、うち失敗は４回のみ（成功率95・１％）という高い信頼性を誇っていた。ところが、２０１０〜２０１６年半ばまでの実績を見ると、全61回中６回が失敗しており（うち、部分的失敗は1回）、合計11基もの衛星が失われている。成功率は90％を割り込んでおり、日米欧のロケットはもちろん、インドや中国と比べても信頼性が低いということになる。

その背景には、ソ連崩壊後に宇宙予算が激減する中で宇宙産業が当面のサバイバルだけに徹した結果、基礎研究や新規開発、人員のリクルート・育成が十分に行われなかったという事情が指摘できよう。ソ連は１９８９年の時点でＧＤＰの約１・５％を宇宙開発に投じていたとされ、宇宙産業の従事者は40万人にも達していた。これが１９９０年代半ばになると、宇宙予算は国家予算（ＧＤＰではなく）の１％にも満たない額になり、ソ連時代から続く権威ある宇宙専門誌『宇宙飛行士ニュース』は、１９９７年から１９９８年には宇宙活動を完全に停止せざるを得なくなるだろうという予測を掲載する程であった。こうした状況下では、宇宙産業の総合的な研究・開発・生産能力が低下していくのは当然であったといえよう。

・ビジネスに走るロシア宇宙産業

ロシアの宇宙産業は、なんでもありのサバイバル・モードに突入した。

本書の序章ではロケット工場にまつわる二つのアネクドート的実話を紹介したが、こうした例は枚挙に暇がない。1993年には、ガガーリンの宇宙服などソ連の宇宙飛行に関する歴史的記念物200点がロンドンの老舗オークション会社「サザビーズ」に売りに出された。かつてはソ連または友好国の宇宙飛行士しか搭乗を許されなかったソユーズにも巨額の費用を条件に搭乗が認められるようになり（その第1号は日本のTBS社員であった秋山豊寛氏である）、米国との合弁で衛星打ち上げサービス会社も複数設立された。

これによってロシアは国際的な宇宙アクセスの提供国として存在感を増すことになったわけだが、すぐには金にならない基礎研究や新たなテクノロジーの開発などは総じて低調であった。メドヴェージェフ首相は一連の失敗に関して、宇宙産業に対する設備投資が十分に行われず、大部分の設備が20年以上使用されていること、IT化が遅れていること、人材が高齢化し、技能を持った人材が不足していることなどを背景として挙げているが、ソ連崩壊後に十分な設備投資や基礎研究が行われてこなかったことのツケが今になって回ってきているといえよう。

また、序章で登場したロシアのロケット企業幹部は、「10年に1回くらいは新型ロケットを開発しないと、システムをトータルで開発できる人間がいなくなってしまう」と述べていたが、当時のロシアの宇宙産業では中堅・若手社員にこうした経験を積ませることができなかったことの影響も大きいだろう。

・深刻な人材不足、他国の競争相手の台頭

宇宙産業自体が優秀な若手を集められなくなっていたという事情もある。ソ連時代であれば、学生の就職先は大学の就職委員会が決定していたので、航空宇宙産業のような重要セクターが人材不足に悩まされるということはまずなかった。しかし、ソ連崩壊後、目端の利く優秀な若者たちは1コペイカでも高い給料をくれる就職先を選ぶようになり、常に倒産寸前の苦しい宇宙産業は常に人集めに苦労することになった。比較的状況が好転していた2010年時点においてさえ、ロシアの宇宙産業従事者の平均月収は6108ルーブル（当時のレートで約203・6ドル）に過ぎず、天然ガス産業（1万3500ルーブル。約450ドル）や石油産業（2万4800ルーブル。約826・7ドル）に比べて大きく劣っていた。加えて宇宙産業の拠点は僻地の閉鎖都市に置かれていることも多いため、労働市場が自由化されれば人が集まらなくなるのは道理であったといえる。

特に最近では、中国やインドといった新興宇宙開発国が衛星打ち上げビジネスに乗り出し始めたことに加え、米国ではスペースXのような宇宙ベンチャー企業が登場して安価な衛星打ち上げや、打ち上げコストそのものが低いマイクロ衛星の活用といった新たなビジネスモデルを生み出しつつある。従来できていたことができなくなっているのも問題だが、もはやそれを墨守するだけでは追い上げに対抗できなくなっている。

また、宇宙ビジネスの中で最も利益が大きい分野は、輸送（衛星打ち上げ）ではなく利用（衛星に

よるサービス提供）である。２０１４年のデータによると、世界の宇宙市場の規模は合計３２２７億ドルだが、このうち約６割にあたる１２２９億ドルは衛星によるサービスであった。これに対して打ち上げサービスの市場規模は59億ドルに過ぎず、ケタが２つも違う。ところが、米国や欧州の企業が輸送と並行して人工衛星による地球リモートセンシングや通信といったサービスの提供で大きな利益を上げているのに対し、ロシアは自国政府向けの衛星を除くとこうした分野への参入が弱い。電子工学水準の立ち遅れから衛星用電子機器の多くを外国に依存しており、競争力のある民生用衛星を国産できていないという事情がその背景にはあると考えられよう。このために、ロシアは宇宙産業という業界全体の中で最も儲からない「トラック運転手」をやっているに過ぎないと評する声もある。

・宇宙改革をめぐる対立と混乱

こうした惨状（といってもよいだろう）に対し、ロシアでは宇宙産業や宇宙政策のあり方を抜本的に見直すべしという議論が繰り返し提起されるようになった。

２０１２年、ウラジーミル・ポポフキン連邦宇宙局長官（当時）は、連邦宇宙局とロケット・衛星メーカーを統合して国営企業へと再編してしまうという大胆な改革案を提起した。連邦政府の行政機関である連邦宇宙局と民間企業を統合した上に国営企業化してしまう、というとかなり無茶な話にも聞こえるが、実はロシアにはすでにこのような前例があった。原子力省と原子力関連メーカーを統合した国営企業「ロスアトム」である。

ロスアトムは行政機関として連邦政府予算の支出を受け、原子力政策を策定し、各種許認可や監督業務を行う一方で、傘下の原子力企業群によって原子力発電所の建設や運営、軍事目的の核兵器の開発・製造、さらには原発輸出までを総合的に行うことができる。ポポフキン長官が目指していたのは、これの宇宙版だった。

ところでポポフキンはもともと軍の宇宙部隊出身で、軍用宇宙基地プレセツクの司令官や宇宙部隊司令官といった要職を歴任してきた人物である。連邦宇宙局長官に任命される前は第1国防次官として軍の装備調達改革を進めており、トラブル続きの宇宙産業でも辣腕をふるうことが期待されていた。そこでポポフキン長官が提起したのが、前述の「宇宙版ロスアトム」構想だったのである。実はこれ以前からポポフキン長官は連邦宇宙局に宇宙産業各社の株式を取得させ、いくつかの主要ロケット・衛星メーカーを傘下に収めつつあった。「宇宙版ロスアトム」が公式に承認される前に、既成事実を積み重ねておこうとの思惑があったとみられる。

さらにこの構想は２０１２年にプーチン大統領から承認を受け、２０１３年にも実行に移されることが決まったが、ここでメドヴェージェフ首相から横やりが入った。理由ははっきりしないが、改革によって既得権益を失う宇宙産業側の反発が強かったのだろう。実はこれ以前からポポフキン長官の改革案は宇宙産業各社の強い反発を呼んでおり、ある企業の社長などは新聞紙上でポポフキンを中傷するような書簡を公開するなど、激しい闘争が繰り広げられていたとみられる。宇宙産業に強い影響力を持つロゴジン副首相も、改革は連邦宇宙局の権限見直しと宇宙産業再編とに分けて行うべきであるとして、ロスアトム型の統合には反対の意向であった。

さらに主唱者のポポフキン長官が健康問題で退任を余儀なくされたことから（２０１２年に発生し

た「プロトン－Ｍ」ロケットの発射失敗事故の際、防護衣もつけずに真っ先に現場に駆け付け、有毒燃料を吸い込んだことが原因であるという。結局、これが元で２０１４年に亡くなった）、この構想は一旦お蔵入りとなってしまった。

一方、２０１３年にはポポフキン案とは全く異なる宇宙産業再編案が採択された。既存の宇宙産業や連邦宇宙局傘下の諸機関を「統一ロケット宇宙コーポレーション」（ＯＲＫＫ）と呼ばれる国営企業に集約し、連邦宇宙局は政策立案や一部の管理機能のみを担うというものである。明らかに、連邦宇宙局主導の宇宙産業統合に対する産業界側の反撃であった。

だが、この体制もすぐにきしみを見せ始める。ポポフキン長官の後任となったオスタペンコ長官（同人も宇宙部隊司令官出身である）と、ＯＲＫＫのコマロフ総裁との間で激しい対立が発生したためだ。

対立軸の一つは、人事権である。ＯＲＫＫ傘下の各企業の社長を任命する際は連邦宇宙局の承認を得るよう求めるオスタペンコ長官に対し、コマロフ総裁は連邦宇宙局の指図は受けないとしてこれを拒否。結局、この論争はＯＲＫＫ側の勝利となり、オスタペンコ長官は「連邦宇宙局がＯＲＫＫの人事に口を出すことはない」と「敗北宣言」を出さざるを得なくなった。

宇宙開発の方針をめぐっても対立は拡大した。オスタペンコ長官は軍人出身ながら宇宙探査に強い関心を抱いており、現状の国際宇宙ステーションより高い緯度を周回する高緯度軌道ステーションや、月探査用の超大型ロケット及び新型宇宙船、さらには遠い将来の火星探査計画などを熱心に推進した。一方、銀行業界出身で、後にロシアの自動車最大手アフトワズの社長として同社の再建に手腕を発揮したコマロフ総裁は、このような遠大な計画には否定的で、もっと実用性のある宇宙計画を優先すべきであるという立場だった。

・ロスコスモスの成立

このように、ロシアの宇宙開発をめぐっては現場だけでなく上層部でも対立と混乱が長く続いていたわけだが、これに一応の終止符が打たれたのは2015年1月のことだった。連邦宇宙局とORKKを統合して国家コーポレーション「ロスコスモス」を設立する案を承認するとプーチン大統領が突如発表したのである。これは晴天の霹靂であったようで、連邦宇宙局幹部にも全く知らされていなかったという。

連邦宇宙局とORKKの合併という選択は、かつてのポポフキン構想の再来といえる。新たに設立されるロスコスモスは、ロスアトムと同様に宇宙政策の立案・監督を行う官庁としての機能を残しつつ、宇宙産業としての研究・開発・生産も行う。打ち上げや衛星の運用を担当する関連組織もロスコスモス傘下となった。

一方、ロスコスモスの初代総裁に任命されたのは、それまでオスタペンコ長官と激しく対立してきたORKKのコマロフ総裁であった。要するに、組織形態では連邦宇宙局側の言い分を認めつつ、その運営は産業側に任せるという折衷案である。長きにわたった対立を緩和するために、おそらくはプーチン大統領自身が下した裁定なのだろう。

問題は新生ロスコスモスがどこまで改革を断行できるかである。前述のように、コマロフ総裁は金融セクターから自動車会社社長に転じた人物で、単純に宇宙産業の利益代表というわけでもない。軍改革を断行しうる国防相としてセルジュコフ氏が選ばれたように、コマロフにもしがらみのない立場から旧態依然とした宇宙産業の改革が期待されての人事であるのかもしれない。

・コマロフ流改革のゆくえは

たしかにコマロフ流の運営が、これまでの宇宙産業のやり方とはかなり変わっていることはたしかである。その象徴といえるのが、ロスコスモス設立が決定された直後に傘下の企業トップを集めて開いた研修会であろう。この研修会でコマロフ総裁が講師に選んだのは、自らの古巣であるズヴェルバンクの頭取や米ボーイング社のロシア法人社長といった顔ぶれだった。まずは宇宙産業トップの頭の中身から入れかえねば宇宙産業の再建はおぼつかない、という認識が垣間見えよう。

コマロフ総裁は今後、「ロスコスモス」の指導部機構をスリム化するほか、徒らに衛星打ち上げ数を増やすのではなく、より利益率の大きい宇宙ビジネスや実用宇宙開発を重視すると表明している。また、積極的に現場に権限を委譲し、スピーディーな意思決定ができる組織を目指すという。その一方、オスタペンコ前長官のお気に入りだった超大型ロケット計画は巨額のコストがかかることから開発中止とし（プーチン大統領もこれには慌てたのか「基礎研究くらいは続けるように」ととりなした）、開発中の新型主力ロケット「アンガラ」の拡大改良型で間に合わせるという方針を打ち出した。

経済状況からいっても、もはや大胆なコストカットが必要になっていることは明らかである。ロシア政府は２０１６年５月、「２０２５年までの連邦宇宙プログラム（ＦＫＰ－２０２５）」と呼ばれる中期宇宙計画を承認したが、その総額は当初いわれていた2兆1000億ルーブルから1兆6000億ルーブルへと大幅に減額された。

具体的な計画についても、コマロフ流の実利重視の路線がみられる。たとえばFKP－2025で掲げられている目標を見てみよう。

・通信衛星を2015年時点の32基から41基に増加させる。このうち、政府予算で調達するのは17基のみ（残りは民間資本）
・地球リモートセンシング衛星を2015年時点の8基から23基へと増加させ、外国の地球リモートセンシング・サービスへの依存を低減させるとともに、天気予報、農地や建設現場の状況確認、資源探査など一般国民に広く役立つサービスを提供する

このように、FKP－2025では民間資本も巻き込んだ実利的な宇宙利用が強調されているが、有人宇宙飛行計画に関しては、依然として実利性に疑問のあるプロジェクトも残っている。2024年に国際宇宙ステーション（ISS）が運用を終了した後にロシア製モジュールだけを切り離し、新たに追加で打ち上げるモジュールとともに独自宇宙ステーションを建造するという計画などはその一つだ。現状ではISSでさえ実利面での効果が疑問視されている中で、巨額の費用がかかる宇宙ステーションをロシアが単独で維持するメリットがどこまで正当化されるかどうかは微妙なところといえよう。また、FKP－2025でも月・火星用超大型ロケットの技術開発（ここには原子力エンジン

の研究開発も含まれる）は継続されることになっており、2030年には有人月面着陸を行うという目標もこれまで通り維持された。

遠大な目標と実利用をどうバランスさせるのか、その中で宇宙産業の立て直しをどう図っているのかが、コマロフ総裁に課せられた重い課題となろう。

3．もう一つの重要課題――外国依存からの脱却

・新宇宙基地ヴォストーチュヌィ建設へ

コマロフ総裁が取り組まねばならないもう一つの課題としては、外国依存からの脱却がある。衛星用電子部品の多くが外国に依存していることはすでに述べたが、宇宙へのアクセス手段自体も現在のロシアは外国に一部を依存している。

たとえばロシアには二つの主力宇宙基地があるが、このうち有人宇宙飛行や静止衛星の打ち上げなどに使用されているバイコヌール基地は現在、カザフスタン政府の所有とされている。ロシアは2050年まで同基地を使用する権利を認められているものの、毎年1億1500万ドルという少なからぬ額の租借料をカザフスタン政府に支払っており、これとは別に施設維持費用も支払わねばならない。

また、いかにカザフスタンがロシアの友好国であるとはいっても、外国に宇宙アクセスを握られているという状況は安全保障上やはり好ましいものではない。実際、カザフスタン政府はプロトンが使

用する非対称ジメチルヒドラジン（ＵＤＭＨ）燃料の有毒性を理由として打ち上げ回数の制限を課すなどしており、宇宙アクセスの自在性に問題が出ている。

これに対してプーチン大統領は２００７年、大統領令「ヴォストーチュヌィ宇宙基地について」と題した大統領令に署名し、新たな宇宙基地を極東のアムール州に設置するよう命じた。有人宇宙飛行や静止軌道への打ち上げを含めて、従来のバイコヌールが担当していた業務をそっくり引き継ぐロシアの新宇宙基地である。また、同基地は後述する新型主力ロケット「アンガラ」の運用を前提として建設される最初の基地でもある。

・基地建設をめぐるスキャンダル

ところが、基地の建設は遅れに遅れた。原因は、ロシアの巨大プロジェクトに付き物の汚職である。もともとヴォストーチュヌィの建設は汚職の巣窟として名高い国防省系の連邦特殊建設庁（スペツストロイ）極東支部が担当していた。ヴォストーチュヌィの建設でも、工事を下請けした会社の社長がほとんど契約を履行しないまま会社を計画倒産させて資金を持ち逃げするなど目に余る汚職が相次ぎ、その一方で工事はさっぱり進まないという事態が続いた。２０１５年4月にチャイカ検事総長が発表したところでは、ヴォストーチュヌィの建設過程では20件もの事案が刑事事件として告発ないしその検討をされており、２２８人の公務員が容疑者に含まれていたという。

といっても、おそらくこれらは氷山の一角であって、より巨大な汚職は（いつものように）闇へ葬られることになろう。何しろ２０１５年に連邦宇宙局が発表したところによれば、同時点までに支出した600億ルーブルもの建設資金のうち400億ルーブルが使途不明になっているというのだから、これまで告発された数千万ルーブル程度のケチな汚職とは桁の違うブラックホールがどこかに開いているはずなのである。

APECサミットやオリンピックや北極・北方領土の軍事基地建設（第5章参照）など、ロシアの巨大公共事業はいつもこの調子である。愛国的なスローガンを掲げて巨大な建設計画をぶち上げるが、メインコントラクターにはプーチン大統領周辺の有力企業家や軍・情報機関などの利権団体が指定され（その利益の少なからぬ部分はプーチン大統領個人にも還流されているとみられる）、これにぶら下がる在野の企業家たちが1ルーブルでも多く掠め取ろうとあの手この手を考える。結局、損をするのは一般の建設労働者や納税者たちであろう。ヴォストーチュヌィの件でも、汚職問題の端緒の一つは、給料未払いに抗議する建設労働者たちのハンガーストライキだった。

いずれにしても、ヴォストーチュヌィ宇宙基地の建設をめぐる汚職の蔓延は一大スキャンダルとしてロシア国民が広く知るところとなってしまった。このため、プーチン大統領は関係閣僚を度々叱咤し、中でも宇宙産業担当のロゴジン副首相はときにかなり厳しい叱責も受けたようだ。ロゴジンも自らの責任問題となりかねないだけに遅れの挽回には必死で、毎月建設現場に足を運んで工事の進捗を視察し、建設現場の状況を映し出すモニターを執務机の上に設置するなどして現場の尻を叩いて回った。

2015年、ロゴジン副首相とロスコスモスのコマロフ総裁をクレムリンに招いたプーチン大統領は、閣僚との会談に使ういつもの机（あまり大きなものではなく、そこにプーチン大統領が身を乗り出して上目遣いに目の前の閣僚を睨み付けるような格好になる）に2人を座らせ、何としてもヴォストーチュヌィ基地を工期通りに完成させるよう厳しい表情で言い渡した。といっても、この時点でヴォストーチュヌィ基地の工期遅れは深刻なものとなっていたため、有人宇宙飛行関連の工事を中止してリソースをすべて無人宇宙飛行関連の方へ回し、年内にはどうにか打ち上げを行える体制を整えるということになったようだ。有人宇宙飛行の方はまだしばらくカザフスタン政府所有のバイコヌールを使うことにして、まずは基地としての体裁を整えることが優先されたのだろう。

・ようやく新基地運用が始まる

実際の打ち上げが行われたのは、2016年4月28日のことである（結局、2015年内の打ち上げという目標は叶わなかった）。ソユーズ2・1aロケットがモスクワ大学の高層大気観測衛星「ミハイル・ロモノソフ」など3基の科学衛星を成功裏に軌道に投入した。さらにロスコスモスは2017年に2回、2018年には6～8回の打ち上げをヴォストーチュヌィから実施する計画で、最終的には年間10回程度の打ち上げが行われるようになるようだ。

もっとも、無人打ち上げ施設にリソースを集中した結果、有人宇宙飛行用の打ち上げ施設などヴォストーチュヌィの施設の多くは未完成である。後述する新型ロケット、アンガラの打ち上げは201 0年代末、有人宇宙船の打ち上げは2020年代初頭になるとみられ、バイコヌールへの依存はしばらくの間続くことになろう。

一方、ロシアの撤退が見えてきたカザフスタン側は、バイコヌール基地の運用をなんとか継続すべくロシアと協議を続けてきた。カザフスタンとロシアで合弁会社「バイテレク」を設立して衛星打ち上げサービスを展開することにより、ロシアのバイコヌール撤退による経済的損失を埋め合わせようという計画である。

ところが、この計画に使用すべきロケットをめぐって両国の立場が割れた。カザフスタン側は最新型のアンガラをベースとしてバイテレク用ロケットを開発すべきであると主張したのに対し、ロシア側は手馴れたゼニットを使うよう主張したのである。その後、カザフスタン側が折れてゼニットをベースとすることが決まったが、このロケットはウクライナのユージュノエ設計局を開発元としていたことから、ウクライナ危機によって入手の安定性が不安視された。当初はロシアもカザフスタンもゼニットの供給はウクライナ情勢に左右されないとしていたが、後にカザフスタン側がゼニットの使用を断念すると表明していることから、バイテレク計画は振り出しに戻ってしまった。本書の執筆時点では新たな展開は聞こえてきていない。

・「ウクライナに1コペイカもやるな」――純国産ロケットの開発へ

宇宙アクセスの自律性といえば、ロケット自体の問題もある。

ロシアが有人宇宙飛行や低軌道への衛星投入などに使用しているソユーズ・シリーズの場合、主要コンポーネントは概ねロシア国産とされているが、これまで度々触れてきたプロトン・シリーズはウクライナ製のコンポーネントに大きく依存してきた。旧バージョンのプロトン－Kに比べると、現行のプロトン－Mでは依存度がかなり下がっているとされるものの、誘導システムなど一部は依然としてウクライナ製だ。

そこでロシアは「アンガラ」と呼ばれる国産ロケットの開発を進めており、２０１４年に相次いで２度の飛行試験に成功した。アンガラの特徴は燃料タンクとエンジンをパッケージ化した標準モジュール（ＵＲＭ）から構成されていることである。ＵＲＭはブロックのように自在に組み合わせることができるため、これまで登場してきたソユーズ、ゼニット、プロトン－Ｍなど小型から大型までさまざまなロケットを代替することができる。静止軌道への衛星投入や有人宇宙船の打ち上げなど、これまでバイコヌールで行われていたミッションもアンガラが大部分を引き継ぐ。

さらにプロトンで問題となった有毒燃料も排除されているほか、１回あたりの打ち上げコストもこれまでより大幅に低下しているといわれ、すでに商業打ち上げ契約も受注している（２０１７年に打ち上げられるアンゴラ向け通信衛星）。

もちろん、アンガラは安全保障上も重要な意義を持つ。そもそもアンガラはロシア国防省が「兵器」として発注して開発させたものであり、軍事衛星の打ち上げも当然、その任務には含まれている。発射試験成功の報を受けたプーチン大統領も、アンガラには最新の技術が用いられ、それによって既存及び将来型の軍用・商用・科学衛星をあらゆる軌道に投入することができると述べた上で、次のように続けた。

「これには、弾道ミサイル警戒衛星、偵察衛星、航法衛星、通信及び中継衛星が含まれる。これにより、我々はロシアの安全保障を大きく強化する。（中略）技術者、設計者、試験担当者、軍の皆さんの働きに感謝申し上げる。皆さんは、自らに課せられた全責任を負い、その任務の達成へと一歩近付いた。皆さんの成功は、宇宙開発の分野における名だたる大国の一角をロシアが占めていることを示したものである」（２０１４年12月23日、宇宙部隊関係者とのテレビ会議）

だが、アンガラが何より大きな意義を有するのは、それが純国産であるという点であろう。アンガラは「ウクライナに1コペイカも渡すな」を合言葉に開発されたといわれ、これまでウクライナ製であった誘導制御システムを含めて全コンポーネントを完全国産化したとしている。したがって、アンガラが完全に実用の域に達すれば、ロシアはウクライナにもカザフスタンにも依存することなく自在な宇宙アクセスを確保できることになる。

ただし、バイコヌールはともかくとして、ウクライナ製技術からの脱却がそう簡単であるかどうかは明らかでない。少なくとも初期型のアンガラは依然としていくつかのウクライナ製コンポーネント（機器動作用の高圧ガスタンク等）を使用していたことが判明しており、ウクライナ製技術からの脱却はそう簡単ではないことがわかる（ただ、ロシアによるコンポーネント国産化の努力は相当の成果を挙げていることも事実であり、この点は過小評価すべきではない）。

また、ロシアのインターファックス通信が２０１６年2月に報じたところによると、ロシア国防省は現行のメリディアン通信衛星に代わる新型軍用通信衛星スフェーラ-Ｖを２０１８年に打ち上げる計画であったが、これを２０２１年以降に延期した。ウクライナ製の電子コンポーネントを禁輸されたためにロシア国内で同等のコンポーネントを開発したところ重量過大となってしまい、プロトン-

Mの打ち上げ能力では所定の軌道に投入できないことが判明したためであるという。全体的な科学技術力や電子工学の水準はもちろんロシアの方が高いにせよ、長年にわたって特殊なコンポーネントに関する技術やノウハウを積み重ねてきた専門メーカーを一朝一夕に代替するのは難しいということだろう。

結び

ロシアを理解するのは難しい。そのようによくいわれるし、筆者自身もたびたびそう感じる。特に安全保障となると、その傾向は顕著だ。

だが、その難しさは、必ずしも言葉の壁や情報公開度の低さばかりによるものではない、とも感じるのである。たとえ英語や日本語に直されていても、ロシアの軍人や戦略家たちの言葉というのはなかなか理解しにくい。それは、彼らが前提としている世界認識の枠組みが我々のそれとはかなり異なっていたり、あるいは非常に複雑なポリティクスの反映としてそのような言葉が発せられていたりするためであろう。我が国の官房長官が内政上の機微な問題に関して言うことをロシア人が聞いてもおそらくさっぱり理解できないであろうというのと同じである。

とはいえ、ロシアは我が国の動かしがたい隣人であり、重要なパートナーであり、またかつては戦火を交えた敵でもあった。北方領土問題と平和条約という未解決の問題も積み残されたままである。ロシアという国、特に安全保障面における「わかりにくさ」をそのままにしておいてよいということはない。

しかも、2014年以降、ロシアは軍事力の行使を含めた強硬な対外的姿勢を示すようになってきた。冷戦を知る世代の人々には、これがかつてのソ連の復活のようにも映るであろう。ロシアの軍事力は米国を凌いだのだとか、新しい冷戦が始まったのだという言説も目にする。

だが、実態は決してそのようなものではない。本書で描き出したように、現在のロシアには総合的な国力でも、軍事力でも、米国と正面から対峙しうるような能力はもはやない。

2000年代以降の経済成長によって劇的な回復を見せたとはいえ、現在のロシアはソ連に比べてはるかに「弱い」国であり、ロシアの指導部はそのことに自覚的である。そのような制約の中でロシアが何をしようとしているのかを見極めなければ、安易な過大評価やロシア脅威論に陥ることは避けられないだろう。

ソ連崩壊後、ロシアが陥ったのはどのような状況であったのか、どのような脅威に直面し、また何に不満を抱いたのか。あるいはそうした中で、ウラジーミル・プーチンという指導者がどのような国家統治の構造や対外戦略を作り上げ、それはどのようにして機能しているのか。本書では、こうしたロシアの内在的な論理をなるべくわかりやすく解きほぐしていこうと試みたつもりである。

端的にいえば、大国であろうとしながらもそのようにはあり切れずにもがいているのが、現在のロシアであるといえよう。ここでいう「大国」とは、ある地域または世界全体の秩序に大きな影響を及ぼすことができる国、ということである。かつてのソ連はたしかにそのような力を持ち、そしてソ連崩壊によってあまりにも急速にそれを失った。しかも、世界からはそのことを当然視さえされた。それがロシア人のプライドをどれほど深く傷付けたかは、言葉でわかっていてもなかなか理解できるものではないだろう。ただ、クリミア併合の際にロシア国民が示した熱狂や、プーチン大統領の演説に覗く苛立ちから、それを垣間見ることはできる。

現在のロシアが、ソ連や、その最盛期であった冷戦の時代に逆戻りしているかのような印象は、この意味では正しい。ロシアが望んでいるのは、勢力圏に代表されるロシアの「大国」としての地位の承認である。ただ、それはロシアが「大国」であった直近の時代にロールモデルを求め、あるいはノスタルジーを抱いているのであって、ソ連という体制や冷戦のような軍事的対峙そのものを復活させようとしているのではない。本書の中で繰り返し述べてきたように、現在のロシアにはそのような力は残されていない。

これについては、ロシアは「ヤルタ2」を求めているのだという見方がある。1945年2月のヤルタ会談において、ソ連は東欧が自らの勢力圏であることを米英に認めさせた。このアナロジーに従えば、ロシアは旧ソ連諸国へのNATO不拡大、東欧におけるNATOの軍事プレゼンスの抑制、中東などの権威主義的体制の温存などを米国に認めさせようとしているということになる。あるいは、さまざまな人種・宗教を包含する巨大な国家を統治していく上での自らの権威主義的体制に対して、欧米的な価値観からの「お説教」(ロシアから見れば内政干渉)を手控えさせたいということにもなろう。

仮にロシアの目論見がそのようなものであったとして、おそらく欧州においてはある程度そのようなものが成立する可能性はたしかにある。冷戦後に生まれた米国の圧倒的な優位が後退し、欧州でも内部分裂状況が深刻になりつつある中で、ロシアという巨大国家の自己主張を押しとどめることはもはや難しい。現在の欧州における軍事的緊張はいずれ一定のレベルにまで低下し、米露は対立し続けるだろうが欧露間には何らかの協調が復活するだろう、という見方はロシアの内外でみられる。それは冷戦というよりも、18世紀や19世紀の大国間秩序に似たものとなるのではないか。この意味では、ロシアが昨今突如として存在感を示し始めたことは、ロシア一国の変化というよりも、国際的な秩序変化そのものの反映ともいえよう。

ただし、長期的にはまた別である。プーチン大統領を中心とした現在の統治構造が続く限り、それは腐敗と停滞の継続である可能性が高い。それは、ロシアが今後とも不安定なエネルギー価格に依存し、資源輸出と軍事力の他に対外的レバレッジの乏しい国であり続けることを意味する。それはまさにプーチン大統領の恐れた「ロシア崩壊」を招きはしないか、あるいは勢力圏を自ら切り崩すことになりはしないか、という懸念は拭えない。また、ロシアが如何に強権的な統治の必要性を主張したとしても、本書の第6章で触れたように、北カフカスにおけるイスラム過激派たちを突き動かしているのが、まさにそのようなロシアの統治であることを考えるならば、ロシアの南部における不安定性は今後もくすぶり続けるだろう。

ロシアがどこへ向かうにせよ、重要なことは、この変容しつつある世界でロシアがどのような立ち位置にあるのか、そして彼らが持っているルールブックには何が書かれているのかである。ルールブックを読むことができるのはプーチン大統領を中心とする小さなサークルの人々だけであるが、小さな踏み台があれば、我々も肩越しに覗き込むことくらいはできるだろう。本書は、そのような踏み台となることを意図した。高さが足りているかどうかは、読者諸兄の評価を願うほかない。

おわりに

これまで筆者が書いてきたものと同様、本書もまた極めて安易な動機と見通しのもとに着手され、その報いに存分に苦しめられながら書かれたものである。

東京堂出版の吉田さんと本書の構想について具体的な相談を始めた時、筆者はロシアの軍事・安全保障戦略についての初の単著『軍事大国ロシア　新たな世界戦略と行動原理』を上梓したばかりであった。そこで、同書とは別の読者層に向けて、もう少し噛み砕いたロシアの安全保障論のような本にしたらよいのではないか、というコンセプトが固まった。実際、本書にはそのようにして書かれている部分も多く、前著をお読みいただいた方には若干重複する部分もあるかもしれない。

その一方、本書で独自に盛り込んだ内容というものも当然ある。特に第6章と第7章は筆者としても真剣に取り組むのはこれが初めてのテーマであり、非常な苦労を強いられる一方で、多くの知的刺激を受けた。また、第6章については多くの方から専門的なアドバイスを頂いた。この場を借りてお礼を申し上げたい。無論、内容面での誤りはすべて筆者の責任である。

ところで、この「おわりに」は東京からミュンヘンに向う飛行機の中で書かれている。当たり前のことだが、空には目に見える形で国境が引かれているわけではなく、正規の手続きを踏んだ民航機であればなんということもなくユーラシア大陸の上空をするすると越えていく。眼下に広がるロシアは果てしなく広く、人の気配が希薄な世界である。極東であれば中国や北朝鮮との国境が、欧州ではベラルーシやバルト三国、東欧諸国との国境がそこには引かれているはずなのだが、ボーイング787の機窓から見下ろしても当然ながらそのような区別がつくものではない。

このような空間の中にある国が、日本とは全く異なる安全保障上の認識や戦略を持つにいたることは当然であろう。人のまばらな巨大な空間に、アジア人から白人まで、仏教からイスラム教、そしてキリスト教までの諸宗教が混在している。それを分けるのは、人間が後から決めた仮想の線だけである。ユーラシア大陸において地政学という概念が生まれたことは、ある意味で必然のようにさえ思われる（本書ではあまり扱わなかったが、ロシア人は地政学という言葉が大好きである）。巨大な山脈や大河の前では、あるいは広漠たる原野の前では、国境線などいかにも一時的なかりそめの境界、という感が拭えない。大陸国家の膨張主義、あるいはその裏返しとしての侵略への恐怖感というものも、こうした光景を前にするとどこか理解できるものがあるように思われる。

そして、このような恐怖は、東欧や旧ソ連の諸国についても当てはまる。上で述べた国境線というものの曖昧さは、これらの国々にとっても同様に働くためだ。

一例として、ロシアとウクライナの国境を取り上げよう。周囲を海に囲まれた日本人にとって国境というのは半ば絶対的なものとみなされやすく、ましてや戦争状態にある国同士となれば、それは絶対的な障壁であるようにさえ思われる。だが、大洋や山脈のような天然の障壁を持たないロシアとウクライナの国境とはこのようなものでは全くない。Ｇｏｏｇｌｅ Ｅａｒｔｈで上空から眺めてみれば一目瞭然であるが、両国を隔てるものは何もなく、小麦畑が国境をまたいで広がっていたりする。

しかも国境の左右に住んでいる人々は言語と文化を共有しており、行き来は容易だ。ドンバスでの戦闘勃発後、ウクライナからは200万人もの人々が一時避難民として押し寄せ、逆にロシアからはロシア軍や大量の軍事援助物資、民兵などが流入していった。

やや雑駁に流れたが、本書では、ロシアという国が置かれた状況と、それによる安全保障上の環境や戦略を一般の読者の方にもなるべく分かりやすく説明したつもりである。専門書ではないが、どうしても複雑な内容や特殊な概念が多出するため、なるべく筆者の体験談なども盛り込んで読みやすくするよう努めた。

また、本書では、ロシアを理解する上で欠かせない存在となったプーチン大統領にも折に触れて登場を願った。ウラジーミル・プーチンという人物についてはすでに多くの評伝や研究が発表されており、政治家、諜報員、そして個人としての評価には、罵倒から賞賛にいたるまで凄まじい幅がある。筆者はロシア政治そのものの専門家ではないので判断は避けるが、本書で見る限りでも、果たして同一人物かと思うほどに多様なキャラクターを持ち、またあらゆる場所に登場する指導者であることが読み取れよう。

そのことはまた、ロシアという国が「自動操縦」ではなく、多分にプーチン大統領による「手動操縦」に頼っていることをも示している。しかし、「パイロット」であるプーチンはいつまでも操縦席に座っていられるとは限らず、次のパイロットがプーチンほどの操縦技術を持つとは限らない。しかも、プーチン機長の操縦は近年、荒さが目立つようになり、乗客には不満も募るようになってきた。

ロシアが向かう方向性についてはまだ見えない部分が多い。ウクライナ危機にどう決着をつけ、危機後の欧州の安全保障秩序をどのように再編するのか、米国との関係は冷え込んだままなのか、中国及び日本との三角関係はどうなるのか、など不確定要素があまりにも多い。エネルギー価格の動向もロシアの行く末を大きく左右するはずだが、これについても純粋に経済的なファクターに加えて、イランの国際社会復帰や中東全体の安全保障秩序など、政治・安全保障のファクターが無視できない。

ただ、現在起こっていることを見定めておくことは、混沌とした将来を考える上での取っ掛かり程度にはなろう。本書がその一助となるのであれば幸いである。

トレーニン、ドミトリー、河東哲夫・湯浅剛・小泉悠訳『ロシア新戦略』作品社、2012年（原題：Trenin, Dmitri. *Post Imperium: A Eurasian History*. Carnegie Endowment for Peace, 2011）
田畑伸一郎・末澤恵美編『CIS：旧ソ連空間の再構成』国際書院、2004年
ダダバエフ、ティムール、『中央アジアの国際関係』東京大学出版会、2014年
ナイ、ジョセフ、山岡洋一訳『ソフト・パワー 21世紀国際政治を制する見えざる力』日本経済新聞社、2004年（原題：Nye, Joseph. *Soft Power: The Means To Success In World Politics*. Public Affairs, 2004）
林克明、大富亮『チェチェンで何が起こっているのか』高文研、2004年
兵頭慎治「第二次プーチン政権の外交・安全保障政策－中国と北極問題を中心に－」『ロシアの政治システムの変容と外交政策への影響』日本国際問題研究所、2013年、79-91頁
――「ロシアにおける宇宙開発政策の立案プロセス「2006～2015年のロシア連邦宇宙プログラム」の策定を中心に」『国際安全保障』第35巻第1号（2007年6月）、115-132頁
廣瀬陽子「シリア問題をめぐるロシアの戦略：地政学的思惑と限界」『中東研究』第516号（2012年度Vo.III）、58-68頁
福島康仁「宇宙空間の軍事的価値をめぐる議論の潮流――米国のスペース・パワー論を手掛かりとして」『防衛研究所紀要』第15巻2号（2013年2月）、49-64頁
伏田寛範「「ロステフノロギー」の創設過程にみる政府・軍需産業間関係」『ロシアの政策決定――諸勢力と過程』日本国際問題研究所、2009年、79-100頁
ブレジンスキー、ズビグニュー、山岡洋一訳『ブレジンスキーの世界はこう動く――21世紀の地政戦略ゲーム』日本経済新聞社, 1997年（原題：Brzeziński, Zbigniew, *The Grand Chessboard: American Primacy and its Geostrategic Imperatives*. BasicBooks, 1997）
松井弘明編『9.11事件以後のロシア外交の新展開』日本国際問題研究所、2003年
湯浅剛『現代中央アジアの国際政治――ロシア・米欧・中国の介入と新独立国の自立』明石書店、2015年

the Atomic Scientists. 2014.3.13

Sutyagin, Igor. *Atomic Accounting: A New Estimate of Russia's Non-Strategic Nuclear Forces*. Royal United Service Institute, 2012.

Szaszdi, Lajos. *Russian civil-military relations and the origins of the second Chechen war*. University Press of America, 2008.

Taylor, Brian D., *Russia's Power Ministries: Coercion and Commerce*. Institute for National Security and Counterterrorism, Syracuse University, 2007.

Trenin, Dmitry. "Russia's Sphere of Interest, not Influence," The Washington Quartery. October 2009. pp.3-22.

日本語文献

伊東孝之・林忠行ほか『ポスト冷戦時代のロシア外交』有信堂、1999年

伊東寛『「第5の戦場」サイバー戦の脅威』祥伝社、2012年

乾一宇『力の信奉者ロシア』JCA出版、2011年

小田健『現代ロシアの深層』日本経済新聞社、2010年

カプラン、ロバート・D；櫻井祐子訳『地政学の逆襲「影のCIA」が予測する覇権の世界地図』朝日新聞出版社、2014年（Kaplan, Robert D. *The Revenge of Geography: What the Map Tells Us About Coming Conflicts and the Battle Against Fate*. Random House, 2012）

木村汎『プーチン　人間的考察』藤原書店、2015年

ゲヴォルクヤン、ナタリア；アンドレイ・コレスニコフ；ナタリア・チマコワ、高橋則明訳『プーチン、自らを語る』扶桑社、2000年（原題：Gevorkyan, Nataliya ; Natalya Timakova, Andrei Kolesnikov. *First Person: An Astonishingly Frank Self-Portrait by Russia's President*. PublicAffairs, 2000）

小泉直美「ロシアの核兵器政策——その宣言と実際」『国際安全保障』第42巻第2号（2014年9月）、50-68頁

スコット、ハリエット・F；スコット、ウイリアム・F、乾一宇訳『ソ連軍　思想・機構・実力』時事通信社、1986年（原題：Scott, Harriet F; Scott, William F. *The armed forces of the USSR. 3rd ed*. Westview Press, 1984）

スミス、ルパート、山口昇監修、佐藤友紀訳『軍事力の効用』原書房、2014年（原題：Rupert Smith. *The Utility of Force: The Art of War in the Modern World*. Knopf, 2006）

仙洞田潤子『ソ連・ロシアの核戦略形成』慶應義塾大学出版会、2002年

Andrew Wood. *The Russian Challenge.* Chatham House Report, June 2015.

Gomart, Thomas. *Russian Civil-Military Relations: Putin's Legacy.* Carnegie Endowment for International Peace, 2008.

Herspring, Dale R. *The Kremlin and the High Command: Presidential Impact on the Russian Military Reform.* Kansas University Press, 2006.

Kristensen, Hans M. and Robert S. Norris. "Russian Nuclear Forces, 2015," Bulletin of Atomic Scientists. 2015, Vol.71 (3) pp.84-97.

Kroening, Matthew. "Facing Reality: Getting NATO Ready for a New Cold War," *Survival.* Vol.57, No.1, February-March 2015. pp.49-70.

Kryshtanovskaya, Olga. "The Russian Elite in Transition," *Journal of Communist Studies and Transition Politics.* Vol.24, No.4, December 2008. pp. 585–603.

Littell, Jonathan. *The Security Organs of the Russian Federation: A Brief History 1991-2004.* Psan Publishing House, 2006.

Miller, Steven E.; Trenin, Dmitri, eds., *The Russian Military: Power and Policy.* The MIT Press, 2004.

Mitchell, Lincoln. *The Color Revolutions.* University of Pennsylvania Press, 2012.

Nicholas, Thomas M. *The Sacred Cause: Civil-Military Conflict over Soviet National Security, 1917-1992.* Cornell University Press, 1993.

Oliker, Olga. *Russia's Nuclear Doctrine: What We Know, What We Don't, and What That Means.* CSIS, 2016.

Petrov, Nikolai. "The Security Dimension of the Federal Reforms," *Dynamics of Russian Politics: Putin's Reform of Federal-Regional Relations.* Vol.2, Rowman and Littlefield, 2005. pp.7-32.

Pokalova, Elena. *Chechnya's Terrorist Network: The Evolution of Terrorism in Russia's North Caucasus.* Praeger, 2015.

Quinlivan, James; Olga Oliker. *Nuclear Deterrence in Europe: Russian Approach to a New Environment and Implications for the United States.* RAND Corporation, 2011.

Shultz, George P.; Perry William J.; Kissinger Henry A.; Nunn, Sum. "The World Free of Nuclear Weapons," *The Wall Street Journal.* 2007.4.1.

Sokov, Nikolai. "The 'return' of nuclear weapons," *Open Democracy.* 2014.11.28.

—— "Why Russia calls a limited nuclear strike "de-escalation," *Bulletin of*

参考文献

本書で典拠とした文献の中から、入手が容易で特に読者諸兄にとって有用であろうと思われるものを以下のとおり示す。なお、ロシア語文献や個々の事象に関する細かい報道・統計・公式発表等は割愛した。学術論文についても、特に重要なもの以外は除いてある。

英語文献

Adamsky, Dima. *The Culture of Military Innovation: The Impact of Cultural Factors on the Revolution in Military Affairs in Russia, the US, and Israel.* Stanford University Press, 2010.

Aldis, Anne C. & Roger N. McDermott, eds., *Russian Military Reform 1992-2002.* FRANK CASS, 2003. pp.3-21.

Arbatov, Alexei; Vladimir. Dvorkin. *The Great Strategic Triangle.* Carnegie Moscow Center, 2013.

Arbatov, Alexei. *The Transformation of Russian Military Doctrine: Lessons Learned from Kosovo and Chechnya.* George C. Marshall European Center for Security Studies, 2000.

Blank, Stephen. "Russian Strategy and Policy in the Middle East," *Israel Journal of Foreign Affairs.* VIII:2, 2014. pp.9-23.

――"The Great Exception: Russian Civil-Military Relations," *World Affairs.* Vol.165, No.2, Fall 2002. pp. 91-105.

Carr, Jeffrey. *Inside Cyber Warfare: Mapping the Cyber Underworld.* O'Reilly Media, 2011.

Durkalec, Jacek. *Nuclear-Backed "Little Green Men:" Nuclear Messaging in the Ukraine Crisis.* The Polish Institute of International Affairs, June 2015.

Facon, Isabelle. *The Modernisation of Russian Military: The Ambitions & Ambiguities of Vladimir Putin.* Conflict Studies Research Centre, 2005.

Felgenhauer, Pavel. "Russia Proposes a Yalta-2 Geopolitical Tradeoff to Solve the Ukrainian Crisis," *Eurasia Daily Monitor.* Vol.12, Issue:26, 2015.2.26.

Galeotti, Mark. "'Hybrid War' and 'Little Green Men': How It Works, and How It Doesn't," *E-International Relations.* 2015.4.16.

Giles, Keir; Philip Hanson; Roderic Lyne, James Nixey; James Sherr and

捜査委員会、ロシア捜査委員会 236, 271, 273, 274, 283
ソフト・パワー 111, 119, 129, 132, 210

【た 行】

タジキスタン 60, 157, 164, 166, 171, 172, 174, 182, 183, 226, 227
タタールスタン 17, 18, 218, 222, 238, 239
チェチェン、チェチェン・イチケリア共和国 17, 20, 22, 26, 33, 38, 40, 45, 69, 70, 74, 94, 96, 118, 123, 209, 218, 219, 224, 225, 230-237, 243, 250, 252, 253, 257
中国 28, 48, 49, 53, 56, 95, 96, 130, 146, 154, 159, 162, 166, 167, 169, 178, 179, 181-191, 193-195, 200, 201, 227, 254, 278, 295, 298, 301, 303
トルクメニスタン 156, 162, 167, 171, 172, 174
ドンバス 87, 94, 120-123, 125-128, 130

【な 行】

ナゴルノ・カラバフ 158-161, 225
日本 14, 41, 80, 157, 178, 180, 181, 184-187, 189-196, 198, 199, 202, 208, 220, 227, 262, 263, 269, 278, 300-302, 320

【は 行】

ハイブリッド戦争 86, 87, 91, 92, 104-106, 111, 120, 128, 130-132, 173, 175, 299
米国（米） 16, 29, 31, 35, 39-41, 45, 46, 49, 51-59, 62-65, 71, 75, 80, 83, 84, 92, 95, 96, 102, 111, 123, 126, 127, 129, 131, 136-142, 144, 145, 148, 151, 154, 157, 159, 160, 164, 165, 180, 186, 199, 202, 209, 228, 229, 234, 239, 268, 286-290, 292-295, 297-299, 301-304, 308, 320, 322
ベラルーシ 60, 84, 85, 106, 107, 158, 161, 167-169, 171-175, 183, 211, 212
ポーランド 36, 46, 49, 52, 107, 152, 158, 186
北方領土 178, 181, 192, 193, 194, 196, 198-200, 202, 312, 320

【ま 行】

南オセチア 45, 47, 109, 161, 184, 190
モルドヴァ 97, 107, 174, 211, 212

【ら 行】

ラトヴィア 107, 131, 133, 212
リトアニア 52, 107, 132, 133, 158
ルーマニア 36, 54, 107, 212
ロスコスモス 307, 308, 312, 313

SSO、特殊作戦群　92, 93, 112, 113, 117
SVR、対外諜報庁　15, 252, 254, 255, 279

【あ　行】

アゼルバイジャン　158-162, 171, 174, 217, 225
アフガニスタン　53, 59, 158, 164, 165, 182, 183, 216, 226-229, 235
アブハジア　45, 47, 109, 121, 161, 184, 190
アラブの春　33, 56, 64, 87-89, 239, 241, 282
アルメニア　157-161, 166, 167, 171, 174, 211, 225
イラン　32, 41, 183, 298
ウクライナ　22, 34, 41, 46, 48-51, 60-65, 68, 71, 72, 81, 82, 87-92, 95-98, 107, 108, 112-127, 129, 131, 132, 156, 157, 161, 162, 170-175, 183, 185, 186, 188, 189, 191, 193, 198, 211-216, 268, 277, 314-316
エスカレーション抑止　148-150, 153, 154
エストニア　110, 131, 133

【か　行】

核兵器、核戦力　37, 51, 54, 71, 95, 136-142, 144-152, 154, 182, 264, 305
カザフスタン　60, 157, 162, 166, 171, 172, 174, 175, 180, 182, 183, 310, 313, 314, 316
カディロフ、アフマド　231, 236
カフカス、カフカス首長国　22, 27, 33, 45, 47, 80, 96, 158, 206, 210, 216-222, 224, 225, 230-244, 323
カラー革命　88, 90, 128, 170, 173
北オセチア　26, 237
キルギスタン　60, 88, 129, 157, 163, 164, 166, 171, 174, 182, 183, 227, 228, 243
クリミア（半島・共和国など）　18, 22, 34, 35, 64, 76, 87, 91, 93, 94, 98, 105-109, 111-120, 122, 128, 130, 136, 137, 161, 173, 186, 189, 248, 249, 321
グルジア（ジョージア）　41, 45-51, 60, 71, 72, 74, 87, 88, 92, 96, 97, 102, 107, 109, 121, 129, 156, 157, 161, 162, 170, 171, 174, 184, 190, 211, 213, 215, 244, 268, 293
軍事ドクトリン　86, 89, 90, 146, 150-152, 161
国家安全保障戦略　29-31, 86, 89, 146, 222
国家親衛軍、連邦国家親衛軍庁　273, 276-283

【さ　行】

参謀本部　68, 93, 121, 127, 149, 261-264, 280, 298
シリア　59, 68, 69, 83, 244, 268, 286, 292, 293, 299
シロヴィキ　248-250, 252, 255-259, 270, 271, 274-278, 281, 283
勢力圏　36, 39, 45, 48, 50, 52, 53, 64, 87, 89, 91, 92, 95, 98, 104, 128-130, 132, 133, 136, 153, 156, 159, 162, 170, 173, 175, 185, 200, 225, 321-323

ボルトニコフ、アレクサンドル　248, 249, 276
ポリトコフスカヤ、アンナ　26

【ま　行】

メドヴェージェフ、ドミトリー　30, 31, 33, 50-52, 56, 57, 100, 109, 129, 152, 209, 251, 268, 275, 276, 302, 305

【や　行】

ヤヌコーヴィチ、ヴィクトル　41, 60-64, 87,91, 112

【ら　行】

ルカシェンコ、アレクサンドル　168, 169, 171-173, 211
ロゴジン、ドミトリー　249, 305, 312

事　項　索　引

【A】

A2/AD　95-98, 136, 199,201

【C】

CSTO、集団安全保障条約　156-159, 161-169, 173

【F】

FSB、連邦保安庁　14, 16, 121, 233, 236-238, 242, 248, 250, 253-257, 261, 265, 271-274, 279, 280, 283
FSO、連邦警護庁　254, 255, 279

【G】

GRU、参謀本部情報総局　93, 121, 127, 262, 263

【I】

IMU、ウズベキスタン・イスラム運動　16, 226-230, 240
IS、イスラム国、イスラム国カフカス州　86, 229, 230, 240, 242-245

【K】

KGB、国家保安委員会　14, 72, 110, 248-250, 252-258, 260, 276, 279, 280

【M】

MD、ミサイル防衛　41, 46, 51-54, 92, 137, 141

【N】

NATO、北大西洋条約機構　36-41, 43, 44, 46-51, 56, 57, 60, 61, 63, 73, 79, 82-85, 91, 92, 95, 104, 113, 125, 128, 130-133, 136, 137, 146, 148, 149, 151, 152, 154, 156-158, 165, 167, 170, 175, 186, 191, 212, 213, 322

【S】

SCO、上海協力機構　183, 184

人 名 索 引

【あ 行】

イワノフ、セルゲイ 72, 73, 248, 256, 261, 262, 273, 275, 278
ウマロフ、ドク 234, 235, 239-241
エリツィン、ボリス 23, 24, 26, 179, 209, 250, 252-254, 277
オスタペンコ、オレグ 306-308

【か 行】

カディロフ、ラムザン 123, 236
カリモフ、イスラム 170, 171, 227
グルィズロフ、ボリス 256, 257
クルィシタノフスカヤ、オリガ 256, 258, 270, 271
ゲラシモフ、ヴァレリー 87, 88, 91, 104, 128
コマロフ、イーゴリ 306-310, 312

【さ 行】

サドゥラエフ、アブドゥル・ハリム 233, 234
ショイグ、セルゲイ 78, 81, 198, 201, 202, 206, 249, 266-270
セーチン、イーゴリ 250, 251, 257-259, 272, 273, 276
セルジュコフ、アナトリー 73-80, 82, 93, 146, 262-268, 270, 275, 308
ゾロトフ、ヴィクトル 273, 277, 278, 281, 283

【た 行】

チェメゾフ、セルゲイ 24, 187, 257, 265
チェルケソフ、ヴィクトル 272-277, 281, 283
ドゥダーエフ、ジョハール 232
トレーニン、ドミトリー 18, 19, 41, 48, 49

【な 行】

ナザルバエフ、ヌルスルタン 171

【は 行】

バサーエフ、シャミール 224, 233, 253
パトルシェフ、ニコライ 151-153, 248, 249, 256, 272-278
プーチン、ウラジーミル 14, 17, 19-30, 32-35, 38-43, 46, 49, 50, 56, 57, 59, 60, 64, 70, 72-74, 76, 78, 79, 100, 102, 108, 113, 115, 119, 120, 133, 136, 137, 178-180, 182, 187, 209, 224, 239, 244, 248-252, 254-259, 261, 262, 264, 265, 271-278, 281-283, 286, 291, 295, 305, 307, 308, 311, 312, 315, 321, 323
プリマコフ、エフゲニー 15, 252
ブレジンスキー、ズビグニュー 61
ホドルコフスキー、ミハイル 23, 24
ポポフキン、ウラジーミル 295, 304-307

小泉　悠（こいずみ・ゆう）

1982年千葉県生まれ。早稲田大学社会科学部、同大学院政治学研究科修了。政治学修士。民間企業勤務、外務省専門分析員、ロシア科学アカデミー世界経済国際関係研究所（IMEMO RAN）客員研究員などを経て、現在は公益財団法人未来工学研究所で客員研究員を務める。ロシアの軍事・安全保障を専門としており、特にロシアの軍改革、ハイブリッド戦略、核戦略、宇宙戦略などに詳しい。主著に『軍事大国ロシア　新たな世界戦略と行動原理』（作品社、2016年）があるほか、『軍事研究』誌等でロシアの軍事・安全保障に関する分析記事を執筆している。テレビ、ラジオなどのメディア出演も多い。ロシア生まれの妻と娘の３人暮らし。

プーチンの国家戦略
岐路に立つ「強国」ロシア

2016年11月４日　初版発行
2016年12月10日　再版発行

著　　者　小泉　悠
発 行 者　大橋　信夫
発 行 所　株式会社 東京堂出版
〒101-0051　東京都千代田区神田神保町1-17
電　話　(03)3233-3741
振　替　00130-7-270
http://www.tokyodoshuppan.com/
装　　丁　斉藤よしのぶ
D　T　P　株式会社オノ・エーワン
図版制作　藤森瑞樹
印刷・製本　図書印刷株式会社

ISBN978-4-490-20950-1 C0031